河南省机关事业单位工勤技能人员培训考核教材

钻 探 工

张 良 主编

黄河水利出版社
·郑州·

图书在版编目(CIP)数据

钻探工/张良主编．—郑州：黄河水利出版社，2021.3

河南省机关事业单位工勤技能人员培训考核教材

ISBN 978-7-5509-2941-8

Ⅰ.①钻… Ⅱ.①张… Ⅲ.①钻探-技术培训-教材 Ⅳ.①P634

中国版本图书馆 CIP 数据核字(2021)第 044476 号

出 版 社：黄河水利出版社　　网址：www.yrcp.com

地址：河南省郑州市顺河路黄委会综合楼 14 层　　邮政编码：450003

发行单位：黄河水利出版社

发行部电话：0371-66026940、66020550、66028024、66022620(传真)

E-mail：hhslcbs@126.com

承印单位：郑州市运通印刷有限公司

开本：787 mm×1 092 mm　1/16

印张：13.25

字数：310 千字　　印数：1—1 000

版次：2021 年 3 月第 1 版　　印次：2021 年 3 月第 1 次印刷

定价：50.00 元

编委会名单

主　编：张　良

副主编：董富强　卢予北　谷天本

编　者：赵海平　左庆元　齐永高　李茂军

彭福栋　季恒烨　杨宽才　梁　丽

孔二伟　申云飞　李　宇　卢　玮

李文勇　侯德峰　崔　灿　靳红兵

王吉平

前　　言

为了加强机关事业单位工勤技能岗位人员培训工作，河南省地质矿产勘查开发局受河南省机关事业单位工勤技能岗位等级考核服务中心的委托，组织编写了河南省机关事业单位工勤技能人员培训考核教材《钻探工》。

本书内容涵盖了固体矿产钻探、水文水井钻探、生态环境与环境地质钻探、工程地质钻探和工勘施工钻探等多项钻探技术，参加等级考核的钻探工人可参考本书进行系统学习。本书第一章“地质基础知识”由赵海平、左庆元编写，第二章“钻探设备”由齐永高、李茂军编写，第三章“冲洗液(泥浆)”由彭福栋、季恒烨、王吉平编写，第四章“固体矿产钻探”由杨宽才、梁丽编写，第五章“工程地质钻探”由孔二伟编写，第六章“水文水井钻探”由申云飞、靳红兵、李宇编写，第七章“生态环境与环境地质钻探”由卢玮编写，第八章“工勘施工钻探”由李文勇编写，第九章“钻探工程安全与安全文化建设(以固体矿产岩心钻探为例)”由侯德峰、崔灿编写。此外，每节后还附有部分复习题，供学习提高。

章	节	初、中级工	高级工	技师	高级技师	章	节	初、中级工	高级工	技师	高级技师
第一章	第一节	√	√	√	√	第五章	第一节	√	√	√	√
	第二节		√	√	√		第二节		√	√	√
	第三节			√	√		第三节			√	√
	第四节				√		第四节				√
第二章	第一节	√	√	√	√	第六章	第一节	√	√	√	√
	第二节		√	√	√		第二节		√	√	√
	第三节			√	√		第三节			√	√
	第四节				√		第四节				√
	第五节				√	第七章	第一节	√	√	√	√
第三章	第一节	√	√	√	√		第二节		√	√	√
	第二节	√	√	√	√		第三节			√	√
	第三节	√	√	√	√		第四节				√
	第四节		√	√	√	第八章	第一节	√	√	√	√
	第五节		√	√	√		第二节		√	√	√
	第六节			√	√		第三节			√	√
	第七节			√	√		第四节				√
	第八节				√	第九章	第一节	√	√	√	√
第四章	第一节	√	√	√	√		第二节		√	√	√
	第二节		√	√	√		第三节		√	√	√
	第三节			√	√		第四节			√	√
	第四节				√		第五节				√

在编审过程中，河南省地质矿产勘查开发局的有关领导对本书给予了具体指导，编写过程中参阅了部分规范(规程)、相关教材、著作及研究成果，并得到了许多同志的大力支持，在此表示衷心感谢！

由于编者水平有限，书中难免有错误和不足之处，敬请专家和读者赐教，并提出宝贵意见。

编　者

2021年2月

目　　录

第一章　地质基础知识

第一节　地壳的组成

一、地壳的化学元素

地壳是由化学元素自然形成矿物并组合成岩石构成的。

克拉克值（地壳元素丰度）是地壳中化学元素平均重量百分比。

地壳中的各种化学元素分布是极不均匀的：O、Si、Al、Fe、Ca、Na、K、Mg、Ti、Mn 这十种元素就占了地壳总量的 99%，而其他元素的总和还不到总量的 1%。

二、地壳的矿物

（一）概述

矿物：地壳中的化学元素经过各种地质作用所形成的，并在一定条件下相对稳定的自然产物。它们中间的绝大部分是结晶质的单质矿物或化合物。

单质矿物：由单独一种自然元素组成的。如：石墨（C）、金（Au）。

化合物：多数矿物是由几种元素化合而成的。如：黄铁矿（FeS_2）、方解石（$CaCO_3$）、石英（SiO_2）。

固态矿物（绝大多数矿物是以固体形态出现的）：大多数为晶质体，少数为非晶质体。

晶质体[见图 1-1(a)]的内部质点呈有规律的排列，在适宜的条件下可形成规则的几何外形。晶体又分为显晶质体和隐晶质体。

非晶质体[见图 1-1(b)]的内部质点没有规律，不具有规则的几何外形。又分为玻璃质体（火山作用形成的）和胶质体（沉淀作用形成的）。

（二）矿物的形态和主要物理性质

1. 矿物的形态

矿物的形态是指矿物的外貌特征，是矿物成分、晶体构造和生成环境等综合影响的结果。

1）矿物单体的形态

矿物单体的形态是指矿物单个晶体的形状，主要有以下形态：

（1）一向延伸型晶体：柱状、针状、纤维状等。如石英、绿柱石等。

（2）二向延展型晶体：板状、片状等。如云母、重晶石等。

（3）三向等长型晶体：粒状。如石榴子石、黄铁矿等。

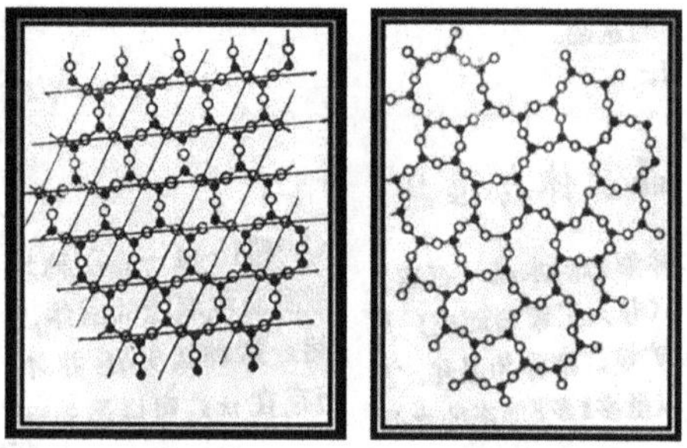

(a)晶质体　(b)非晶质体

图 1-1　晶体与非晶体

2）矿物集合体的形态

自然界中绝大多数矿物是以集合体的形态出现，指的是同种矿物的不规则连生体。

（1）显晶质集合体包括：①柱状、针状、纤维状集合体；②板状、片状集合体；③粒状集合体。

（2）隐晶和胶态集合体包括：分泌体、结核体、钟乳状体、致密块状体和土状块体。

2. 矿物的主要物理性质

1）矿物的光学性质

矿物的光学性质是指矿物对自然光的反射、折射和吸收等所呈现的光学现象。主要有颜色、条痕、光泽和透明度。

2）矿物的力学性质

矿物的力学性质指矿物抵抗外力作用（刻划、打击、压拉等）所表现出来的性质。包括矿物的解理、断口、硬度。

（1）解理：矿物受外力作用后，沿一定的结晶方向有规则地裂开的性质称为解理。

（2）断口：矿物受外力作用后，沿任意方向裂成凹凸不平的破裂面。

（3）硬度：指矿物抵抗摩擦或刻划的强度，是鉴定矿物的重要依据之一。

矿物学上的硬度一般指的是相对硬度——摩式硬度。1824 年由奥地利矿物学家摩氏（Mohs）设立的，故又称为摩氏硬度计。摩氏硬度计是以选出的 10 种硬度不同的矿物，按硬度小到硬度大排序，作为测定比较其他矿物硬度的标准：①滑石；②石膏；③方解石；④萤石；⑤磷灰石；⑥正长石；⑦石英；⑧黄玉；⑨刚玉；⑩金刚石。

在实际工作中，常用随身工具进行比较确定：手指甲（硬度为 2.5）、小刀或玻璃硬度为 5.5。

3）矿物的相对密度

矿物的相对密度指矿物的重量与 4 ℃时同体积水的重量之比，习惯称为比重。

（三）常见矿物

地壳中发现的矿物目前有 4 145 种，但是常见矿物只有几十种，主要矿物不过十几种。按矿物的化学成分分为五大类：自然元素大类、硫化物大类、氧的化合物大类、卤化物大类、含氧盐大类。

其中,地壳中分布最广的矿物为斜长石 39% ,其次为钾长石 12%、石英 12%、辉石 11%、角闪石 5%、云母 5%、橄榄石 3%、方解石 1.5%、白云石 0.9%、磁铁矿(+钛铁矿)1.5%等。

三、地壳的岩石

(一)概述

岩石是天然形成的,由一种或多种矿物或天然玻璃所组成的固态集合体。

按照岩石的形成原因不同可分为:岩浆岩、沉积岩、变质岩。

(二)岩石的结构与构造

不同的岩石具有不同的化学成分、矿物组成、颜色、结构、构造,这些都是区别岩石类型的重要依据。

1. 岩石的结构

岩石的结构指岩石中矿物之间的相互关系的反映,如等粒结构、斑状结构、显晶质结构等。

2. 岩石的构造

岩石的构造指岩石中由于物质组成的差异或结构的差异所反映出的外观的总体特征。如气孔状构造、杏仁状构造、层状构造等。

(三)岩浆岩(火成岩)

1. 概念

(1)岩浆:地壳深部或上地幔产生的高温、炽热、黏稠、含有挥发分的硅酸盐熔融体。

(2)岩浆岩:由岩浆冷却凝固形成的岩石,又称火成岩。

2. 岩浆作用的方式

岩浆作用的方式主要有两种:一是喷出作用:岩浆冲破上覆岩层喷出地表冷凝成岩的全部过程,也称为火山作用。其形成的岩石称为喷出岩,也称为火山岩。二是侵入作用:岩浆上升到地下一定位置便冷凝、结晶形成岩石的全部过程。其形成的岩石称为侵入岩。

3. 岩浆岩的分类

首先,根据岩浆岩的 SiO_2 含量,可以将岩浆岩分成超基性岩($SiO_2<45\%$)、基性岩(SiO_2 在 45%~52%)、中性岩(SiO_2 在 52%~65%)及酸性岩($SiO_2>65\%$)。再根据主要矿物成分、产状、结构、构造划分具体的岩石类型。

4. 主要的岩浆岩

主要的岩浆岩有花岗岩、闪长岩、辉长岩、流纹岩、安山岩、玄武岩等。

(四)沉积岩

1. 概念

沉积岩是在地表及地表附近不太深的地方,由母岩经过风化、剥蚀、搬运、沉积、成岩等外力地质作用所形成的层状岩石。层理构造是沉积岩与岩浆岩、变质岩区别的重要标志。

2. 沉积岩中的矿物

组成沉积岩的常见矿物有石英、白云母、黏土矿物、钾长石、钠长石、方解石、白云石、石膏、硬石膏、赤铁矿、褐铁矿、玉髓、蛋白石等。其中方解石、白云石、黏土矿物、石膏、硬石膏等是沉积岩的特有矿物。

火成岩中常见的橄榄石、辉石、角闪石、黑云母、中性及基性斜长石在沉积岩中很少出现。

3. 沉积岩的分类

沉积岩按成因及结构可分为五大类(见表 1-1)。

表 1-1　沉积岩的分类

陆源碎屑岩 (按粒度分)	火山碎屑岩 (按粒度分)	泥质岩类 (按固结程度分)	碳酸盐岩 (按成分分)	其他沉积岩
砾岩>2 mm 砂岩 { 粗砂 2~0.5 mm 中砂 0.5~0.25 mm 细砂 0.25~0.05 mm } 粉砂岩 0.05~0.005 mm	集块岩>64 mm 火山角砾岩 64~2 mm 凝灰岩<2 mm	黏土 泥岩 页岩	石灰岩 白云岩 泥质岩 介壳灰岩	铝质岩 铁质岩 锰质岩 硅质岩 磷质岩 蒸发岩 可燃有机岩

4. 主要的沉积岩

主要的沉积岩有砾岩、砂岩、泥岩、页岩、石灰岩、白云岩等。

(五)变质岩

1. 概念

地壳中原来已经存在的各种岩石,在温度、压力和化学活动性流体的作用下,使原来的岩石在结构、构造或物质成分上发生变化而形成的新岩石。

2. 变质岩的矿物

变质岩中的矿物,一部分是在其他岩石中也存在的矿物,如石英、长石、云母、角闪石、辉石、磁铁矿,以及方解石、白云石等。还有一部分矿物是在变质过程中产生的新矿物,如石榴子石、蓝闪石、绢云母、绿泥石、红柱石、阳起石、透闪石、滑石、硅灰石、蛇纹石、石墨等变质矿物。这些矿物是在特定环境下形成的稳定矿物,可以作为鉴别变质岩的标志矿物。

3. 变质岩的分类(见表 1-2)

表 1-2　变质岩的分类

动力变质岩	接触变质岩	区域变质岩	混合岩类
碎裂岩 构造角砾岩 糜棱岩	斑点板岩 角岩 大理岩 石英岩 矽卡岩	板岩 千枚岩 片岩 片麻岩 麻粒岩	混合岩化变质岩 混合岩 混合花岗岩

4. 主要的变质岩

主要的变质岩有大理岩、石英岩、板岩、千枚岩、片岩、片麻岩、混合岩。

【习题】

一、判断题(下列判断正确的打“√”,错误的打“×”)

( )1. 组成地壳的岩石按成因不同,可划分为岩浆岩、沉积岩和砂岩。

( )2. 岩石是由各种矿物组成的固态集合体。

( )3. 克拉克值是指地球中化学元素平均重量百分比。

( )4. 自然界中绝大多数矿物是以集合体的形态出现。

( )5. 晶体是指具有规则几何外形、无色透明的固体。

( )6. 矿物受外力打击后的裂开面称为解理面。

( )7. 岩石的结构是指岩石中矿物之间的相互关系的反映。

( )8. 层理构造是沉积岩与岩浆岩、变质岩区别的重要标志。

二、单项选择题(下列选项中,只有一个是正确的,请将其代号填在括号里)

1. 下列矿物属于单质矿物的是( )。

A. 黄铁矿 B. 石英 C. 金刚石 D. 孔雀石

2. 下列矿物属于化合物矿物的是( )。

A. 自然金 B. 石墨 C. 自然硫 D. 方解石

3. 下列矿物属于一向延伸型晶体形态的是( )。

A. 云母 B. 石英 C. 黄铁矿 D. 石榴石

4. 不属于矿物光学性质的是( )。

A. 延展性 B. 颜色 C. 条痕 D. 光泽

5. 岩浆岩中 SiO_2 含量在 45%~52%之间的属于( )。

A. 超基性岩 B. 基性岩 C. 中性岩 D. 酸性岩

6. 属于岩浆岩的是( )。

A. 玄武岩 B. 泥岩 C. 石英岩 D. 页岩

7. 地壳中分布最广的矿物是( )。

A. 石英 B. 斜长石 C. 辉石 D. 钾长石

三、多项选择题(下列选项中,至少有两个是正确的,请将其代号填在括号里)

1. 地壳中含量最多的前三种元素是( )。

A. 氧 O B. 硅 Si C. 铝 Al D. 铁 Fe

2. 矿物的形态是( )等综合影响的结果。

A. 矿物成分 B. 晶体构造 C. 生成环境 D. 人为因素

3. 矿物的力学性质主要有( )。

A. 解理 B. 断口 C. 硬度 D. 比重

4. 属于变质岩特征变质矿物有( )。

A. 蓝晶石 B. 红柱石 C. 绿泥石 D. 石榴石

5. 下面属于岩浆岩的岩石有( )。

A. 闪长岩 B. 辉长岩 C. 安山岩 D. 流纹岩

6. 下面属于沉积岩的特有矿物是( )。

A. 高岭石 B. 石膏 C. 方解石 D. 白云石

7. 常见的沉积岩有(　　)。
A. 泥岩　　B. 砂岩　　C. 白云岩　　D. 页岩
8. 属于变质岩的是(　　)。
A. 大理岩　　B. 石英岩　　C. 片岩　　D. 片麻岩
9. 根据岩浆岩的 SiO_2 含量,可以将岩浆岩分成(　　)。
A. 超基性岩　　B. 基性岩　　C. 中性岩　　D. 酸性岩

【参考答案】

一、判断题

1. ×　2. ×　3. ×　4. √　5. ×　6. ×　7. √　8. √

二、单项选择题

1. C　2. D　3. B　4. A　5. B　6. A　7. B

三、多项选择题

1. ABC　2. ABC　3. ABC　4. ABCD　5. ABCD　6. ABCD
7. ABCD　8. ABCD　9. ABCD

第二节　地质作用与地质构造

一、地质作用的分类

地质作用是指自然界引起地壳的物质成分、内部结构、构造和地表形态等方面发生变化的作用。按照能量来源和作用性质,分为外力地质作用和内力地质作用。

(一)外力地质作用

外力地质作用指作用在地壳表层、由地球外能及部分内能(地表物质的重力能、结晶能、化学能等)引起的地质作用。按其作用方式分为风化作用、剥蚀作用、搬运作用、沉积作用、重力作用和成岩作用。

(1)风化作用:指地表及接近地表的岩石,在大气、温度、水和生物的影响下,在原地使原来的岩石物理性质或化学性质发生改变的地质作用。按照风化作用的性质和方式,可分为三种类型:物理风化作用、化学风化作用、生物风化作用。①物理风化作用:又称机械风化作用,是指在地表或接近地表条件下,岩石、矿物在原地发生机械破碎,而化学成分并没有发生改变的过程。其主要影响因素是温度变化和岩石释重。②化学风化作用:指在地表或接近地表的条件下,岩石、矿物在原地发生化学变化,改变其化学成分,从而使岩石“腐烂”、被分解破坏,并产生新的矿物的过程。其主要影响因素是氧、水溶液和二氧化碳。③生物风化作用:生物的生命活动及分泌物质和遗体等腐烂分解对岩石、矿物的破坏作用,又包括生物物理风化作用和生物化学风化作用。

(2)剥蚀作用:风、流水、冰川、湖海中的水在运动状态下对地表岩石、矿物产生的破坏作用,并把破坏了的产物搬离原地。

(3)搬运作用:风化、剥蚀作用的产物被迁移到他处的作用。

(4)沉积作用:当搬运动力的动能减小、搬运介质的物理化学条件发生变化或在生物的作用下，被搬运的物质在新的环境下堆积起来的作用。

(5)重力作用：松散堆积物、基岩等，在地球的重力及其他外力地质作用触发下产生位移和变化的作用。

(6)成岩作用：由松散堆积物转变成坚硬的沉积岩的作用。

(二)内力地质作用

内力地质作用指由地球的内能引起的地壳物质成分、地壳内部构造、地表形态发生变化的地质作用。包括构造运动、地震作用、岩浆作用和变质作用。

二、构造运动及地质构造

(1)构造运动。是指由地球内力引起地壳乃至岩石圈变形、变位的机械运动。构造运动常和地壳运动混称，只不过构造运动包括了岩石圈，但从研究意义上说，我们现今研究的内容和深度也只是在地壳的深度范围内。

(2)地质构造。由于构造运动的影响，使岩石产生变形和变位。变位、变形后形成的产物就是地质构造。最基本的地质构造包括倾斜岩层、褶皱、断裂。

三、岩石的产状与变形

(一)岩石的产状

1. 产状

产状是指地质体(岩层、岩体、矿体等)在地壳中的空间分布位置和产出状态。其状态有三种：水平的、倾斜的和直立的，又称为水层岩层、倾斜岩层、直立岩层。另外还有倒转的等。

2. 产状要素及其测定

产状三要素是指倾斜岩层的走向、倾向、倾角。岩层产状要素及测量方法见图 1-2。

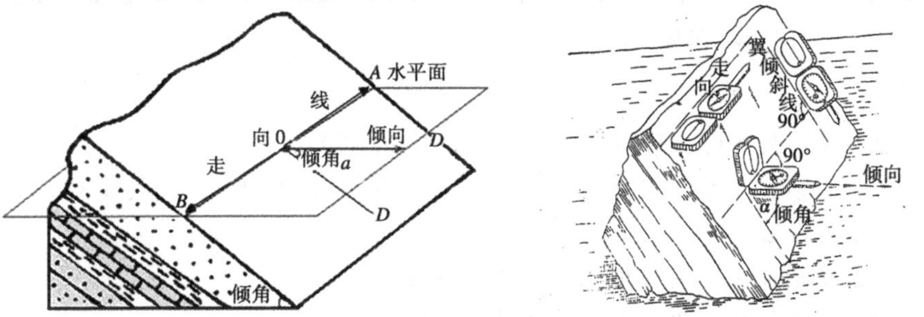

图 1-2　岩层产状要素及测量方法示意图

(二)岩石的变形

岩石的变形要经过弹性变形、塑性变形、断裂变形三个阶段。弹性变形属于一种暂时性的变形，褶皱构造属于塑性变形，地壳中广泛存在的各种断裂构造属于断裂变形。

四、褶皱构造

(一)概念

褶皱是岩层在构造运动作用下所产生的一系列弯曲。

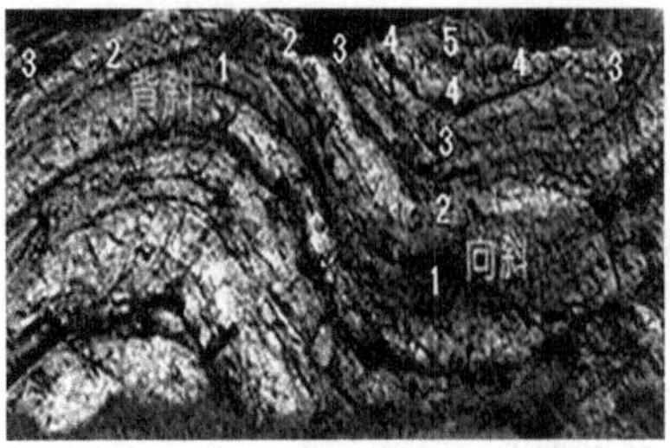

图 1-3　褶皱的基本形式

(二)褶皱的基本形式

(1)背斜:岩层向上弯曲,核部的岩层时代较老,外侧的岩层时代较新(见图 1-3)。

(2)向斜:岩层向下弯曲,核部的岩层时代较新,外侧的岩层时代较老(见图 1-3)。

五、断裂构造

(一)概念

岩石受到外力作用发生破裂的现象,称为断裂构造。

(二)分类

断裂构造分为节理和断层两大类。

(1)节理。岩石破裂后没有明显位移的断裂,是分布最广、最常见的一种断裂构造(见图 1-4)。

(2)断层。岩石断裂后,两侧岩石发生显著的相对位移,称为断层,是最常见的地质构造现象(见图 1-5)。

图 1-4　节理

图 1-5　断层

【习题】

一、判断题(下列判断正确的打"√",错误的打"×")

(　　)1. 地质作用是指自然界引起地壳的物质成分、内部结构、构造和地表形态等方面发生变化的作用。

(　　)2. 变质作用是内力地质作用的一种类型。

(　　)3. 外力地质作用全部由地球外能引起。

(　　)4. 在地表或接近地表条件下,岩石、矿物在原地发生机械破碎,而化学成分并没有发生改变的过程叫作化学风化作用。

(　　)5. 物理风化作用主要影响因素是温度变化和岩石释重。

(　　)6. 构造运动即是地壳运动,是指由地球内力引起的一种变形、变位的机械运动。

(　　)7. 由于构造运动使岩层产生的一系列弯曲,叫作褶皱构造。

(　　)8. 岩石发生破裂,破裂面两侧岩石发生显著位移,叫作节理。

(　　)9. 褶皱构造属于塑性变形。

(　　)10. 岩石的弹性变形属于一种永久性的变形。

二、单项选择题(下列选项中,只有一个是正确的,请将其代号填在括号里)

1. 下列地质作用属于内力地质作用的是(　　)。

A. 风化作用　　B. 剥蚀作用　　C. 重力作用　　D. 地震作用

2. 下列地质作用不属于外力地质作用的是(　　)。

A. 风化作用　　B. 重力作用　　C. 成岩作用　　D. 变质作用

3. 影响变质作用的因素是(　　)。

A. 温度　　B. 压力　　C. 化学活动性流体　　D. 以上全部

4. 属于断裂构造的是(　　)。

A. 节理　　B. 褶皱　　C. 褶曲　　D. 以上都没有

5. 岩层的产状要素指倾斜岩层的(　　)。

A. 走向、倾向、倾角　　B. 走向、顶角、倾向

C. 偏移、倾向、顶角　　D. 走向、倾向、仰角

6. 岩石破裂后,破裂面两侧岩石发生明显位移,这种破裂构造称(　　)。

A. 褶皱　　B. 断层　　C. 节理　　D. 劈理

三、多项选择题(下列选项中,至少有两个是正确的,请将其代号填在括号里)

1. 下列地质作用属于外力地质作用的有(　　)。

A. 风化作用　　B. 剥蚀作用　　C. 搬运作用　　D. 重力作用

2. 风化作用按照作用的性质和方式,可分为(　　)。

A. 物理风化作用　　B. 化学风化作用　　C. 生物风化作用　　D. 温差风化作用

3. 化学风化作用的主要影响因素有(　　)。

A. 氧　　B. 水溶液　　C. 二氧化碳　　D. 岩石释重

4. 最基本的地质构造有(　　)。

A. 倾斜岩层　　B. 褶皱　　C. 断层　　D. 节理

5. 产状是指地质体(岩层、岩体、矿体等)在地壳中的空间分布位置和产出状态。基本状态有(　　)等。

A. 水平的　　B. 倾斜的　　C. 直立的　　D. 倒转的

6. 褶皱的基本形式有(　　)。

A. 背斜　　B. 节理　　C. 断层　　D. 向斜

7. 岩石的变形一般要经过(　　)。

A. 弹性变形　　B. 塑性变形　　C. 断裂变形　　D. 裂开变形

【参考答案】

一、判断题

1. √　2. √　3. ×　4. ×　5. √　6. ×　7. √　8. ×　9. √　10. ×

二、单项选择题

1. D　2. D　3. D　4. A　5. A　6. B

三、多项选择题

1. ABCD　2. ABC　3. ABC　4. ABCD　5. ABCD　6. AD　7. ABC

第三节　矿产资源与矿床

一、矿产资源

（一）矿产资源概念

矿产资源是指自然界产出、由地质作用形成，有用的矿物资源。“有用”是指在当前经济技术条件下可以被利用，或随着科技进步，在可预见的将来能够被利用。

（二）矿产资源的类型

矿产资源按属性和用途可分为以下四大类：

（1）能源矿产：如煤炭、石油、天然气、页岩气、煤层气、铀等；

（2）金属矿产：如金、银、铜、铁、铬、镍、钨、锡、锂等；

（3）非金属矿产：如石灰岩、白云岩、花岗岩、大理岩、黏土、磷、钾盐、晶质石墨、萤石等；

（4）水气矿产：如地下水、矿泉水、二氧化碳气、硫化氢气、氦气和氡气。

二、矿床

（一）矿床的概念

矿床是指在地壳中由成矿地质作用所形成的，所含有用矿物资源的质和量符合当前经济和技术条件，并能被开采和利用的地质体。

（二）矿床的组成

矿床由矿体和围岩组成。

（1）矿体是指占有一定的空间位置并具有一定形状、产状和大小的矿石堆积体，是开采的对象。矿体是矿床的主要组成部分，一个矿床由一个或多个矿体组成。矿体内部不符合工业要求的岩石称为夹石。

（2）矿石是指从矿体中开采出来的，在现有的经济技术条件下，能从中提取一种或多种有用组分的天然矿物集合体。

（3）品位是指矿石中有用组分的单位含量。

（4）矿石矿物和脉石矿物：矿石矿物是指矿石中能被利用的金属或非金属矿物；脉石矿物是指矿石中暂时不能被利用的金属或非金属矿物。

（5）夹石是指矿体中不符合工业要求的岩石。

（6）围岩是指相对于矿体而言，四周无实际价值的岩石。

三、矿石的结构和构造

（一）矿石结构

（1）矿石结构是指矿石中矿物颗粒的形状、大小及相互关系。

（2）矿石的结构类型，主要取决于矿物颗粒的形成条件。常见类型有隐晶质结构、粒状结构、斑状结构、胶体结构（鲕状结构<2 mm、豆状结构>2 mm）。

(二)矿石构造

(1)矿石构造是指矿石集合体的特点,包括集合体的形状、大小和相互关系。

(2)矿石的构造类型,主要取决于各类矿物集合体的形成环境。常见类型有晶洞构造、晶簇状构造、块状构造(矿石矿物含量>80%)、稠密浸染状构造(矿石矿物含量在50%~80%)、中等浸染状构造(矿石矿物含量在30%~50%)、稀疏浸染状构造(矿石矿物含量<30%)、角砾状构造、条带状构造。

四、矿体的形状和产状

(1)矿体的形状。是指矿体在空间产出的几何形态。根据其在三维空间的延伸情况,可分为三种基本类型:①等轴状矿体:三维空间上大致均衡延伸的矿体。②板状矿体:在二维方向上延伸较长,在垂直方向上延伸较短,又可分为矿脉和矿层。③柱状矿体:在一维方向上延伸较长,在另外两个方向不发育或较短的矿体。如矿柱、矿筒、矿管等。

在自然界,由于成矿条件的复杂性以及成矿过程的长期性,除上述基本类型外,还有一些过渡类型的矿体形状,如透镜状、扁豆状、马鞍状、网脉状、马尾状等。

(2)矿体的产状。矿体的产状是指矿体在地壳中产出的空间位置和地质环境。包括以下几点:①矿体的空间位置:即空间范围,主要指平面位置和埋深。②矿体的产出状态:对于脉状、层状矿体,常用走向、倾向、倾角三要素来表示;对于柱状矿体,除需要测量走向、倾向、倾角外,还需要补充测量侧伏向、侧伏角、倾伏角。③还需要说明矿体与围岩、矿体与岩体、矿体与构造之间的关系。

五、矿床的成因与分类

(一)影响矿床形成的主要因素

(1)元素在地壳及上地幔中的分布量是首要因素。其中含量最多的前八种元素O、Si、Al、Fe、Ca、Na、K、Mg被称之为造岩元素;Cu、Pb、Zn、Au、Ag、稀有元素、稀土元素被称之为造矿元素。

(2)元素本身的地球化学性质是主导因素。

(3)成矿的外部条件,主要包括温度、压力、pH、Eh及生物作用等。

(二)矿床成矿作用及成因类型

(1)成矿作用。地球的演化过程中,使分散在地壳或上地幔中的化学元素,在一定的地质环境中相对集中形成矿床的地质作用。

(2)成因类型。根据成矿作用的动力来源,可将成矿作用分为内生成矿作用、外生成矿作用、变质成矿作用。

(三)矿床成因类型

根据矿床的形成作用和成因机理,可将矿床划分为内生矿床、外生矿床和变质矿床。

(1)内生矿床。由内生成矿作用形成的矿床,称为内生矿床。可分为岩浆矿床、伟晶矿床、热液矿床和火山矿床四种类型。内生矿床提供了绝大多数的有色金属、稀有金属和部分非金属矿产,在国民经济中起着重要作用。

(2)外生矿床。由外生成矿作用形成的矿床,称为外生矿床。可分为风化矿床和沉积矿床两大类。

(3)变质矿床。由变质成矿作用形成的矿床,称为变质矿床。可分为接触变质矿床、区域变质矿床、混合岩化矿床三种类型。

【习题】

一、判断题(下列判断正确的打"√",错误的打"×")

(　　)1. 品位是指矿石中化学元素的含量。

(　　)2. 工业上不能利用的矿物称为脉石矿物。

(　　)3. 含有用矿物的岩石就称为矿石。

(　　)4. 夹石是指矿体中不符合工业要求的岩石。

(　　)5. 在地壳中由成矿地质作用所形成的、含有有用矿物的地质体,称为矿床。

二、单项选择题(下列选项中,只有一个是正确的,请将其代号填在括号里)

1. 矿床由(　　)组成。

A. 矿体和围岩　　B. 矿石和围岩　　C. 矿石和脉石　　D. 矿石和夹石

2. 属于外生矿床的是(　　)。

A. 沉积矿床　　B. 火山矿床　　C. 热液矿床　　D. 岩浆矿床

3. 内生矿床提供了绝大多数的(　　)。

A. 有色金属矿产　　B. 稀有金属矿产　　C. 部分非金属矿产　　D. 以上全是

4. 层状、似层状及脉状矿体用(　　)来确定它们的产状。

A. 走向、倾向、坡角　　B. 走向、倾向、倾角

C. 倾向、倾角、坡角　　D. 走向、仰角、倾向

5. 常见的造岩元素是(　　)。

A. O、Si、Al、Cu　　B. Ca、Na、K、Pb

C. O、Si、Al、Fe　　D. Mg、Zn、Au、Ag

三、多项选择题(下列选项中,至少有两个是正确的,请将其代号填在括号里)

1. 矿体的形状可分为(　　)三种基本类型。

A. 等轴状矿体　　B. 板状矿体　　C. 脉状矿体　　D. 柱状矿体

2. 能源矿产包括(　　)。

A. 煤　　B. 石油　　C. 天然气　　D. 铀

3. 下列属于非金属矿产的有(　　)。

A. 晶质石墨　　B. 磷　　C. 钾盐　　D. 萤石

4. 下列属于水气矿产的有(　　)。

A. 矿泉水　　B. 地下水　　C. 二氧化碳气　　D. 硫化氢气

5. 内生矿床可分为(　　)。

A. 岩浆矿床　　B. 伟晶矿床　　C. 热液矿床　　D. 火山矿床

【参考答案】

一、判断题

1. ×　　2. ×　　3. ×　　4. √　　5. ×

二、单项选择题

1. A　2. A　3. D　4. B　5. C

三、多项选择题

1. ABD　2. ABCD　3. ABCD　4. ABCD　5. ABCD

第四节　岩石分级

一、岩石的物理性质和机械性质

岩石的物理性质包括在不改变岩石的形态和成分的条件下所表现出来的固有性质。岩石的机械性质则是岩石在外力作用下产生变形或破坏时所表现出来的性质。与钻探关系密切的物理、机械性质有以下几点。

(1)孔隙度与含水性。岩石内孔隙体积与岩石总体积的百分比,称为岩石的孔隙度。在自然状态下,岩石孔隙中总是或多或少的含有水。孔隙度大,往往含水性比较强;孔隙度小,含水性差。孔隙度大的岩石,矿物颗粒之间自由空间多,容易被破碎。

(2)松散性。是指岩石的紧密程度。孔隙度大的岩石,松散性就比较强。

(3)流散性。岩体内出现自由面后,其自由面有极力趋向水平的性质,称为流散性。如流沙层、冲积砂矿等具有很强的流散性。

(4)弹性、塑性和脆性。弹性、塑性和脆性是物质受力作用发生变形的形式。任何物质在外力作用下,都具有这三种变形形式,所不同的只是变形程度。

(5)硬度和强度。①岩石的硬度是岩石表面抵抗外部刚体压入的阻力。矿物成分相似,结构致密、孔隙度小的岩石比颗粒粗大、孔隙度大的岩石硬度大。②岩石的强度是岩石抵抗外力破碎的能力。一般情况下,岩石的硬度高,强度也高,但二者又是有差别的。硬度是指的岩石表面局部抵抗破坏的能力,而强度则是岩石整体抵抗破坏的能力。

(6)韧性。岩石的韧性是指岩石抵抗分裂成块或颗粒的性能。

(7)磨蚀性。岩石的磨蚀性是指岩石磨损工具的能力。岩石的硬度越高、颗粒越粗,磨蚀性越强。

二、岩石可钻性分级

岩石的可钻性是钻进时破碎岩石的难易程度,地质岩心钻探岩石可钻性分级采用综合分级法,是以岩石物理力学性质和岩石局部抗机械破碎能力作为统一定级的基础,主要以岩石压入硬度为主,分为 12 个级别(见表 1-3)。

在钻探施工现场,用最简单易行的刻划对比法来初步判断、划分岩石的可钻性等级。

大拇指甲:能刻划Ⅰ~Ⅲ级的岩石;

小铁刀:能刻划Ⅲ~Ⅳ级的岩石;

普通钢刀:能刻划Ⅳ~Ⅴ级的岩石;

锉刀:能刻划Ⅴ~Ⅵ级的岩石;

合金刀:能刻划Ⅶ~Ⅷ级的岩石。

表 1-3　岩石可钻性分级

岩石级别	钻进时效(m/h)		代表性岩石举例
	金刚石	硬质合金	
Ⅰ~Ⅳ	—	>3.90	粉砂质泥岩、碳质页岩、粉砂岩、中粒砂岩、透闪岩、煌斑岩
Ⅴ	2.90~3.60	2.50	硅化粉砂岩、碳质硅页岩、滑石透闪岩、橄榄大理岩、白色大理岩、石英闪长玢岩、黑色片岩、透辉石大理岩、大理岩
Ⅵ	2.30~3.10	2.00	黑色角闪斜长片麻岩、白云斜长片麻岩、石英白云石大理岩、黑云母大理岩、白云岩、蚀变角闪闪长岩、角闪变粒岩、角闪岩、黑云石英片岩、角岩、透辉石榴石矽卡岩、黑云白云石大理岩
Ⅶ	1.90~2.60	1.40	白云斜长片麻岩、石英白云石大理岩、透辉石化闪长玢岩、混合岩化浅粒岩、黑云角闪斜长岩、透辉石岩、白云石大理岩、蚀变石英闪长玢岩、黑云母石英片岩
Ⅷ	1.50~2.10	—	花岗岩、矽卡岩化闪长玢岩、石榴子矽卡岩、石英闪长斑岩、石英角闪岩、黑云母斜长角闪岩、混合伟晶岩、黑云母花岗岩、斜长闪长岩、斜长角闪岩、混合片麻岩、凝灰岩、混合浅粒岩
Ⅸ	1.10~1.70	—	混合岩化浅粒岩、花岗岩、斜长角闪岩、混合闪长岩、斜长闪长岩、钾长伟晶岩、橄榄岩、斜长混合岩、闪长玢岩、石英闪长玢岩、似斑状花岗岩、斑状花岗闪长岩
Ⅹ	0.80~1.20	—	硅化大理岩、矽卡岩、混合斜长片麻岩、钠长斑岩、钾长伟晶岩、斜长角闪岩、鞍山质熔岩、长英质混合岩化角闪岩、斜长岩、花岗岩、石英岩、硅质凝灰砂砾岩、英安质角砾熔岩
Ⅺ	0.50~0.95	—	凝灰岩、熔凝灰岩、石英角岩、英安岩
Ⅻ	<0.60	—	石英角岩、玉髓、熔凝灰岩、纯石英岩

【习题】

一、判断题(下列判断正确的打"√",错误的打"×")

(　　)1. 岩石的物理性质是指在改变岩石的形态和成分的条件下所表现出来的固有性质。

(　　)2. 岩石的机械性质是指岩石在外力作用下产生变形或破坏时所表现出来的性质。

(　　)3. 孔隙度大的岩石,松散性就比较强,容易被破碎。

(　　)4. 岩石的强度是指岩石表面局部抵抗破坏的能力。

(　　)5. 矿物成分相似,结构致密、孔隙度小的岩石比颗粒粗大、孔隙度大的岩石硬度大。

二、单项选择题(下列选项中,只有一个是正确的,请将其代号填在括号里)

1. 岩石表面抵抗外部刚体压入的阻力,称为(　　)。

A. 硬度　　B. 强度　　C. 孔隙度　　D. 韧性

2. 在钻探施工现场，如果用普通钢刀能够划动的岩石，其可钻性级别大致为(　　)。

A. Ⅰ~Ⅲ级的岩石　　B. Ⅲ~Ⅳ级的岩石

C. Ⅳ~Ⅴ级的岩石　　D. Ⅴ~Ⅵ级的岩石

3. 地质岩心钻探岩石可钻性分级通常采用综合分级法，分为(　　)个级别。

A. 5　　B. 8　　C. 10　　D. 12

4. (　　)是指岩石的紧密程度。

A. 含水性　　B. 松散性　　C. 流散性　　D. 韧性

5. 岩石表面抵抗外部刚体压入的阻力称为(　　)。

A. 硬度　　B. 强度　　C. 磨蚀性　　D. 韧性

三、多项选择题(下列选项中，至少有两个是正确的，请将其代号填在括号里)

1. 磨蚀性是指岩石磨损工具的能力。岩石的硬度越(　　)、颗粒越(　　)，磨蚀性越强。

A. 高　　B. 低　　C. 粗　　D. 细

2. 在钻探施工现场，经常用来初步判断岩石的可钻性等级的工具有(　　)。

A. 大拇指甲　　B. 小铁刀　　C. 普通钢刀　　D. 合金刀

3. 地质岩心钻探岩石可钻性分级采用综合分级法，是以(　　)作为统一定级的基础。

A. 岩石物理力学性质　　B. 岩石整体抗机械破碎能力

C. 岩石局部抗机械破碎能力　　D. 岩石的韧性

4. (　　)是物质受力作用发生变形的形式。

A. 弹性　　B. 塑性　　C. 脆性　　D. 松散性

5. 与钻探关系密切的物理机械性质有(　　)。

A. 松散性　　B. 流散性　　C. 硬度　　D. 强度

【参考答案】

一、判断题

1. ×　　2. √　　3. √　　4. ×　　5. √

二、单项选择题

1. A　　2. C　　3. D　　4. B　　5. A

三、多项选择题

1. AC　　2. ABCD　　3. AC　　4. ABC　　5. ABCD

第二章　钻探设备

第一节　概　述

一、钻探设备的发展历程及作用

(一)钻探设备的发展历程

钻探技术在我国已有二千多年的历史,公元前200多年的秦代,我国先民就发明了用冲击法钻凿盐井和天然气。近代以来,钻探设备经历了手把式钻机、油压给进式钻机、全液压动力头钻机、变频电传动顶驱钻机四个阶段。

(二)钻探设备在地质工作中的作用

(1)提供使钻杆及碎岩钻具(钻头)回转的动力。

(2)具有能使钻杆及碎岩钻头继续前进的能力,以达到不断破碎岩石、连续钻进的目的。

(3)当钻头磨钝后、需要提取岩心及处理有关井内事故时,钻机具有使钻杆及钻进工具提出孔口及再下入孔内继续下一个回次钻进的能力。

二、钻探设备的基本组成及构成

(一)钻探设备的组成

钻探设备由钻机、泥浆泵、动力机、钻塔及其附属机具(如:拧管机,电动工作台,泥浆搅拌机)等组成。钻机、泥浆泵、动力机称为“三大件”。

(二)钻机的基本构成

凡是回转式钻机都是由下列基本部件构成的:

(1)回转器:用于回转钻具,带动钻头,进行钻进切削。分为立轴式、转盘式、动力头式三种。

(2)给进机构:用以控制钻头压力,并通过钻具向钻头传递适当的轴向载荷,达到钻进的目的。分为螺旋差动式给进、绳索式给进和油压式给进三种。

(3)升降机构:用以升降钻具,并能随钻具重量的变化而改变提升、下降速度,可缩短辅助钻进时间,常见类型是行星式。全液压动力头钻机用倍速机构提升。

(4)传动变速机构:用于变速、变矩、将动力传递给进和升降机构。常用的类型为齿轮传动式、链条传动式、全液压动力头、变频电传动钻机。全液压动力头式和变频电传动钻机可实现无级变速。

三、钻探设备的分类

(1)按钻机用途:石油钻机、天然气勘探与开发钻机、岩心钻机、水文水井钻机、工程勘察钻机、环境勘察钻机和工程施工钻机等。

(2)按破碎岩石的方式:冲击式、回转式和复合式钻机。

(3)按回转机构:立轴式、转盘式和动力头式钻机。

(4)按给进机构:液压、绳索、螺旋差动、长油缸和油马达-链轮给进式钻机。

(5)按钻机额定钻进孔深:①浅孔钻机:钻进孔深为10~300 m;②中深孔钻机:钻进孔深为300~800 m;③深孔钻机:钻进孔深为800~5000 m。

四、泥浆泵及附属设备

(一)泵在钻探工作中的功能

(1)清除岩屑:在钻进过程中,钻头在孔底不断破碎岩石产生岩屑,泵使冲洗液循环,将岩屑挟带至地面,保持孔底清洁,有利于钻头继续破碎岩石。

(2)冷却、润滑钻头和钻具。

(3)保护井壁:冲洗液增大内液柱压力,如冲洗液为泥浆时泥浆在孔壁上能形成薄层泥皮,冲洗液的压力平衡地压,从而保护井壁。

(4)供给钻具能量:泵可将具有能量的液体输送给涡轮钻具、螺杆钻具、液动冲击钻具及其他水力冲击钻具,提供动力介质驱动这些钻具破碎岩石。

(5)输送特种物质:在某些特种工作中,加堵漏、封孔时,利用泵向孔内灌注特种物质水泥浆或其他堵漏物质。

(6)判断孔内情况:利用泵上的压力表所反映的泵压变化,及时了解孔内的一些情况。

(二)泵的分类

泵的种类很多,一般按工作原理分为三大类:

(1)叶轮泵:如离心泵(单级离心泵、多级离心泵、潜水泵、深井泵)、轴流泵、混流泵、漩涡泵等。依靠叶轮的旋转运动输送液体。

(2)容积泵:往复泵(柱塞泵、活塞泵)、回转泵(螺杆泵、齿轮泵)。依靠工作时的容积变化输送液体。

(3)喷射泵:依靠液体流动的能量输送液体。

(三)钻探用泵的类型及技术性能

根据钻探工作对泵的要求,目前钻探主要采用往复式泵。

1. 往复式泵的工作原理

活塞在曲柄连杆的带动下，由左向右移动时，泵缸活塞左侧部分容积增大，压力降低，形成负压，水在外界大气压力作用下顶开吸水阀进入泵室，这一过程为吸水过程。当活塞由右向左运动时，泵缸活塞左侧部分容积减小，压力增大，顶开排水阀，水被排出，这一过程称为排水过程。往复式泵的运作形成了吸排水过程。

2. 往复式泵的主要优点

(1)能在冲洗液含有较高的固相含量及研磨性颗粒的条件下工作。

(2)能排送较大的泥浆中的颗粒。

(3)容易操作与维护。

(4)可靠性强。

(5)可在较大的范围内调节泥浆压力及流量。

(四)钻塔及其附属设备

1. 钻塔

钻塔的作用是提供足够的垂直高度，以便把钻杆下入孔内或从孔内提到地表。钻杆越长，钻杆重量越重，所需要的钻塔也越高越大。

(1)钻塔的类型：四角钻塔、门字形钻塔、三角钻塔、A 型钻塔、桅杆型钻塔。

(2)钻机对钻塔的基本要求：①应有足够的承载能力，保证满足正常及特殊情况下的起下钻具、套管的需要。②应有足够的高度和有效空间，钻塔的高度应与钻孔的深度适应。③钻塔的结构要合理，尽可能使钻塔轻便、易拆卸、好搬运。

2. 附属设备

卷扬机、滑轮组等。

(五)岩心钻具

岩心钻具是由钻头、岩心管、异径(变径)接头、钻杆、连接接头和水龙头等组成。

五、钻探设备的选择和安装

(一)钻探设备的选择

钻探设备包含钻机、钻塔、动力机、泥浆泵、仪表及其他附属设备等。根据钻探目的、施工工区周边环境条件、岩石特性、钻孔结构、钻孔孔深等选择配合合理的钻探设备，使其能达到最优配合、更高效率和效益。

(二)钻探设备的安装

钻探设备安装顺序一般为平整场地—修筑地基—机台安装(整体车装好、履带装钻机除外)—钻塔安装(二层工作台、上下钻塔系统、篷布、固定绷绳及避雷针等)—钻机安装—动力机安装—泥浆泵及其他附属设施和安全防护设备安装。部分安装可以交叉进行，在安装过程中应有专人指挥，避免发生安全事故。

1. 钻塔的安装

(1)整体安装法。这种方法一般用于竖立 A 字形钻塔、三脚钻塔。在地形平坦、场地比较宽阔的地方竖立四脚钻塔也可采用此法安装。此法的优点是安全可靠、节省时间，但常因条件限制，使用较少。

(2)分节安装法。这种方法多用于四脚铁塔的安装。安装时,首先将钻塔底座固定在基台上,然后按钻塔结构图将各构件依次安装好一节。在第一节的横拉手上设立临时工作台板,选某一个塔脚设置带有滑轮的挑杆。挑杆质量要好,梢头直径不应小于100 mm,长度一般要比每节塔腿略长一点。挑杆上系有掌握方向的绷绳和运塔材的绳子。利用挑杆再安装下一节,以此类推分节逐层安装成全塔。

2. 钻机的安装

钻机安装前,首先根据确定的孔位,测量好钻机立轴中心(垂直孔时)与机座前排孔的距离,确定好钻机的安放位置(斜孔时需要进行计算),然后在基台上钻好相应位置的固定螺孔,以便将钻机用螺杆固定在基台上。

3. 钻探设备安装注意事项

(1)机械安装必须达到周正、水平、稳固,各皮带轮轴必须相互平行,皮带运转必须在轮宽的中间。

(2)钻机立轴中心线必须与天车中心(用单轮天车时为前轮缘)、孔口中心线在一条直线上,否则上下钻具会碰孔口管头,也可能造成孔斜。

(3)固定设备底座的螺杆必须符合规格,并应带垫拧紧,以防松动。

(三)钻探设备的拆卸

钻探设备拆卸顺序一般和安装顺序相反。拆卸步骤原则上是先周边设备或设施,再机台内的设备设施,最后是拆卸钻塔,拆卸钻塔应自上而下进行。

六、典型钻探设备

(一)固体矿产勘查钻探设备

固体矿产勘查钻探设备(见图2-1)最常见的设备主要以回转式钻机为主,随着找矿难度和深度的不断加大,全液压动力头钻机、变频顶驱式钻机和模块化便携式钻机也占有一定的市场。

图2-1　立轴钻机与动力头全液压钻机

(二)水文水井钻探设备

水文水井钻探设备(见图2-2)最常见的设备主要以转盘式钻机为主。按移动方式有固定式、车载式、履带式等。转盘式钻机和固定式钻机如图 2-3 所示。

图 2-2　水文水井钻探设备

图 2-3　转盘式钻机和固定式钻机

(三)工程勘察钻探设备

工程勘察钻探设备(见图 2-4)主要以 200 m 以内回转式岩心钻机和 100 m 车载式钻机为主。

图 2-4　工程勘察钻探设备

(四)环境勘察钻探设备

环境勘察钻探设备(见图 2-5)主要以 20 m 以内的手持式背包钻机和轻型履带式钻机为主。

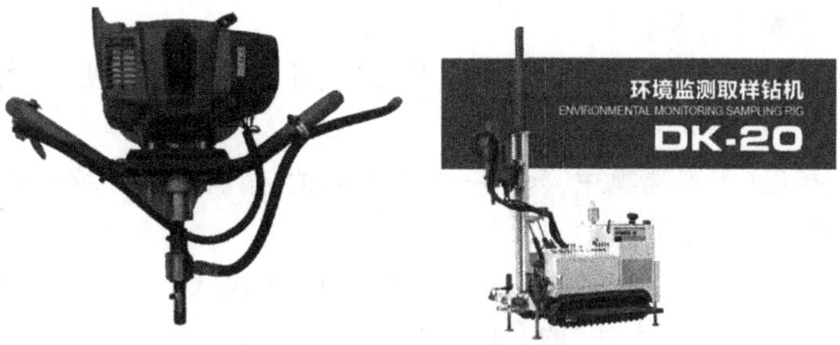

图 2-5　环境勘察钻探设备

(五)工程施工设备

工程施工设备(见图 2-6)主要以地基基础、地下连续墙、非开挖水平地下管线等工程建设施工方面为主的设备。

图 2-6　工程施工设备

【习题】

一、判断题(下列判断正确的打"√",错误的打"×")

(　　)1. 我国先民在西汉就发明了用冲击法钻凿盐井和天然气。

(　　)2. 钻探机械经历了手把式钻机、油压给进式钻机、全液压动力头钻机、变频电传动顶驱钻机四个阶段。

(　　)3. 钻机不具有使钻杆及钻进工具提出孔口及再下入孔内继续下一个回次钻进的能力。

(　　)4. 钻探机械由钻机、泥浆泵、动力机、钻塔及其附属机具组成。

(　　)5. 回转器用于回转钻具,带动钻头,进行钻进切削。

(　　)6. 钻机按用途分:石油钻机、天然气勘探与开发钻机、岩心钻机、水文水井钻机、工程勘察钻机、环境勘察钻机和工程施工钻机等。

(　　)7. 水文水井钻探设备最常见的设备主要以回转式钻机为主。

(　　)8. 钻进过程中,钻头在孔底不断破碎岩石产生岩屑,泵使冲洗液循环,将岩屑携带至地面,保持孔底清洁,有利于钻头继续破碎岩石。

(　　)9. 钻机对钻塔的基本要求,应有足够的承载能力,保证满足正常及特殊情况下的起下钻具、套管的需要。

(　　)10. 岩心钻具的组成是由钻头、岩心管、异径(变径)接头、钻杆、连接接头和水龙头等组成。

二、单项选择题(下列选项中,只有一个是正确的,请将其代号填在括号里)

1. 我国钻探技术起源于(　　)。

A. 汉代　　B. 秦代　　C. 唐代　　D. 西汉

2. 不属于钻探设备“三大件”的是(　　)。

A. 钻机　　B. 泥浆泵　　C. 钻塔　　D. 动力机

3. 下列描述钻探机械在地质工作中的作用错误的是(　　)。

A. 提供使钻杆及碎岩钻具(钻头)回转的动力

B. 具有能使钻杆及碎岩钻头继续前进的能力,以达到不断破碎岩石、连续钻进的目的

C. 当钻头磨钝后、需要提取岩心及处理有关井内事故时,钻机具有使钻杆及钻进工具提出孔口及再下入孔内继续下一个回次钻进的能力

D. 提供使钻杆及钻具减少磨损的能力

4. 按破碎岩石的方式分,钻探设备不包括(　　)。

A. 转盘式　　B. 冲击式　　C. 回转式　　D. 复合式

5. 中深孔钻机钻孔深度为(　　)。

A. 钻进孔深为 10~300 m　　B. 钻进孔深为 300~800 m

C. 钻进孔深为 800~5 000 m

6. 固体矿产勘查钻探设备最常见的设备主要以(　　)钻机为主。

A. 转盘式　　B. 回转式　　C. 复合式

7. 泵在钻探工作中的功能描述错误的是(　　)。

A. 清除岩屑　　B. 冷却、润滑钻头和钻具

C. 切削岩层　　D. 保护井壁

8. 容积泵不包括(　　)。

A. 叶片泵　　B. 往复泵　　C. 回转泵

9. 喷射泵是依靠液体的(　　)输送液体。

A. 温度的变化　　B. 流动的能量　　C. 黏合性

10. 岩心钻具的组成不包括(　　)。

A. 钻头　　B. 钻杆　　C. 接头　　D. 水管

三、多项选择题(下列选项中,至少有两个是正确的,请将其代号填在括号里)

1. 钻探机械经历了(　　)阶段。

A. 手把式钻机　　B. 油压给进式钻机

C. 全液压动力头钻机　　D. 变频电传动顶驱钻机

2. 钻探机械在地质工作中的作用(　　)。

A. 提供使钻杆及碎岩钻具(钻头)回转的动力

B. 具有能使钻杆及碎岩钻头继续前进的能力,以达到不断破碎岩石、连续钻进的

目的

C. 当钻头磨钝后、需要提取岩心及处理有关井内事故时，钻机具有使钻杆及钻进工具提出孔口及再下入孔内继续下一个回次钻进的能力

3. 回转式钻机都是由(　　)基本部件构成的。

A. 回转器　　B. 给进机构

C. 升降机构　　D. 传动变速机构

4. 钻探设备按破碎岩石的方式分(　　)。

A. 冲击式　　B. 回转式　　C. 复合式钻机

5. 钻探设备按回转机构分(　　)。

A. 立轴式　　B. 转盘式　　C. 动力头式钻机

6. 钻探设备按给进机构分(　　)。

A. 液压　　B. 绳索

C. 螺旋差动　　D. 长油缸和油马达-链轮给进式

7. 泵在钻探工作中的功能(　　)。

A. 清除岩屑　　B. 冷却、润滑钻头和钻具

C. 保护井壁　　D. 输送特种物质

8. 泵的种类很多，一般按工作原理分为(　　)大类。

A. 叶轮泵　　B. 容积泵　　C. 喷射泵

9. 往复式泵的主要优点(　　)。

A. 能在冲洗液含有较高的固相含量及研磨性颗粒的条件下工作

B. 能排送泥浆中较大的颗粒

C. 容易操作与维护

D. 可靠性强

E. 可在较大的范围内调节泥浆压力及流量

10. 钻塔的类型(　　)。

A. 四角钻塔　　B. 门字形钻塔　　C. 三角钻塔

D. H 型钻塔　　E. 桅杆型钻塔

【参考答案】

一、判断题

1. ×　2. √　3. ×　4. √　5. √　6. √　7. ×　8. √　9. √　10√

二、单项选择题

1. B　2. C　3. D　4. A　5. B　6. B　7. C　8. A　9. B　10. D

三、多项选择题

1. ABCD　2. ABC　3. ABCD　4. ABC　5. ABC　6. ABCD

7. ABCD　8. ABC　9. ABCDE　10. ABCE

第二节　钻探设备使用维护一般知识

一、钻探设备的技术状态及完好标准

钻探设备的使用和维护工作包括制定技术状态的完好标准、使用基本要求、操作维护规程、日常维护与定期维护、点检、润滑、状态监测、故障诊断、事故处理等。

(一)钻探设备的技术状态

钻探设备的技术状态是指钻探设备所具有的工作能力。包括性能、精度、效率、运动参数、安全、环保、能源消耗等所处的状态及其变化情况。

(二)钻探设备技术状态完好标准

钻探设备完好是指钻探设备处于完好的技术状态。钻探设备完好标准有以下三条要求:①钻探设备性能良好。钻探设备精度能稳定地满足钻探工艺要求,钻探设备的功能达到原设计或规定标准,运转时无超温、超压现象。②钻探设备运转正常,零部件齐全,安全防护装置良好,磨损腐蚀程度不超过规定的技术标准,控制系统、计量仪器、仪表和液压润滑系统工作正常,安全可靠。③原材料、燃料、动能、润滑油料等消耗正常,基本无漏油、漏水、漏气(汽)、漏电现象,外表清洁整齐。

二、钻探设备使用的相关规定

钻探设备在负荷下运转并发挥其规定功能的过程,即为使用过程。

保证钻探设备正确使用的主要措施是:①制定钻探设备使用程序;②制定钻探设备操作维护规程;③建立钻探设备使用责任制;④建立钻探设备维护制度,开展维护检查考核活动。

(一)钻探设备使用程序

(1)新工人在独立使用钻探设备前,必须经过钻探设备的结构性能、安全操作、维护要求等方面的技术知识教育和实际操作培训。

(2)应有计划、持续不断地对操作工人进行技术教育,以提高其对钻探设备使用维护的能力。

(3)经过相应技术训练的操作工人要进行技术知识和使用维护知识的考试和考核,合格者获取操作证后方可独立使用钻探设备。

(二)凭证操作钻探设备

钻探设备操作证是钻探设备的操作工人通过技术基础理论和实际操作技能培训,经考试合格后所取得的。凭证操作是保证正确使用钻探设备的基本要求。

(三)定人定机制度

使用钻探设备应严格岗位责任,实行定人定机制,以确保正确使用钻探设备和落实日常维护工作。重大或重点钻探设备定人定机名单,由主管部门审查,报分管钻探设备副院长或总工程师批准。定人定机名单审批后,应保持相对稳定,确需变动时应按上述规定程序进行。多人操作的钻探设备应实行机台长制,由使用单位指定机台长,负责和协调钻探设备的使用与维护。

(四)使用钻探设备的基本功和操作纪律

目前,多数单位钻探设备管理的特点就是实行“专群结合”的钻探设备使用维护管理制度。这个制度首先要求抓好钻探设备操作的基本功培训,包括“三好”“四会”和操作的“五项纪律”等。

1. 对钻探设备使用单位的“三好”要求

(1)管好钻探设备。操作者应负责保管好自己使用的钻探设备,未经批准,不准其他人操作使用。

(2)用好钻探设备。严格贯彻操作维护规程和钻探工艺规程,不超负荷使用钻探设备,杜绝不文明的操作。

(3)修好钻探设备。操作工人要配合维修工人修理钻探设备,及时排除钻探设备故障,按计划维修好钻探设备。

2. 对操作工人基本功的“四会”要求

(1)会使用。操作者应先学习钻探设备操作维护规程,熟悉钻探设备性能、结构、传动原理,正确使用钻探设备。

(2)会维护。学习和执行钻探设备维护、润滑规定,上班加油,下班清扫,经常保持钻探设备内外清洁、完好。

(3)会检查。了解自己所用钻探设备的结构、性能及易损零件部位,熟悉日常点检、完好检查的项目、标准和方法,并能按规定要求进行日常点检。

(4)会排除故障。熟悉所用钻探设备特点、拆装注意事项及懂得鉴别钻探设备正常与异常现象,会做一般的调整和简单故障的排除。自己不能解决的问题要及时报告,并协同维修人员进行排除。

3. 钻探设备操作者的“五项纪律”

(1)实行定人定机,凭操作证使用钻探设备,遵守安全操作规程。

(2)经常保持钻探设备整洁,按规定加油,保证合理润滑。

(3)遵守交接班制度。

(4)管好工具、附件,不得遗失。

(5)发现异常,立即停机检查,自己不能处理的,应及时通知有关人员检查。

三、钻探设备维护的相关规定

钻探设备的维护是操作工人为了保持钻探设备的正常技术状态、延长使用寿命所必须进行的日常工作。具体来讲,就是钻探设备维护的“四项要求”。

(1)整齐:工具、工件、附件放置整齐,钻探设备零部件及安全防护装置齐全,线路、管道完整。

(2)清洁:钻探设备内外清洁,各滑动面、丝杆、齿条等无黑油污、无碰伤;各部位不漏油、不漏水、不漏气、不漏电;场地垃圾清扫干净。

(3)润滑:按时加油、换油,油质符合要求,油壶、油枪、油杯、油嘴齐全,油毡、油线清洁,油标明亮,油路畅通。

(4)安全:实行定人定机和交接班制度。熟悉钻探设备结构,遵守操作维护规程,合理使用,精心维护,监测异状,不出事故。

四、常见岩心钻探设备的安装与调试

(一) XY-4 型钻机

1. 摩擦离合器间隙的调整

(1) 拧松定位齿片上的紧定螺钉。

(2) 正时针方向转动调隙螺母,摩擦片的间隙变小,通常每次调整 2 ~ 3 齿(0. 15 ~ 0. 25 mm);反之,则间隙变大,直至调整试车符合使用要求为止。

(3) 调试完毕,拧紧螺钉,防止振动变位。

2. 弹性联轴器的安装与调试

钻机动力机与传动系统用弹性联轴器连接,其安装正确与否直接影响传动零部件的工种温升、灵活性、稳定性及使用寿命。其安装调试方法如下:

(1) 联轴器圈的内径与圆柱销要贴合紧密,外径与孔的间隙不大于 0. 7 mm,否则应更换。

(2) 两半联轴器合拢,在外圆上均分 4 点,用塞尺测量,要求端面间隙均匀,b = 2 ~ 4 mm,倾斜角小于 0. 40°。

(3) 用钢板直尺靠在离合器外圆上,塞尺测量两半外圆的高低差 a 不大于 0. 2 mm。否则用加减机座下垫片的方法消除径向偏差。

(4) 禁锢各点,将离合器分离,用手转动联轴器应转动灵活,无憋劲或时松时紧现象。

(5) 两半联轴器合拢后,检查各橡胶圈是否平整转入各销孔,无翻卷及松紧不均现象。

(6) 安装联轴器时应在橡胶圈上加涂水或乳化剂以增加润滑,利于安装。

3. 分动箱与回转器圆弧锥齿轮啮合质量的检查与调试

(1) 用涂色法检查齿轮接触面是否良好:先在大圆锥齿轮的齿面上涂抹薄薄一层红丹油,按工作方向旋转立轴 3 ~ 5 圈,大圆锥齿轮留下红丹油压痕,若压痕均匀清楚、接触面积大说明安装良好。印痕要求沿齿长和齿高方向接触面积不小于 60%,轻负载时印痕偏向齿小端,重载荷时印痕在齿中部。

(2) 用压铅法检查齿轮的啮合间隙。将长度 20 mm 的锡铅丝弯成"U"型,用润滑脂贴在齿面上,转动立轴使保险丝被两轮啮合挤压一次后取出。用游标卡尺测量挤压后保险丝的厚度应在 0. 25 ~ 0. 30 mm 之间,且两边厚度一致。经检查确认安装位置不符时,应予调整。调整大圆锥齿轮的位置时,若需增大啮合间隙,应在减去上轴承压盖垫片的同时,增加下轴承压盖的垫片;反之则啮合间隙减少。调整分动箱上的小圆弧锥齿轮时,增加垫片,啮合间隙减小;反之则间隙增大。

4. 升降机抱闸间隙的调整

升降机抱闸间隙的大小直接影响升降机的提升、制动等运行质量,甚至会造成发热、急剧磨损、提升无力等故障。调整方法是松开拧在拉杆上的防松螺母,反时针拧动调整螺母,间隙变大;正时针拧动调整螺母,间隙变小。达到单绳吊种 35 kN 时,抱闸无打滑现象,松开无托擦即为合适。调整结束后,勿忘拧紧防松螺母。

(二)XY-5 型钻机

1. 摩擦离合器间隙的调整

该离合器为金属片浸润式结构,调整方法与 XY-4 型钻机不同,步骤如下所述:

(1)拔出调整螺母端面上的弹性定位销钉;

(2)正时针方向旋转调整螺母,主被动盘的间隙即减小,反时针旋转,间隙增大;

(3)间隙调好后,将定位销回复到相应的定位孔内,并用定位弹簧压紧。

2. 液压卡盘的安装与调整

(1)齿杆部位的定位卡,其作用既防止螺纹旋到根部出现卡阻现象,又可保证正反扣螺母位置对称,使卡盘夹紧、松开间隙保持一致,并保持良好的同轴度。因此,在机场安装维护时,不允许漏装或丢弃。

(2)安装卡瓦座组件时,应保证两齿杆同一侧的梯形螺纹旋向相反(沿对角线方向一致);齿形螺母在齿杆上的位置要对称,否则将引起卡盘动作紊乱,齿条与齿杆间受力不均而造成折断等故障。

(3)更换卡瓦时,只需将卡盘座顶的四只螺栓拧下,松开固定卡瓦的螺钉,即可抽出卡瓦。

(4)为使卡盘受力合理,应保持齿条下行时为卡盘卡紧位置,上行时为松开位置。

(三) BW-250 泵离合器间隙调整

(1)由于离合器的结合是依靠弹簧张紧力实现的,为此应使每只弹簧的安装长度保持一致,以保持摩擦片压力均匀;

(2)拧紧调整螺钉上的螺母,旋转调整螺钉,调整杠杆与推盘的间隙一致,使顶杆顶起推盘后杠杆受力均匀,离合器分离后空转灵活,无摩擦片托擦现象,即为合适;

(3)调整完毕,拧紧螺母,装好防护罩。

【习题】

一、判断题(下列判断正确的打“√”,错误的打“×”)

(　　)1. 钻探设备的使用和维护工作包括制定技术状态的完好标准、使用基本要求、操作维护规程、日常维护与定期维护、点检、润滑、状态监测、故障诊断、事故处理等。

(　　)2. 钻探设备的技术状态是指钻探设备所具有的工作能力。包括性能、精度、效率、运动参数、安全、环保、能源消耗等所处的状态及其变化情况。

(　　)3. 使用钻探设备应严格岗位责任,不必实行定人定机制。

(　　)4. 钻探设备的维护是操作工人为了保持钻探设备的正常技术状态,延长使用寿命所必须进行的日常工作。

(　　)5. 在使用钻探设备过程中,可超负荷使用钻探设备。

二、单项选择题(下列选项中,只有一个是正确的,请将其代号填在括号里)

1. 下列选项中,不属于钻探设备的技术状态是(　　)。

A. 性能　　B. 精度　　C. 效率　　D. 温度

2. 保证钻探机械正确使用的主要措施表述错误的是(　　)。

A. 制定钻探机械使用程序　　B. 无须制定钻探机械操作维护规程

C. 建立钻探机械使用责任制　　D. 建立钻探机械维护制度

3. 不属于钻探设备使用单位的“三好”要求的是(　　)。

A. 管好　　B. 修好　　C. 维护好

4. 不属于对操作工人基本功的“四会”要求的是(　　)。

A. 会使用　　B. 会操作　　C. 会维修　　D. 会检查

5. 不属于钻探设备维护“四项要求”的是(　　)。

A. 完全　　B. 整齐　　C. 清洁　　D. 润滑　　E. 安全

三、多项选择题(下列选项中,至少有两个是正确的,请将其代号填在括号里)

1. 钻探机械的技术状态是指钻探机械所具有的工作能力,包括(　　)。

A. 性能　　B. 精度　　C. 效率　　D. 安全性能

2. 保证钻探机械正确使用的主要措施是(　　)。

A. 制定钻探机械使用程序　　B. 制定钻探机械操作维护规程

C. 建立钻探机械使用责任制　　D. 建立钻探机械维护制度

3. 钻探设备的技术状态是指钻探设备所具有的工作能力,包括(　　)等所处的状态及其变化情况。

A. 性能　　B. 精度　　C. 效率

D. 运动参数　　E. 安全　　F. 环保

4. 保证钻探设备正确使用的主要措施是(　　)。

A. 制定钻探设备使用程序　　B. 制定钻探设备操作维护规程

C. 建立钻探设备使用责任制　　D. 建立钻探设备维护制度,开展维护检查考核活动

5. 对操作工人基本功的“四会”要求的是(　　)。

A. 会使用　　B. 会操作　　C. 会维修　　D. 会检查　　E. 会排除故障

【参考答案】

一、判断题

1. √　　2. √　　3. ×　　4. √　　5. ×

二、单项选择题

1. D　　2. B　　3. C　　4. C　　5. A

三、多项选择题

1. ABCD　　2. ABCD　　3. ABCDEF　　4. ABCD　　5. ABDE

第三节　钻探设备的润滑管理与故障检查分析

一、钻探设备的润滑管理

润滑是向运转机械的摩擦表面供给适当的润滑剂,以减少其相互间的摩擦和磨损的有效措施。因此,钻探设备的润滑管理是地勘单位钻探设备维修管理工作的重要组成部分。

(一)润滑“五定”与“三过滤”

(1)润滑“五定”。所谓“五定”,是指定点、定质、定量、定期、定人。

(2)“三过滤”。“三过滤”亦称“三级过滤”,是为了减少油液中的杂质含量,防止尘

屑等杂质随油进入钻探设备而采取的措施。它包括入库过滤、发放过滤和加油过滤。

(二)润滑材料的选用

在机器的摩擦副之间加入某种介质,使其减少摩擦和磨损,这种介质称为润滑材料,也称润滑剂。由于摩擦副的类型和性质不同,相应地对润滑材料的要求和选用也有所不同。只有按摩擦副对润滑材料性能的要求,合理选用润滑材料,才能减小摩擦、降低磨损,延长钻探设备的使用寿命,从而达到节约能源、保证钻探设备正常运转、提高地勘单位经济效益的目的。

(三)润滑基本原理

在两个相互摩擦的表面间加入润滑剂,使其形成一层润滑膜,将两摩擦表面分开,其间的直接干摩擦被润滑剂分子间的摩擦所代替,从而达到降低摩擦、减少磨损的目的,这就是润滑作用的基本原理。按润滑膜状态的不同,润滑可分为以下三种:①液体润滑(完全润滑);②边界润滑;③半液体润滑。

(四)润滑油性能指标及其选用依据

1. 掌握润滑油的性能指标

能进一步熟知其适用的场合,为不同工况条件选择合适的润滑材料提供必要的依据。

(1)润滑油的性能指标:①黏度;②水分;③机械杂质;④闪点与燃点;⑤凝固点;⑥酸值;⑦腐蚀性;⑧灰分;⑨残炭;⑩抗乳化速度。

(2)润滑油的选用因素:①运动速度;②承载负荷;③工作温度;④工作环境;⑤摩擦副的表面硬度、精度与间隙;⑥摩擦副的位置;⑦润滑方式;⑧液压系统。

2. 润滑脂性能指标及其选用依据

(1)润滑脂性能指标:①针入度;②滴点;③皂分;④相似黏度。

(2)润滑脂的选用依据:①运行状况;②工作温度;③工作环境。

(五)钻探设备润滑状态检查

钻探设备润滑状态检查包括日常润滑检查与定期润滑检查。

日常润滑检查的主要内容是:操作工人在班前检查加油试车时,查看润滑装置及润滑系统是否完善、畅通,发现缺陷应立即通知维修工排除。在维修工和润滑工日常巡回检查时,有重点地查看主要润滑部位是否缺油,协助操作工排除润滑缺陷和故障。

定期润滑检查是由机长或修理组长与润滑工或班长逐台全面检查鉴定钻探设备的润滑状态,做出记录,对不符合要求的,通过维修或更换使其处于良好技术状态,也可结合季度钻探设备技术状态鉴定进行。

(六)钻探设备润滑状态良好应具备的条件

(1)所有润滑部位、润滑点应符合“五定”要求,按期、按质加油,消除缺油干磨情况。

(2)所有润滑装置如油嘴、油杯、油窗、油标、油泵及系统管路等齐全、清洁、好用、润滑、畅通。

(3)油线和油毡齐全、清洁、放置正确。

(4)导轨、丝杠等重要部位干净,有薄油膜层。

(5)油与冷却液无变质、不混,符合使用要求。

(6)不漏油。

二、钻探设备的故障检查分析

(一)故障的定义

一般是指钻探设备或系统丧失或降低其规定功能的事件或现象。

(二)故障的分类

在实践中,故障是多种多样的,为了便于探讨,对故障进行如下分类:①渐发性(磨损)故障和突发性故障;②功能故障和参数故障;③实际故障和潜在故障;④允许故障和不允许故障。

(三)故障分析

故障分析的定义是:为了确认与鉴定潜在故障与实际故障,为探索故障发生的原因、机理、发生概率与判断故障后果,为研究故障预防对策等而对钻探设备(系统)进行逻辑分析与系统调查的技术活动与管理活动。

(四)故障检查方法

1. 基本方法

分析故障可以通过五官感觉诊断法、比较法、试探法分析故障。

(1)五官感觉诊断法:主要包括眼观、耳听、鼻嗅和手摸。①眼观就是通过眼的观察,了解故障现象。②耳听就是根据钻探设备运转时的音调、音量和声响出现的周期性异常特征,凭耳朵或借助金属棒和相应部位接触,判断故障所在。③鼻嗅就是嗅辨是否有呛鼻的橡胶烧焦臭味及其他异常气味。④手摸就是用手触摸机体、水箱、轴承处感觉温度是否正常。

(2)比较法是分析故障时,如对某一零件有怀疑,可换上性能良好的零件试车进行比较,观察故障现象是否消除、工作情况是否好转,以此来判别原零件是否损坏,从而找出故障部位的原因。

(3)试探法是由于缺乏经验难以肯定故障发生的部位时,可通过某些试探性的调整、拆卸、改变工作条件等措施观察现象的变化,得出确切的判断。

2. 分段检查

若用上述方法判断不出故障部位,就要考虑用分段隔离的方法检查。如钻机开动时产生异常尖叫声,但由于噪声大而很难准确判断尖叫部位,这时就要变换调速手柄,降低速度;若变换后只是产生尖叫的程度不同,说明故障还在下一级,若尖叫声消失就要在前一级找,直至找到故障部位。

【习题】

一、判断题(下列判断正确的打"√",错误的打"×")

(　　)1. 钻探设备的润滑管理是地勘单位钻探设备维修管理工作的重要组成部分。

(　　)2. 钻探设备润滑状态检查包括日常润滑检查、定期润滑检查和不定期润滑检查。

(　　)3. 所有润滑部位、润滑点应符合"五定"要求,按期、按质加油,消除缺油干磨情况。

(　　)4. 一般情况超过 90 ℃时,无论轴承是否损坏都要对该轴承进行重点检查。

(　　)5. 试探法是由于缺乏经验难以肯定故障发生的部位时,可通过某些试探性的调整、拆卸、改变工作条件等措施观察现象的变化,得出确切的判断。

二、单项选择题(下列选项中,只有一个是正确的,请将其代号填在括号里)

1. 不属于润滑"五定"的是(　　)。

A. 定点　B. 定质　C. 定量　D. 定期　E. 定检

2. "三过滤"亦称"三级过滤",不包括(　　)。

A. 入库过滤　B. 发放过滤　C. 运输过滤　D. 加油过滤

3. 按润滑膜状态的不同,润滑不包括(　　)。

A. 液体润滑(完全润滑)　B. 边界润滑

C. 半液体润滑　D. 固态润滑

4. 润滑脂的选用依据不包括(　　)。

A. 机构难易程度　B. 运行状况　C. 工作温度　D. 工作环境

5. 五官感觉诊断法不包括(　　)。

A. 眼观　B. 耳听　C. 鼻嗅　D. 仪器检查

三、多项选择题(下列选项中,至少有两个是正确的,请将其代号填在括号里)

1. 所谓"五定",是指(　　)。

A. 定点　B. 定质　C. 定量　D. 定期　E. 定人

2. "三过滤"亦称"三级过滤",是指(　　)。

A. 入库过滤　B. 发放过滤　C. 加油过滤　D. 运输过滤

3. 按润滑膜状态的不同,润滑可分为以下(　　)。

A. 液体润滑(完全润滑)　B. 边界润滑

C. 固态润滑　D. 半液体润滑

4. 润滑油的选用因素有(　　)。

A. 运动速度　B. 承载负荷　C. 工作温度　D. 工作温度

5. 在实践中,故障是多种多样的,主要包括(　　)。

A. 渐发性(磨损)故障和突发性故障　B. 功能故障和参数故障

C. 实际故障和潜在故障　D. 允许故障和不允许故障

【参考答案】

一、判断题

1. √　2. ×　3. √　4. √　5. √

二、单项选择题

1. E　2. C　3. D　4. A　5. D

三、多项选择题

1. ABCDE　2. ABC　3. ABD　4. ABCD　5. ABCD

第四节　钻探设备修理

机械零件修复技术是机械设备维修的基本技术之一。合理地选择和运用修复技术,是提高维修质量、节约资源、缩短停修时间和降低维修费用的有效措施。

一、零件的修复原则及修复方法

(一)零件的修复原则

从经济、质量和时间等方面考虑,其原则如下:修复费用应低于新件制造成本,修复工艺选择应满足零件的修复要求,修复后能保持零件原有技术要求,修复后不影响零件的使用寿命和性能。

(二)零件的修复方法

零件的修复方法和工艺很多,目前最常用的方法有钳工和机械加工、焊接、电镀、黏结。

二、送修规定

(1)大修。①送修设备必须完整无缺,零、附件齐全,严禁拆换;②送修前外部必须清洗干净,放尽机内的水、泥浆及其他工作介质;③承修单位通常按标准图纸和本规定修理、组装和试车。结合大修进行的改造,必须征得设备管理部门同意,列明改造项目、价格和应达到的效果,明确双方责任;④填写送修单,送修、承修单位交接验收,在其单上做好记录,签字执行。

(2)项修。①送修部件必须保持零件齐全,内外部干净;②填写项修单,指明部件存在的故障和修理要求;③整机送修,除列清项修部件技术状况,同时提出其他各方面的要求。

【习题】

一、判断题(下列判断正确的打"√",错误的打"×")

(　　)1. 机械零件修复技术是机械设备维修的基本技术之一。

(　　)2. 合理地选择和运用修复技术,是提高维修质量、节约资源、缩短停修时间和降低维修费用的有效措施。

(　　)3. 拆卸机械应按其结构特点制定拆卸顺序,一般是先上后下,先外后内,先总成后部件,最后解体为零件。

(　　)4. 环境温度变化对钻探机械的影响可以忽视。

(　　)5. 对所有偶合件和不能互换的零件,应按拆卸、修理或制造时所做的记号,成对或成套地装配,不能混淆。

二、单项选择题(下列选项中,只有一个是正确的,请将其代号填在括号里)

1. 机械零件修复技术是机械设备(　　)的基本技术之一。

A. 维修　　B. 使用　　C. 安装

2. 修复费用应(　　)新件制造成本。

A. 高于　　B. 低于　　C. 等于

3. 不合格的零件(　　)装配。

A. 不准　　B. 可以　　C. 可视情况

4. 零件装配前不论新旧,(　　)清洗。

A. 不应　　　　B. 都应　　　　C. 可以

5. 环境温度变化对钻探机械的影响(　　)。

A. 不容忽视　　　　B. 可以忽视　　　　C. 不用理会

三、多项选择题(下列选项中,至少有两个是正确的,请将其代号填在括号里)

1. 合理地选择和运用修复技术,是(　　)的有效措施。

A. 提高维修质量　　B. 节约资源　　C. 缩短停修时间　　D. 降低维修费用

2. 零件的修复从经济质量和时间等方面考虑,其原则如下(　　)。

A. 修复费用应低于新件制造成本　　B. 修复工艺选择应满足零件的修复要求

C. 修复后能保持零件原有技术要求　　D. 修复后不影响零件的使用寿命和性能

3. 零件的修复方法和工艺很多,目前最常用的方法有(　　)。

A. 钳工和机械加工　　B. 焊接　　C. 电镀　　D. 黏结

4. 机械装配的顺序,一般先由(　　)等各项规定。

A. 零件装成部件　　B. 再由部件与零件装成总成

C. 最后由总成或部件试验

5. 钻探设备修理类别,按修理内容和工作量大小划分有(　　)。

A. 大修　　B. 中修　　C. 项修

【参考答案】

一、判断题

1. √　2. √　3. ×　4. ×　5. √

二、单项选择题

1. A　2. B　3. A　4. B　5. A

三、多项选择题

1. ABCD　2. ABCD　3. ABCD　4. ABC　5. AC

第五节　传统取样工具及国内外典型取样钻探设备

一、洛阳铲

目前,国内传统的取样工具主要有洛阳铲、手持浅钻、工程地质勘探钻机等。其他固体岩心钻机和水文水井钻机均可在不同地层钻探取样。

洛阳铲携带方便,基本可以分为:铲头、配重杆、加长杆、吊环、安全绳以及携带包六大主要组成部分,环环有丝扣的方式连接起来。用于浅层 5~30 m 取样,主要优点是携带方便,只需人工则可完成取样工作,对周边环境破坏较轻。铲头被分为土铲、破砖铲、泥沙铲以及筒子铲等,如图 2-7 为常见的洛阳铲。

(1)土铲:主要用来开凿由土构成的土壤。

(2)破砖铲:由于一般的铲头遇到强硬石材无法继续挖掘探测而专门设计的一种铲

图 2-7 常用洛阳铲

头，用于打碎石块、砖瓦。

(3)泥沙铲：普通的铲头无法把泥沙带出，在土铲的基础上增加铲头处两侧护翼让洛阳铲在泥土、沙质的土壤也能够快捷的工作。

(4)筒子铲：一种新兴的产品，它的作用主要是对付淤泥，在其他铲头看起来几乎不可能带出的如水一样的泥沙，它却可以轻松带出，也是被探测人员称绝的铲头。

(5)掏沙铲：一般用于戈壁、沙滩、河滩、沙地等。这些地方土质松软不易带出，掏沙铲独有的设计解决了这一难题，能顺利带出土壤。

二、浅层取样钻机

(一)背包型钻机

背包型钻机的重量不超过 7 kg，动力机为 GX35 汽油机，净重 3.46 kg，汽油机功率 1 kW，转速 7 000 r/min，减速箱重量控制在 3.5 kg 以内。有低速和高速两种减速箱，减速比分别为 40 和 10。完成的低速减速箱重量 2.3 kg，高速减速箱重量为 2.5 kg，钻机的总重量小于 7 kg，配套设计的 40 mm 口径的钻具，设计钻孔深度 5 m，如图 2-8 所示。

(二) DDP-100 型工程地质勘探钻机

DDP-100 型工程地质勘探钻机主要用于地震爆破孔的施工，城建、铁路及水电部门进行工程地质勘查施工，土层、岩心的取样施工。钻孔直径 ϕ200 mm 时钻探深度 70 m，钻孔直径 ϕ150 mm 时钻探深度可达 100 m，DDP-100 型工程地质勘探钻机如图 2-9 所示。

图 2-8 背包型钻机

图 2-9 DDP-100 型工程地质勘探钻机

三、Geoprobe 直推式钻机

Geoprobe 直推式钻机是近年来专对土壤及地下水污染调查项目所设计研发的设备品牌。近年来，直接推进技术以其快速精确、经济高效、可装备先进探测器等优点，在国外污染场地调查中得到广泛推广与应用。目前在中国，Geoprobe 设备已经在生态环境调查方面越来越起主导作用。

(一) Geoprobe **设备分类**

Geoprobe Systems 是一个平台,在此平台上集成好多的功能,为实现不同的功能,美国 Geoprobe(杰奥普)公司设计了适用于不同功能的设备。例如,根据钻机的型号可以分为:8040DT、7822DT、7730DT、6625CPT、6620DT、6610DT、6600、 5410、54TR、54LT、540MT、540B 等,根据系统功能分为:土壤与地下水取样系统、监测井系统、污染场地修复注射系统、现场测 VOC 污染物 MIP 系统、土工技术 CPT 系统、水力孔隙穿透度 HPT 系统等。目前国内用的主要设备是 6620DT 型,此设备体积均匀、操作方便、高效率性,受到广大客户喜爱。

(二) Geoprobe **设备应用范围**

1. 监测井系统

Geoprobe 设备在设立长期监测井方面非常优越,通过中空螺旋钻杆打到特定深度,其螺旋钻杆内腔和地下土壤隔绝,在放入花管时能够保持预定厚度的滤层,加上上层用膨润土填充的隔水层,这样就很规范地设立一口供长期监测所用之井。

2. 污染场地注射系统

主要应用于污染场地的修复,最新出来的 GS2200 injection machine 能够提供足够的泥浆压力,很好地将修复物质注入地下污染土壤中。其动力系主机提供,无须任何外部连接,使用时非常方便快捷,特别适合应用于原位土壤修复项目工程。

3. MIP 系统

MIP 是一种可侦测土壤及地下水中污染物,而侦测器可放在地表上的一种探测器。它是一种可以通过电脑屏幕工具得知污染物位于哪个深度,但是不能决定污染物为何种化合物。因此,MIP 具备了两种优点,它可于现场侦测污染物且适用于各种土壤质地。

4. 水力孔隙穿透度 HPT 系统

水力剖面探杆工具系统(HPT):该系统由 Geoprobe 公司制造,用于评估地下土壤的水压特性。当该工具以固定速率钻进地下时,将压力水通过探杆侧的网注射入土壤,在线压力传感器测量注入压力水的土壤的反应压力。该反应压力与土壤传导水的能力有关。压力和水流量以及深度都被记录。

5. 土工技术

目前在美国,有一款专为土工技术 CPT 应用设计的机器设备,型号为 Geoprobe Systems 6625CPT,这是唯一一款完全利用无线遥控技术应用于此产业的设备。

(三) Geoprobe **直推式钻机的结构与特点**

美国环保署在 2005 年总结发布了利用直接推进技术进行土壤、土壤气体及地下水样品采集和监测的技术指南,以指导其在污染场地调查中的推广应用。直推式土壤钻机是采用直推方式将钻杆推入土壤,无需循环介质,能够连续快速地取出不受外界扰动的特定深度的柱状土样品;还可采取特定深度的原状地下水样品,并可建立长期监测井,监测地下水污染情况 。一般直推式土壤钻机可配套相关设备进行实时探测、水土修复等作业。

Geoprobe 直推式土壤钻机由美国 Geoprobe 公司制造,体积小质量轻,采取原状样品质量可靠,而且取样速度快,该公司开发了 Geoprobe Systems 基础平台,在此平台上可集成多种功能。根据钻机的型号可以分为:3230DT、8040DT、7822DT、7730DT、6625CDT 等;

根据系统功能可分为:土壤与地下水取样系统、监测井系统、污染场地修复注射系统、现场检测 VOC 污染物的 MIP 系统、土工技术 CPT 系统、水力孔隙穿透度 HPT 系统、OIP 光学探测系统等。

目前,国内主要使用的是 7822DT、6620DT 型这两种型号,近年来也引进了少量 8040DT 型。Geoprobe 独有的 MIP、HPT 、OIP 三大在线监测系统,可实时探测土壤地层性质、土壤中 VOC 及油类有机物含量。在钻进时同时进行监测,大大提高了土壤调查效率。另外,其钻孔及药剂注射系统,在注入相关药剂后可直接用于污染场地的土壤修复,在原位热脱附及原位化学氧化工艺中,起到不可或缺的作用,Geoprobe 直推式系列钻机如图 2-10 所示。

图 2-10　Geoprobe 直推式系列钻机

【习题】

一、判断题(下列判断正确的打"√",错误的打"×")

(　　)1. 一般直推式土壤钻机可配套相关设备进行实时探测、水土修复等作业。

(　　)2. 目前在中国,Geoprobe 设备已经在生态环境调查方面越来越起主导作用。

(　　)3. 洛阳铲主要优点是携带方便,只需人工则可完成取样工作。

(　　)4. 直推式土壤钻机可以采取特定深度的原状地下水样品,并可建立长期监测井,监测地下水污染情况。

(　　)5. 手持式背包钻机钻探深度可达 100 m。

二、单项选择题(下列选项中,只有一个是正确的,请将其代号填在括号里)

1. (　　)主要用于浅层 5~30 m 取样,主要优点是携带方便,只需人工则可完成取样工作,对周边环境破坏较轻。

A. 工程地质勘探钻机　　B. 洛阳铲　　C. 浅层取样钻机　　D. 直推式钻机

2. 近年,(　　)以其快速精确、经济高效、可装备先进探测器等优点,在国外污染场地调查中得到广泛推广与应用。

A. 直接推进技术　　B. 浅层取样钻机

C. 洛阳铲　　D. 回转钻进技术

3. (　　)的重量不超过 7 kg,轻便灵活,一般设计钻孔深度 5 m。

A. 背包钻机　　B. 工勘钻机　　C. 汽车钻　　D. 直推式钻机

4. (　　)主要用于地震爆破孔的施工,城建、铁路及水电部门进行工程地质勘查施工。

A. 背包钻机　　B. 洛阳铲　　C. DDP-100 型工程地质勘探钻机

D. 汽车钻

5. 直推式土壤钻机是采用(　　)方式将钻杆推入土壤,无须循环介质,能够连续快速地取出不受外界扰动的特定深度的柱状土样品。

A. 回转　　B. 冲击　　C. 取心　　D. 直推

三、多项选择题(下列选项中,至少有两个是正确的,请将其代号填在括号里)

1. 国内传统的取样工具主要有(　　),其他固体岩心钻机和水文水井钻机均可在不同地层钻探取样。

A. 洛阳铲　　B. 手持浅钻　　C. 工程地质勘探钻机

2. 洛阳铲铲头主要分为(　　)四大类。

A. 土铲　　B. 破砖铲　　C. 泥沙铲　　D. 筒子铲

3. 洛阳铲基本可以分为(　　)、安全绳以及携带包六大主要组成部分,环环有丝扣的方式连接起来。

A. 铲头　　B. 配重杆　　C. 加长杆　　D. 吊环

4. Geoprobe 直推式钻机应用范围包括(　　)及土工技术。

A. 监测井系统　　B. 污染场地注射系统

C. MIP 系统　　D. 水力孔隙穿透度 HPT 系统

【参考答案】

一、判断题

1. √　　2. √　　3. √　　4. √　　5. ×

二、单项选择题

1. B　　2. A　　3. A　　4. C　　5. D

三、多项选择题

1. ABC　　2. ABCD　　3. ABCD　　4. ABCD

第三章　冲洗液(泥浆)

第一节　钻孔冲洗液概述

一、钻孔冲洗液的功用和种类

(一)钻孔冲洗液的功用

钻孔冲洗液是指地质钻探过程中,以其多种功能满足地质钻探工作需要的各种循环介质的总称。冲洗液的功用有以下几点:①冷却和润滑钻头、钻具;②携带和悬浮岩粉;③稳定孔壁和平衡地层压力;④传递液动力;⑤其他功用。

(二)钻孔冲洗液的种类

钻孔冲洗液按大类可分为:清水及自然造浆、无固相泥浆、水基泥浆、油基泥浆、合成基泥浆、气体和气液混合体。

二、地质钻探对冲洗液的要求

在钻探不同的矿种、钻进不同的地层时,对冲洗液又有不同的要求,具体要求如下所述:①良好的冷却散热能力;②良好的润滑性;③良好的剪切稀释作用;④良好的护壁、防喷、防漏失等作用;⑤良好的抗外因干扰能力;⑥良好的质量。

三、钻孔冲洗液循环方式

冲洗液的循环是通过泥浆泵来维持的。冲洗液流经的各类管件、槽池、设备构成的一整套系统,称为钻孔冲洗液的循环系统。

(一)正循环

用正循环方式进行钻孔冲洗时,冲洗液通过泥浆泵压送,有高压管线经水接头、钻杆、钻杆柱、岩心管、钻头水口返出,再经钻杆柱与孔壁环状间隙空间上返至孔口,流入地面循环槽并进入冲洗液储备池中。这种循环方式在各种钻进方法中均得到广泛应用。钻孔冲洗液循环方式如图 3-1 所示。

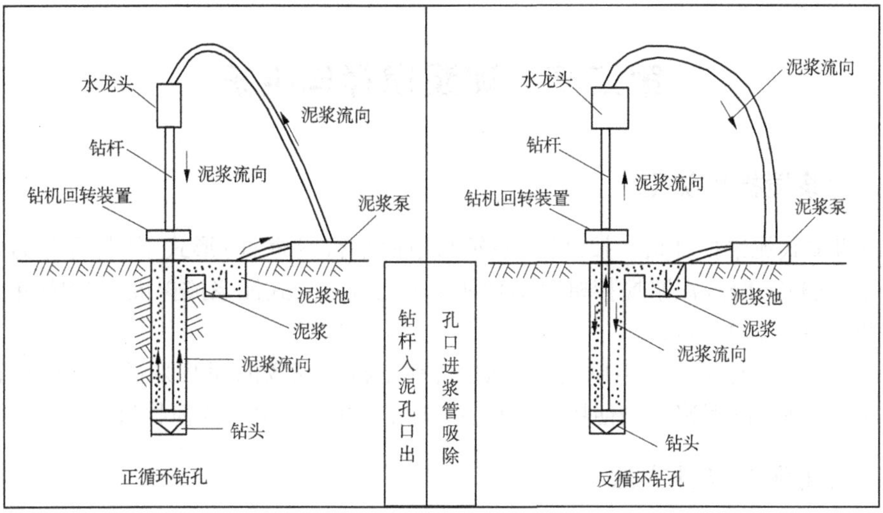

图 3-1 钻孔冲洗液循环方式

(二)反循环

1. 全孔反循环

全孔反循环冲洗液流的方向正好和正循环相反。冲洗液经过水泵压送,通过孔口密封装置,从钻杆柱与孔壁环状间隙进入孔内,由钻头水口进入岩心管和钻杆柱中,再经胶管返出至冲洗液储备池中。

2. 孔底局部反循环

孔底局部反循环方式与全孔正循环方式基本相同,只是在岩心管上部与钻杆之间加了一个喷射式反循环接头。接头以下形成局部反循环,接头以上仍然维持正循环方式。

无泵钻进法也是一种孔底局部反循环方式,它是依靠钻具的上下提动造成抽吸负压实现孔底局部反循环的。

四、泥浆基本材料

(一)造浆材料——黏土

黏土是岩浆岩或变质岩中的硅酸盐(如长石等)风化沉积形成。制造泥浆所用的黏土包含下列组成部分。

(1)黏土矿物。有蒙脱石、高岭石、伊利石和海泡石等几种,它们是黏土的主要成分。

(2)非黏土矿物。有石英、长石、云母、方解石、氧化铁等。

(3)有机质。包括木屑、树叶及腐殖质,它的含量较少,但起染色作用。

(4)溶解性盐类。包括有机质碳酸盐、硫酸盐、硝酸盐和氯化物等,其含量的大小对泥浆性能有着不同程度的影响。含蒙脱石黏土矿物为主要成分的黏土称为膨润土,它是我国目前配制泥浆的最好黏土。

(二)水

水是配制泥浆的最主要的原料之一。一般分为淡水、含钙镁较多的咸水和含钠盐较多的水。

第二节　泥浆搅拌与维护

一、泥浆搅拌机类型

(1)机械式泥浆搅拌机。按结构(主轴与地面平行或垂直)形式不同,可分为卧式和立式两类。其中,卧式泥浆搅拌机有单轴和双轴之分。立式泥浆搅拌机,结构简单、轻便,一般速度为80~100 r/min。

(2)水力式搅拌机。可不单独配备动力,利用施工现场的泥浆泵送入液体进行反复循环,即可实现拌制泥浆。当使用黏土粉造浆时,最好采用水力式搅拌机。

二、常用泥浆搅拌方法

(1)机械搅拌法。它是利用动力机械带动搅拌爪或搅拌链条等搅拌用具旋转,迫使泥浆原料实现水力运动,均匀分散而配制泥浆。配置时根据所要求的相对密度,把应加的黏土和水加到搅拌机里搅拌,待黏土和水充分分散后再加适量的碱及其他化学药剂。当泥浆的性能指标达到要求时,停止搅拌。在深孔钻进、泥浆用量较大时,应优先择用机械搅拌法配制泥浆。

(2)水力搅拌法。它是利用泥浆泵送入液体进行水力反复循环,使泥浆原料实现均匀分散而配制成泥浆。在中深孔钻进、泥浆用量较大时,可选用水力搅拌法配制泥浆。

(3)人力搅拌法。即当班职工操作棍棒等用具进行搅拌配制泥浆的方法。一般在浅孔钻进、泥浆消耗量较小时,可优先择用。

三、泥浆的配置

(一)泥浆的配方

泥浆的配方是指在配制泥浆时所用泥浆各种原料或处理剂用量的比例。通常有两种表现形式:比例形式的泥浆配方,浓度形式的泥浆配方。

(二)基浆配制

基浆又称普通泥浆:由黏土和水(钙质黏土尚需加少量纯碱)配制而成。它是一种成分最简单的泥浆类型,也是配制各种不同成分泥浆类的基础,也称为原浆。用化学处理剂处理就可以改变其性能。

配制基浆时,首先根据地层情况选择泥浆的相对密度,然后再根据需要的泥浆相对密度来确定黏土和配浆水的用量。纯碱的加量应当事先做小型实验优选,求得最优加碱量。在野外实践操作时往往以pH值试纸衡量最为方便,一般泥浆的pH值达到8~10为好。

配制基浆的具体方法:先在搅拌机中加入水,再按配方要求依次加入所需烧碱、纯碱,搅拌溶解 15 min 后,按配方要求的量,向上述搅拌机中加入膨润土粉,充分搅拌。若使用钠基膨润土,搅拌 1 h 左右后即可使用;若使用钙基膨润土,应持续搅拌 16 h 以上效果最佳。

(三)处理剂添加

按照泥浆实验得到的优选配方,逐一按序添加处理剂。

(1)按配方计算配制定量体积的泥浆所需的处理剂用量。

(2)预先将分子量较高或溶解速度较慢的粉末状泥浆处理剂配制成胶液,其他处理剂可直接加入。

(3)将处理剂胶液、其他处理剂与基浆混合,搅拌均匀(至其他处理剂全部溶解)即可。

四、泥浆循环系统和泥浆池的净化

(1)泥浆循环系统的净化。是指在钻进过程中经过泥浆循环槽、沉淀池(箱)等地表循环系统循环,由此实现除砂,达到泥浆净化的效果。

(2)泥浆池的净化。泥浆池可采用机械除砂法或重力下沉结合人工除砂法进行净化。此外,循环系统的净化方法还有震动式泥浆筛除砂法等。

【习题】

一、判断题(下列判断正确的打"√",错误的打"×")

(　　)1. 钻孔冲洗液是指地质钻探过程中,以其多种功能满足地质钻探工作需要的各种循环介质总称。

(　　)2. 冲洗液其中一个功用是稳定孔壁和平衡地层压力。

(　　)3. 钻孔冲洗液按大类可分为:水基冲洗液和油基冲洗液。

(　　)4. 钻井液循环是通过水龙头来维持。

(　　)5. 钻井液密度是指单位体积的钻井液重量。

(　　)6. 机械式泥浆搅拌机按结构形式不同,可分为卧式和立式两类。

(　　)7. 泥浆的配方是指在配制泥浆时所用泥浆各种原料或处理剂用量的比例。

(　　)8. 泥浆搅拌方法中机械搅拌法配制泥浆较为常见。

(　　)9. 无泵钻进法也是一种全孔反循环方式。

(　　)10. 聚丙烯酰胺有全絮凝剂(PAM)和部分选择性絮凝剂(HPAM 或 pHP)之分。

二、单项选择题(下列选项中,只有一个是正确的,请将其代号填在括号里)

1. 下列不属于冲洗液功用的是(　　)。

A. 起升钻具　　B. 稳定井壁　　C. 冷却钻头　　D. 挟带和悬浮岩屑

2. 下列属于冲洗液功用的是(　　)。

A. 挟屑　　B. 稳定井壁　　C. 冷却钻头　　D. 以上都是

3. 钻孔冲洗液循环方式有(　　)。

A. 正循环　　B. 全孔反循环　　C. 孔底局部反循环　　D. 以上都是

4. 下列属于钻井液原材料的是(　　)。

A. 增黏剂　　B. 降滤失剂　　C. 润滑剂　　D. 水

5. 下列不属于黏土矿物的是(　　)。

A. 蒙脱石　　B. 方解石　　C. 高岭石　　D. 伊利石

6. 下列属于溶解性盐类的是(　　)。

A. 碳酸盐　B. 硫酸盐　C. 硝酸盐　D. 以上都是

7. 重晶石粉又称(　　)。

A. 碳酸钡　B. 硝酸钡　C. 硫酸钡　D. 硫酸钠

8. 丹宁酸钠是一种(　　)。

A. 稀释(降黏)剂　B. 絮凝剂　C. 润滑剂　D. 原材料

9. 泥浆的配方有比例形式和(　　)形式。

A. 质量　B. 浓度　C. 体积　D. 重量

10. 配制基浆时,一般泥浆的 pH 值达到(　　)为好。

A. 7 左右　B. 0~7　C. 8~10　D. 10~14

三、多项选择题(下列选项中,至少有两个是正确的,请将其代号填在括号里)

1. 下列属于冲洗液的功用是(　　)。

A. 冷却和润滑钻头、钻具　B. 挟带和悬浮岩粉

C. 稳定孔壁和平衡地层压力　D. 传递液动力

2. 地质钻探对冲洗液的要求有(　　)。

A. 良好的冷却散热能力　B. 良好的润滑性

C. 良好的护壁、防喷、防漏失等作用　D. 良好的抗外因干扰能力

3. 钻孔冲洗液按大类可分为(　　)。

A. 水基冲洗液　B. 油基冲洗液　C. 合成基冲洗液　D. 清水

4. 下列属于非黏土矿物的是(　　)。

A. 石英　B. 长石　C. 云母　D. 方解石

5. 下列属于黏土矿物的是(　　)。

A. 蒙脱石　B. 海泡石　C. 高岭石　D. 伊利石

6. 下列属于溶解性盐类的是(　　)。

A. 碳酸盐　B. 硫酸盐　C. 硝酸盐　D. 氯化物

7. 常用泥浆搅拌法有(　　)。

A. 机械搅拌法　B. 水力搅拌法　C. 人力搅拌法　D. 畜力搅拌法

8. 制造泥浆所用的黏土包含(　　)组成部分。

A. 黏土矿物　B. 非黏土矿物　C. 有机质　D. 溶解性盐类

9. 钻孔冲洗液循环方式有(　　)。

A. 正循环　B. 全孔反循环　C. 孔底局部反循环　D. 局部正循环

10. 下列属于常见类型的冲洗液(　　)。

A. 清水　B. 泥浆　C. 乳状液　D. 空气

【参考答案】

一、判断题

1. √　2. √　3. ×　4. ×　5. ×　6. √　7. √　8. √　9. ×　10. √

二、单项选择题

1. A　2. D　3. D　4. D　5. B　6. D　7. C　8. A　9. B　10. C

三、多项选择题

1. ABCD　2. ABCD　3. ABCD　4. ABCD　5. ABCD　6. ABCD
7. ABC　8. ABCD　9. ABC　10. ABCD

第三节　泥浆性能测定

一、泥浆主要性能指标

泥浆性能是指泥浆物理化学性质的反应。泥浆的性能用性能指标来考核,泥浆性能主要包括以下几项指标。

(一)泥浆密度(比重)

单位体积泥浆的质量称为泥浆密度。泥浆密度的单位为 g/cm^3,大小主要取决于泥浆中固相的含量 。正常钻进中应尽可能采用密度较小的泥浆,钻探常用泥浆的密度一般控制在 $1.03\sim1.20\ g/cm^3$。

(二)泥浆 pH 值

泥浆 pH 值是反映泥浆酸碱性强弱的指标。泥浆 pH 值一般应控制在 8~10 之间,呈微碱性;现场多用比色法(pH 试纸)进行测定。

(三)泥浆的胶体率与稳定性

1. 泥浆的胶体率

表示泥浆中黏土颗粒分散和水化程度的指标称为泥浆的胶体率。

一般要求:泥浆胶体率应>95%;浆液下部分与上部分的相对密度差值<$0.02\ g/cm^3$。

2. 泥浆的稳定性

表示泥浆中黏土颗粒分散均匀程度的指标称为泥浆的稳定性。

(四)泥浆失水量与造壁性

1. 泥浆失水量

当泥浆承受压差作用后,一部分自由水渗入孔壁岩层的数量称为泥浆失水量。在正常钻进的条件下,泥浆正常失水量为(30 min 内)$25\ cm^3$。

2. 泥浆造壁性

泥浆在失去自由水的同时,浆液中的黏土等固相颗粒在孔壁上形成泥皮的能力称为泥浆造壁性。泥浆造壁性一般用泥皮厚度(单位:mm)表示。

(五)泥浆的流变性能

1. 泥浆黏度

泥浆黏度是指泥浆流动时,其内部的液体分子间、固相颗粒间和液固相间所具有的内摩擦力,它是泥浆流动难易程度的一种表现指标。泥浆的正常黏度应在 18~25 Pa・s。

2. 泥浆的触变性

泥浆被搅动时,其内部结构受到破坏,但在静止时其又恢复形成网状结构的特点,称为泥浆的触变性。

3. 泥浆的静切力

泥浆静止时,受外力影响而开始流动所需要的最小剪切应力称为静切力。

(六)泥浆固相含量

泥浆中所含有用、无用固相颗粒占泥浆总量的百分率(体积比),称为泥浆固相含量。泥浆固相含量越低越好,低固相泥浆要求固相含量<4%。

(七)泥浆含砂量

泥浆中不能通过 200 目筛孔的砂粒占泥浆体积的百分数,称为泥浆含砂量。

泥浆含砂量要求:一般不大于 4%,对于金刚石钻进,宜控制在小于 1%。

(八)泥浆的润滑性与泥皮的黏滞性

此项指标对钻进工艺关系很大,特别是金刚石钻进,可用其改善泥浆润滑性,降磨减阻,提高机械转速。现场通常不测此项指标。

二、泥浆主要性能参数测定

(一)泥浆比重测定

泥浆比重秤结构如图 3-2 所示。

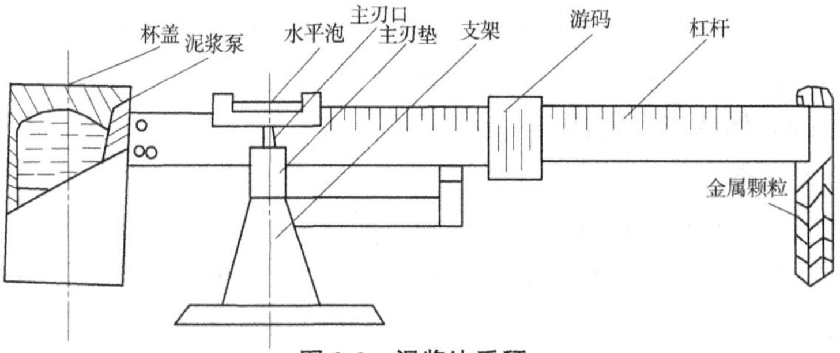

图 3-2　泥浆比重秤

(1)检查:①泥浆杯是否干燥,秤身是否清洁,刻度是否清晰;②刃口及刃垫是否完好,配合是否灵活;③游码移动是否灵活。

(2)校正。用清水校正,清水比重不为 1 时,从秤尾平衡圆柱内加减金属颗粒来调准。

(3)测量。将泥浆倒入泥浆杯,盖上杯盖,用湿布或棉纱擦净溢出的泥浆(若溢出较多,可用手指堵住杯盖上的溢浆孔,清水冲洗后擦干)。将秤杆放在底座上,移动游码至水准泡对中,读数。

(4)注意事项:①用后洗净擦干,若暂时不用,金属部分应抹油防锈;②使用中防止碰撞损伤(特别是水准泡);③现场使用要选择平整、无振动处放置;④使用完后使刃口离开刃垫;⑤每次使用前均应校正。

(二)泥浆漏斗黏度测定

泥浆黏度计结构如图 3-3 所示。

(1)检查:①漏斗及管嘴有无损伤变形;②漏斗内壁是否生锈或不洁;③管嘴是否堵塞。

(2)校正。清水应为(15±0.2),否则应校正。

流体黏度 $= K \times$ 测值

校正系数 $K = 15/$ 清水测值

(3)测量。用手指堵住管口,在漏斗中倒入700 mL泥浆(量杯两端容积分别为500 mL及200 mL)。松开手指的同时按动秒表,待泥浆流出500 mL(用500 mL的一端承接)时停表、读数。

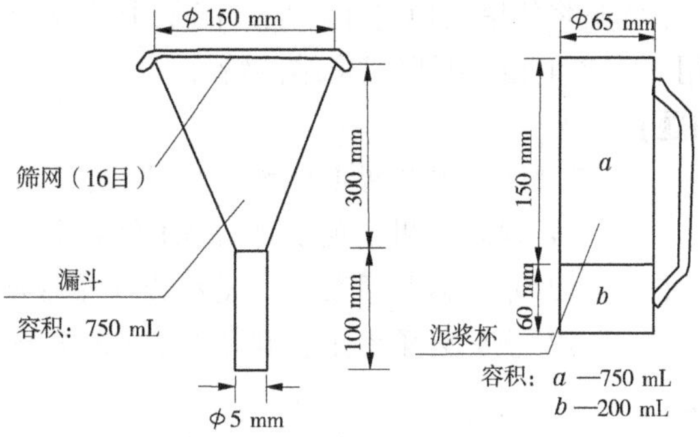

图3-3　泥浆黏度计结构

(4)注意事项。①两人配合较方便,但开、停秒表时机要适宜,故正式测定前应先练习几次。②一人测量最好有漏斗支架,如无支架,则一手抱持漏斗,一手按秒表亦可,但要注意漏斗需把持稳当且保持轴线垂直,过于倾斜将影响测值。③泥浆加入及流出的体积计量粗糙,需反复练习,减少误差,提高精度。④所测泥浆应清洁、均匀,以防止堵塞。⑤如管嘴堵塞,应用水冲或软棒捣通,不能用硬物通或敲震管嘴。⑥防止碰撞、变形,用后清洗擦干,防止生锈。

(三)泥浆pH值测定

(1)测定用品:测定泥浆pH值,通常采用pH试纸。

(2)测量泥浆pH值方法:取一条pH值试纸,浸沾泥浆或滤液;半秒钟后取出与标准色板相比较;读出试纸条与标准色板相同的色度数值,即为所测泥浆的pH值。

第四节　泥浆物理化学性质简介

一、黏土的吸附性能和水化作用

泥浆中黏土颗粒和分解介质水的界面上,自动浓集介质中分子或离子的现象称为黏土的吸附。由于黏土颗粒表面通常带有负电荷,因而能吸附介质中的各种水化阳离子,使黏土颗粒表面形成一层具有一定厚度的水化膜,这种现象叫作黏土的水化作用。

(1)黏土的吸附性能。泥浆中黏土的吸附和其他许多物体的吸附一样,可以分为物理吸附、化学吸附和离子交换吸附三种。

(2)黏土的水化作用。是指泥浆中黏土颗粒表面吸附分子的状态和能力。黏土的水化作用是影响水基泥浆性能的重要因素,泥浆中黏土颗粒的分散稳定与凝聚沉淀在很大程度上取决于黏土颗粒的水化作用的强弱。

二、泥浆的稳定和凝聚

(1)泥浆的沉降稳定性。是指泥浆中的黏土颗粒在地球重力场的作用下,抵抗自重所产生的沉降而分散稳定在泥浆中的能力。

影响黏土颗粒在泥浆中沉降稳定性的因素主要有黏土颗粒的大小、颗粒与分散介质的密度差、分散介质的黏度和泥浆中黏土颗粒的多少。

(2)泥浆的聚结稳定性。是指泥浆中的黏土颗粒之间,在分子吸引力和静电排斥力作用下不产生相互凝聚或聚结的特性。

【习题】

一、判断题(下列判断正确的打"√",错误的打"×")

(　　)1. 现场多用比色法进行 pH 值测定。

(　　)2. 单位体积泥浆的重量称为泥浆密度。

(　　)3. 当泥浆承受压差作用后,一部分自由水渗入孔壁岩层的数量,称为泥浆失水量。

(　　)4. 泥浆黏度是指泥浆流动时,其内部的液体分子间、固相颗粒间和液固相间所具有的内摩擦力表现。

(　　)5. 泥浆中所含有用、无用固相颗粒占泥浆总量的百分率(体积比),称为泥浆固相含量。

(　　)6. 泥浆含砂量要求:一般不大于 1%,对于金刚石钻进,宜控制在小于 4%。

(　　)7. 使用泥浆比重秤之前,不用校正。

(　　)8. 泥浆中黏土的吸附可以分为物理吸附、化学吸附和离子交换吸附三种。

(　　)9. 黏土的水化作用是指泥浆中黏土颗粒表面吸附分子的状态和能力。

(　　)10. 泥浆的沉降稳定性是指泥浆中的黏土颗粒在地球重力场的作用下,抵抗自重所产生的沉降而分散稳定在泥浆中的能力。

二、单项选择题(下列选项中,只有一个是正确的,请将其代号填在括号里)

1. 泥浆含砂量指的是(　　)百分含量。

A. 质量　　B. 重量　　C. 体积　　D. 都不是

2. 泥浆的 API 滤失量是在(　　)内测得的。

A. 30 min　　B. 40 min　　C. 35 min　　D. 25 min

3. 常用的大多数泥浆呈(　　)。

A. 酸性　　B. 碱性　　C. 中性　　D. 无法判断

4. 密度计校正时,泥浆杯应注满(　　)。

A. 清水　　B. 钻井液　　C. 烧碱液　　D. 都行

5. 测泥浆液密度时,泥浆杯中多余的钻井液(　　)。

A. 从杯盖孔中溢出　　B. 不能溢出

C. 溢出后体积不够　　D. 无法判断

6. 密度计校准的依据是(　　)。

A. 淡水密度为 1 g/cm^3　　B. 钻井液密度

C. 油密度　　D. 都不是

7. 使用泥浆漏斗黏度计时,用手指堵住管口,在漏斗中倒入(　　)mL 泥浆。松开手指的同时按动秒表,待泥浆流出 500 mL 时停表、读数。

A. 200　　B. 500　　C. 700　　D. 1200

8. 泥浆含砂量要求:一般不大于(　　),对于金刚石钻进,宜控制在小于 1%。

A. 1%　　B. 2%　　C. 3%　　D. 4%

9. 下列不属于泥浆中黏土的吸附方式的是(　　)。

A. 物理吸附　　B. 化学吸附　　C. 电子吸附　　D. 离子交换吸附

10. 泥浆的聚结稳定性,是指泥浆中的黏土颗粒之间,在(　　)和静电排斥力作用下不产生相互凝聚或聚结的特性。

A. 分子吸引力　　B. 分子斥力　　C. 原子引力　　D. 原子斥力

三、多项选择题(下列选项中,至少有两个是正确的,请将其代号填在括号里)

1. 泥浆密度的大小,主要取决于泥浆中固相(　　)的含量。

A. 黏土　　B. 岩粉　　C. 加重剂　　D. 清水

2. 泥浆的流变性能包括(　　)。

A. 泥浆黏度　　B. 泥浆触变性　　C. 泥浆静切力　　D. 泥浆失水量

3. 下列属于泥浆密度测量的注意事项是(　　)。

A. 使用中防止碰撞损伤,特别是水准泡

B. 现场使用要选择平稳、无振动处放置

C. 使用完后使用刀刃离开刃垫

D. 每次使用前均应校正

4. 下列属于泥浆漏斗黏度测量方法的注意事项是(　　)。

A. 泥浆加入及流出的体积计量粗糙,需反复练习,减少误差,提高精度

B. 管嘴是否堵塞

C. 如管嘴堵塞,应用水冲或软棒捣通,不得用硬物捅或敲震管嘴

D. 防止碰撞、变形,用后清洗擦干,防止生锈

5. 下列属于泥浆密度测量的检查要求是(　　)。

A. 泥浆杯是否干燥、杯身是否清洁完好

B. 刃口及刃垫是否完好,配合是否灵活

C. 游码移动是否灵活

D. 管嘴是否堵塞

6. 下列属于泥浆漏斗黏度测量的检查要求是(　　)。

A. 漏斗及管嘴有无损伤变形

B. 漏斗内壁是否生锈或不洁

C. 管嘴是否堵塞

D. 游码移动是否灵活

7. 下列属于泥浆密度测定步骤的是(　　)。

A. 将泥浆倒入泥浆杯,盖上杯盖,用湿布或棉纱擦净溢出的泥浆

B. 若溢出较多,可用手指堵住杯盖上的溢浆孔,清水冲洗后擦干

C. 将秤杆放在底座上,移动游码至水准泡对中、读数

D. 管嘴是否堵塞

8. 下列属于泥浆漏斗黏度测定步骤的是(　　)。

A. 用手指堵住管口,在漏斗中倒入 700 mL 泥浆

B. 松开手指的同时按动秒表,待泥浆流出 500 mL 时停表、读数

C. 用手指堵住管口,在漏斗中倒入 500 mL 泥浆

D. 松开手指的同时按动秒表,待泥浆流出 200 mL 时停表、读数

9. 下列属于泥浆中黏土的吸附方式的是(　　)。

A. 物理吸附　　B. 化学吸附　　C. 电子吸附　　D. 离子交换吸附

10. 影响黏土颗粒在泥浆中沉降稳定性的因素主要有(　　)。

A. 黏土颗粒的大小　　B. 颗粒与分散介质的密度差

C. 分散介质的黏度　　D. 泥浆中黏土颗粒的多少

【参考答案】

一、判断题

1. √　2. ×　3. √　4. √　5. √　6. ×　7. ×　8. √　9. √　10. √

二、单项选择题

1. C　2. A　3. B　4. A　5. A　6. A　7. C　8. D　9. C　10. A

三、多项选择题

1. ABC　2. ABC　3. ABCD　4. ACD　5. ABC　6. ABC　7. ABC　8. AB　9. ABD　10. ABCD

第五节　泥浆处理剂及作用原理

一、泥浆处理的目的

地质钻探施工过程中,所钻遇的地层是各不相同的,为了顺利成孔,泥浆性能应适应各种地层保持稳定的要求,就必须对泥浆进行处理。

调节泥浆性能主要包括降低泥浆失水量,增加泥浆黏度和切力,降低泥浆黏度和切力(分散稀释作用),增加密度和降低密度,防漏、絮凝、乳化、发泡、调节 pH 值、增加润滑性和防卡减阻、防腐蚀、杀菌、增加表面活性、去钙等处理工作。

二、泥浆处理剂

(一) 无机处理剂的作用原理

无机处理剂在泥浆处理中应用广泛,其作用原理有以下几个方面:①分散作用;②控制絮凝作用;③调节泥浆酸碱度(pH 值);④沉淀去钙作用;⑤对有机处理剂溶解或水解;⑥其他作用。

(二) 无机处理剂简介

用于处理泥浆的无机处理剂种类繁多,如表 3-1 所示。

(三) 有机处理剂的作用原理

有机处理剂被广泛应用于泥浆处理,其作用也是多方面的。其作用有稀释、降失水、絮凝、增稠、抑制泥页岩水化、乳化、发泡和消泡、减摩润滑、防卡减卡以及其他作用。

表 3-1 泥浆无机处理剂的种类

类别	名称	分子式	20 ℃时溶解度(%)	主要性能	主要用途
碱类	氢氧化钠(烧碱、火碱、苛性钠)	$NaOH$	109.1	强碱,有强腐蚀性,易溶于水,易吸潮,吸收空气中 CO_2 后变成 Na_2CO_3,固体烧碱密度为 2.0~2.2 g/cm³,另有液体烧碱产品	调节泥浆 pH 值,溶解有机处理剂,使泥浆分散等
	氢氧化钾(苛性钾)	KOH	111.4	弱碱,有强腐蚀性,易吸潮及溶于水,白色固体物	提供钾离子,对页岩有抑制作用
	氢氧化钙(熟石灰、消石灰)	$Ca(OH)_2$	0.165	白色粉末,吸潮性强,碱性强,有腐蚀性,可由生石灰(CaO)加水反应得到	提供钙离子,配制钙处理泥浆用,对页岩有抑制作用
碳酸盐	碳酸钠(纯碱,苏打)	Na_2CO_3	17.7	工业纯碱为白色粉状结晶,其水溶液呈强碱性,吸潮后易结块	提供钠离子,去钙软化水质,起泥浆分散剂作用
	碳酸氢钠(小苏打、焙烧苏打)	$NaHCO_3$	9.6	白色结晶粉末,易溶于水,水溶液呈碱性反应,但 pH 较低	可用来沉淀去钙,溶液 pH 值上升较小
磷酸盐	六偏磷酸钠	$(NaPO_3)_6$	97.3	无色玻璃固体片,块状物,易溶解变质,易溶于水,溶液呈弱酸性,易水解	可络合除钙,处理水泥及石膏效果好,是泥浆稀释降黏剂
	三聚磷酸钠	无水物 $Na_5P_3O_{10}$ 六水物 $Na_5P_3O_{10}\cdot 6H_2O$	35(瞬时溶解度)	易溶于水,水溶液呈弱碱性	可与钙、镁离子配合,也起稀释降黏作用
	四磷酸钠	$Na_6P_4O_{13}$		白色粉末,溶于水,呈酸性	泥浆稀释分散剂,也用来除钙
	酸式焦磷酸钠(SAPP)	$Na_2H_2P_2O_7$		白色粉末,溶于水,呈酸性	
	焦磷酸四钠(TSPP)	$Na_4P_2O_7$		白色结晶粉末,溶于水,呈碱性	

续表 3-1

类别	名称	分子式	20 ℃时溶解度(%)	主要性能	主要用途
硅酸盐	水玻璃(硅酸钠)	$Na_2SiO_3 \cdot 9H_2O$		为黏稠状半透明液体,能溶于水,呈碱性,并能和盐水相混溶	用于配制速凝混合物,硅酸钠泥浆用于钻进膨胀页岩等地层
氯化物	氯化钠(食盐)	$NaCl$	36	白色结晶细粒,纯品不潮解,易溶于水	用于配制盐水泥浆等
	氯化钾(钾盐)	KCl	34.35	白色晶体,易溶于水,溶液呈中性	用于配制钾泥浆,抑制页岩膨胀
	氯化钙	$CaCl_2 \cdot 6H_2O$ 或无水	74.5	无水氯化钙是白色结晶,有强吸潮性,易溶于水	配制高钙泥浆等用
	三氯化铁	$FeCl_3$		无水氯化铁是棕黑色层状结晶,易潮解,溶于水中	泥浆絮凝剂及作助剂用
硫酸盐	硫酸钠(芒硝)	$Na_2SO_4 \cdot 10H_2O$	19.4	十水芒硝无色针状结晶,100 ℃时焙烧会失去结晶水成无水硫酸钠粉末,溶于水	有去钙及絮凝黏土的作用,可提高泥浆黏度、切力
	硫酸钙(生石灰)	$CaSO_4 \cdot 2H_2O$	0.202(18 ℃)	白色或杂色结晶,溶于水,但溶解度不大	作钙处理泥浆、絮凝黏土等
	铵明矾	$NH_4Al(SO_4)_2 \cdot 12H_2O$		白色无定形晶体,溶于水,水溶液呈酸性	黏土絮凝剂
	硫酸铝	$Al_2(SO_4)_3$	36.3	白色晶体粉末,溶于水,呈酸性	去孔壁泥皮剂
铬酸盐	铬酸钠	$Na_2CrO_4 \cdot 10H_2O$	90.1	重铬酸钠(红矾钠)红至橘红色结晶,易潮解,有强氧化性,易溶于水重铬酸钾,有强氧化性,不潮解,易溶于水	重铬酸盐有强氧化作用,生成铬离子(Cr+)对黏土有氧化作用,可提高某些降失水剂和稀释剂的热稳定性
	铬酸钾	K_2CrO_4	63.0		
	重铬酸钠	$Na_2Cr_2O_7 \cdot 2H_2O$	10.1		
	重铬酸钾	$K_2Cr_2O_7$	12.0		
硫化物	硫化钠(硫化碱)	$Na_2S \cdot 9H_2O$	18.7	无色吸湿性结晶,溶于水,呈强碱性	泥浆除氧剂、腐蚀抑制剂

(四)常用有机处理剂的常识

常用泥浆有机处理剂的种类如表 3-2 所示。

表 3-2　泥浆有机处理剂的种类

作用	类别	名称
稀释降黏剂(分散剂)	丹宁类	丹宁碱液(丹宁酸钠,抗温 100 ℃);栲胶碱液(抗温 80 ℃);磺甲基化丹宁(SMT)及其铬盐(SMT-Cr)(抗温 180~200 ℃);磺甲基栲胶;合成丹宁;各种植物丹宁(如松柏、红根、柚柑树皮等)
	木质素类	铁铬木质素磺酸盐(FCLS 抗温 170~180 ℃);木质素磺酸钠;酚化木质素磺酸盐;磺化木质素-羟基苯酚;铬木质素磺酸盐;综合亚硫酸盐酒精废液(KCCB)
	丹宁、木质素复合类	丹宁木质素磺酸钠(DMX、聚酚木质素硫酸钠,抗温 180~220 ℃)
	褐煤、木质素复合类	铬制剂(泥炭制腐殖酸铬与铬木素磺酸盐复配物)也有降失水作用
降失水剂	纤维素类	钠羟甲基纤维素(Na-CMC,高、中、低三种黏度,抗温 130~140 ℃);聚阴离子纤维素;高分子量聚阴离子纤维聚合物;速溶 CMC;羟甲基羟乙基纤维素(CMHEC);羟乙基纤维素;甲基羟甲基纤维素(MCMC)
	聚糖类	预胶化淀粉;不发酵淀粉;低黏度羟甲基淀粉;瓜尔胶和改性瓜尔胶;海藻胶;黄原单胞杆菌多糖胶(XC-聚合物);钻井粉;香叶粉等野生植物胶(详见增黏剂部分)
	腐殖酸类	煤碱液(NaC,腐殖酸钠)(抗温 180~190 ℃);硝基腐殖酸(抗温 200 ℃以上);磺化硝基腐殖酸;铬褐煤(抗温 235 ℃以上);磺甲基化褐煤(SMC、磺甲基腐殖酸铬,抗温 200~220 ℃);磺化褐煤和特制树脂混合物(抗温 230 ℃);褐煤锌铬合物
	丙烯酸衍生物类	水解聚丙烯腈(HPAN,抗温 240~250 ℃);聚丙烯酸钠;聚丙烯酰胺磺甲基改性物;聚甲基丙烯酸钠等
增黏剂(增稠剂)	纤维素类	降失水剂的纤维素类处理剂都能起增黏作用
	聚糖类	低黏度羟甲基淀粉;瓜尔胶;高分子长链黄原树胶聚合物;有机聚糖;聚糖-CMC;石棉-CMC;钻井粉(淡水中抗温 70 ℃,饱和盐水中抗温 90~100 ℃) 含植物胶的有雷公篙叶粉;香叶粉;香胶粉;榆树皮粉;柳筋叶粉;楠树皮粉;皂仁粉;槐豆粉;上石粉;石青粉;白胶粉;三股筋粉;上玉粉等
絮凝剂	丙烯衍生物类	聚丙烯酰胺及其水解物;甲基丙烯酸与丙烯酰胺共聚物;甲基丙烯酸与甲基丙烯酰胺共聚物;聚丙烯酰胺阳离子改性物
	其他	顺丁烯二酸酐-醋酸乙烯酯共聚物;顺丁烯二酸酐-烷基乙烯基键共聚物

续表 3-2

作用	类别	名称
抑制剂页岩水化	木质素及腐殖酸类	木质素磺酸钾；铬木素磺酸盐；腐殖酸钾；铬褐煤；铬制剂
	其他	聚丙烯酰胺磺甲基改性物；磺化沥青；分散剂硬沥青；有机铝络合物
乳化剂	水包油乳化剂	各种阴离子及非离子表面活性剂（油酸钠、松香酸钠、十二烷基苯磺酸钠、石油磺酸钠、聚氧乙烯蓖麻油、OP 乳化剂等）；各种农乳（0203、0204、3201 等）；泥浆处理剂起乳化作用的有 Na-CMC、聚阴离子纤维素、羟甲基羟乙基纤维素、羟乙基纤维素、腐殖酸钠、硝基腐殖酸、磺化沥青等
	反相油包水乳化剂	亲水亲油值小于 7 的非离子表面活性剂（司盘-80 等）及各种有机羟酸的钙、镁、铝岩；石油磺酸铁等
润滑减摩、防卡、减卡处理剂		磺化妥尔油沥青；极压润滑剂；月桂醇硫酸醋；月桂醇硫酸镁；复胺磺酸盐；烷基芳基磺酸氨类；磺化沥青；羟乙基纤维素；有机聚糖；磺化残油；蓖麻油渣；腐殖酸钾衍生物；水解聚丙烯酰胺；各种阴离子乳化油；阴离子活性剂

（五）惰性材料添加剂

泥浆惰性材料添加剂，即不起化学反应的处理泥浆的有机材料或无机材料，对泥浆可起加重、增黏和润滑作用，对漏失钻孔进行堵漏等。

1. 泥浆加重剂

泥浆加重剂的主要作用是提高泥浆的密度。常见的加重材料有：重晶石，又叫硫酸钡，分子式为 $BaSO_4$，纯品为白色粉末，常温下密度 4.3～4.6 g/cm^3，硬度 2.5～3.5；石灰石粉，密度 2.2～2.9 g/cm^3；方铅矿粉，密度 7.5～7.6 g/cm^3；磁铁矿粉，密度 4.9～5.9 g/cm^3；硫酸钡粉，密度 4.28～4.35 g/cm^3。

2. 无机惰性增黏剂

膨润土粉等可作为增黏剂，它可提高淡水或盐水泥浆的黏度，但不能控制失水，可增加泥浆的携砂和悬浮能力，并具有抗钙、抗高温和在广泛的 pH 值范围内保持稳定的特点。加入量 0.5%～3%不等，视泥浆增黏要求而定。

3. 无机润滑材料

加入泥浆后可降低泥皮的摩擦系数、增加泥浆润滑性能，又不致影响泥浆其他性能的材料，主要有二硫化钼、石墨等。

第六节　泥浆性能调整

一、泥浆密度的调整

（一）提高泥浆相对密度的方法

当泥浆中的固相含量相同时，所加的固相相对密度越大，则泥浆的相对密度也越高。

因此,一般是采用在泥浆中加入一定数量的加重剂的方法来提高泥浆的相对密度,或是加入分散性差的劣质黏土和含沙量少的黄土来提高泥浆的相对密度。

(二)降低泥浆相对密度的方法

(1)适当减少泥浆中的黏土含量。

(2)加强泥浆的净化处理,利用振动筛和旋流除砂器除砂。

(3)加入一定量的化学絮凝剂,使泥浆中的黏土颗粒聚沉,以降低密度。

二、泥浆黏度的调整

(一)提高黏度的方法

(1)增加黏土含量,提高黏土分散度,如加强机械搅拌和增加分散剂。

(2)适当加入增稠剂提高黏度,如 Na-CMC 等。

(二)降低黏度的方法

(1)加清水稀释降低泥浆中固相含量。

(2)加入有机稀释剂,如 NaT 等。

三、泥浆 pH 值调整

凡能改变 H^+ 和 OH^- 浓度的电解质,都能调节 pH 值,如 Na_2CO_3 与 NaOH 等。当 pH 值过高而泥浆性能变坏时,可加入适当的五倍子粉等,也可用三氯化铁等;当 pH 值过低而泥浆性能变化时,可用碳酸钠或氢氧化钠、多磷酸钠提高泥浆的 pH 值。

四、泥浆失水量调节方法

降低失水量的方法有增加泥浆中黏土含量、提高泥浆中黏土颗粒的浓度。

提高黏土在水中的分散和水化程度,可采用以下方法:①加入适量的碳酸钠或氢氧化钠进行处理。②加入适量的有机高分子降失水剂,如煤碱剂、Na-CMC 等。

【习题】

一、判断题(下列判断正确的打“√”,错误的打“×”)

(　　)1. 氢氧化钠(烧碱)分子式为 KOH。

(　　)2. 碳酸钠属盐类处理剂,又名纯碱,其分子式为 Na_2CO_3。

(　　)3. 纯 NaCl 易潮解,易溶于水,其水溶液呈中性。

(　　)4. 当泥浆中的固相含量相同时,所加的固相相对密度越大,则泥浆的相对密度也越高。

(　　)5. 碳酸钠加入泥浆能增加黏土的水化和分散性。常用于黏土改性和硬水软化。

二、单项选择题(下列选项中,只有一个是正确的,请将其代号填在括号里)

1. 重晶石的主要化学成分是(　　)。

A. $BaSO_4$　　B. $CaSO_4$　　C. $CaCO_3$　　D. $BaCO_3$

2. 有机处理剂一般按其作用分为(　　)。

A. 稀释剂　　B. 降失水剂　　C. 絮凝剂　　D. 以上都是

3. 硅酸盐中用作泥浆处理剂的一般是(　　),又叫水玻璃。

A. 硅酸钠　　B. 碳酸钠　　C. 硅酸钾　　D. 硅酸镁

4. 在烧碱溶液中,PAM 可水解成为 HPAM 和(　　)。

A. PBP　　B. pHP　　C. PCP　　D. PAM

5. 下列不属于无机处理剂的作用的是(　　)。

A. 分散作用　　B. 控制絮凝作用　　C. 调节泥浆酸碱度　　D. 增稠作用

三、多项选择题(下列选项中,至少有两个是正确的,请将其代号填在括号里)

1. 泥浆无机处理剂中,属于硫酸盐类的是(　　)。

A. 硫酸钠　　B. 硫酸钙　　C. 铵明矾　　D. 硫酸铝

2. 泥浆无机处理剂中,属于铬酸盐类的是(　　)。

A. 铬酸钠　　B. 铬酸钾　　C. 重铬酸钠　　D. 重铬酸钾

3. 在泥浆堵漏材料中,形状属于纤维状的有(　　)。

A. 石棉　　B. 草炭　　C. 纸屑　　D. 锯末

4. 属于泥浆加重剂的是(　　)。

A. 重晶石粉　　B. 石灰石粉　　C. 方铅矿粉　　D. 磁铁矿粉

5. 降低泥浆相对密度的方法是(　　)。

A. 适当减少泥浆中的黏土含量

B. 加强泥浆的净化处理,利用振动筛和旋流除砂器除砂

C. 加入一定量的化学絮凝剂,使泥浆中的黏土颗粒聚沉,以降低密度

D. 增加黏土含量

【参考答案】

一、判断题

1. ×　　2. √　　3. ×　　4. √　　5. √

二、单项选择题

1. A　　2. D　　3. A　　4. B　　5. D

三、多项选择题

1. ABCD　　2. ABCD　　3. ABCD　　4. ABCD　　5. ABC

第七节　泥浆类型简介

一、细分散泥浆

通过使用一些单一的化学分散剂,促使黏土水化分散,使黏土由粗颗粒分散成很细小的颗粒,同时加入简单有机处理剂改善其性能,形成的比较稳定的细分散体系,称为细分散泥浆,也称淡水泥浆。它是最早使用的泥浆。

细分散泥浆由淡水、黏土、无机分散剂和一般的稀释剂、降滤失剂等组成。常用的无机分散剂有纯碱、烧碱等,稀释剂一般有单宁碱液、栲胶碱液等,降滤失剂有煤碱液、CMC 等。

细分散泥浆的特点是黏土在水中高度分散,并通过黏土的高度分散来取得泥浆所需的流变性,降低滤失量。当黏度、切力升高时,加水和稀释剂拆散黏土颗粒所形成的空间网架结构,促使黏土颗粒分散。滤失量大时,加降滤失剂护胶,用有利于黏土颗粒继续分散变细的办法来降低滤失量。细分散泥浆的组成决定了它的性能不稳定,极易受化学污染和黏土侵蚀,造成处理频繁和浪费。

二、粗分散泥浆

粗分散泥浆是在细分散泥浆基础上发展起来的,也叫抑制性泥浆。它是通过使用某些絮凝剂,并配合使用稀释剂和降滤失剂,来抑制黏土和岩屑的水化分散,形成适度絮凝而又稳定的泥浆体系。加入各种适当的电解质和加入足够量的某种有选择性的稀释剂都能获得抑制性泥浆。

粗分散泥浆主要包括钙处理泥浆和盐水(或海水)泥浆。另外,使用高浓度稀释剂如腐殖酸类衍生物和木质素磺酸铬也可获得抑制作用,这种泥浆通常称木质素磺酸铬或腐殖酸铬泥浆。

粗分散泥浆的特点是高度分散的黏土颗粒变粗、适度絮凝,能满足对滤失量的要求,又具有低黏切、流动性好、抗污染能力强、利于防塌和防止岩盐溶解形成的井眼扩大等特点。

三、不分散低固相泥浆

不分散低固相泥浆能在整个钻进过程中维持低固相,保持低密度,这对小口径金刚石钻进是很有意义的。它可减少钻具回转时的摩擦阻力,减少泵压损失,减少漏失,提高钻速。对于深孔,由于黏土颗粒少,高温下也不稠化,能使泥浆性能保持稳定。

不分散低固相泥浆维持低固相主要是靠加入选择性絮凝剂来实现的。即加入某种选择性絮凝剂后,其对劣质黏土及钻屑有絮凝作用,使其絮凝成团,便于清除。而同时对膨润土颗粒又能适当包围并连接在一起(不是絮凝成团),使膨润土水化,进而增加泥浆黏度。具有这种特性的选择性絮凝剂,目前还未研制出来,只发现低水解度的聚丙烯酰胺具有一些选择性絮凝的作用。因此,现在许多地方把低水解度的聚丙烯酰胺与聚丙烯酸钠混合,以配制不分散低固相泥浆。

四、乳化泥浆与润滑泥浆

(1)乳化泥浆。包括水包油型乳化泥浆和油包水型反乳化泥浆。

在小口径金刚石钻进的泥浆中,只需加入少量的乳化油(皂化油、太古油),一般为0.5%~1%,便成为乳化泥浆。它属水包油型乳化泥浆。主要目的是减小摩擦阻力,钻进时钻具能以更高的速度回转而提高机械钻速。同时,对水敏地层的孔壁又有抑制作用。

水包油型乳化泥浆的乳化剂多属阴离子型,如各种脂肪酸钠皂、十二烷基苯磺酸钠等,它们不会被同样带负电荷的黏土颗粒吸附。小口径金刚石钻进用乳化泥浆,一般加入的乳化油就包含了阴离子型乳化剂,如油酸钠皂、松香钠皂或氧化石蜡皂等。

如果是预先配好的乳化油,直接加入泥浆中搅拌分散就形成了乳化泥浆。若是油、剂分别加入泥浆,则要通过充分搅拌才能形成乳化泥浆。钙处理泥浆较易乳化,而盐水泥浆由于食盐使乳化剂盐析，较难以乳化，要改用抗盐能力强的乳化剂。

(2)润滑泥浆。是在一般泥浆中加入润滑剂，如石墨粉、二硫化钼以及一些表面活性剂所配成的泥浆。它具有良好的润滑性，防卡和减阻效果好。小口径金刚石钻进的泥浆中加入松香酸钠、癸二酸下脚料等效果也好。

五、充气泡沫泥浆

充气泡沫泥浆是一种低密度泥浆，它是在达到一定指标要求的原浆中加入发泡剂、稳泡剂经充气而成。现场应用时，其密度可降至 0.7 g/cm^3 左右。这种低密度泥浆特别有利于减轻或解决地质钻探中泥浆漏失问题。漏失的处理在钻进中进行，而不需要停钻来进行专门的堵漏，加之其低密度特性也能提高机械钻速。广泛用于干旱缺水地区、低压地层、漏失层和不稳定地层钻进，以及潮湿洗孔和干风防尘处理等。

充气方法：如果条件允许，首先采用压缩空气充气法，把空气压缩机用充气管线与高压送水胶管连接在一起，对泥浆进行充气，且风压要大于泵压，便可获得密度很低的充气泡沫泥浆。其次是用泥浆搅拌机进行充气。即搅拌泥浆时加入发泡剂，通过搅拌过程搅入空气，使泥浆发泡，同时辅以泥浆喷枪向泥浆池中充气。

充气泡沫泥浆挟带钻屑能力强，但由于其黏度较大，净化有些困难，这时可以加大泥浆槽的坡度，使泥浆在循环槽中的速度放缓至 0.3～0.35 m/s 以下，其自动沉砂效果好，若再配以除砂器除砂就更好了。

六、高温泥浆

泥浆经过高温(150 ℃以上)养护以后的失水量、流变性、pH 等性能和室温下相比较变化大小的性质，决定了高温层位钻进需要保持泥浆性能稳定。地质上常见于地热井钻探，因此有的地方称高温泥浆为地热泥浆。地热泥浆要求防土含量较低，避免固相含量过多引起泥浆的稠化，已有的泥浆类型有铁铬盐-CMC 泥浆、铬褐煤-铬木质素磺酸盐泥浆、铬腐殖酸泥浆等。地热泥浆平时的维护也特别重要，要定期测量泥浆进出口温度，分析泥浆滤液成分及黏度的变化、泥浆性能的变化和泥浆中黏土含量的变化，同时做好泥浆的冷却除砂除泥净化工作。

七、小口径金刚石钻进用泥浆

小口径金刚石钻进方法是地质钻探的主要方法，得到了全面普及。与之相配套的材料、设备、技术等也在同步发展，泥浆技术也不例外，取得了长远的进步。根据小口径金刚石钻进的特点，对其所用的泥浆在配制与性能方面应满足下列要求：良好的润滑性；低固相、低密度；触变性好；流变性好；失水量较小。根据不同地层的要求，结合小口径金刚石钻进的特点，采用不同类型的泥浆。如膨润土或非膨润土低固相乳化或润滑泥浆，不分散低固相乳化或润滑泥浆，低固相充气泡沫乳化或润滑泥浆，无固相冲洗液等。

八、其他冲洗介质

除前述介绍的泥浆类型外，尚有多种适用一定条件下的钻孔冲洗液，把它们统称为冲洗介质更准确一点。这些冲洗介质有无固相冲洗液、硅酸盐冲洗液、饱和盐水泥浆、泡沫冲洗液等。

(1)无固相冲洗液。是指不加黏土的钻孔冲洗液,它是利用碳酸盐、硫酸盐等非黏土质岩粉造浆,再加入处理剂配制而成的悬浮液,或者是由有机高分子形成的水基交联液。它同样具有黏度、失水量等性能,并起护壁的作用。

(2)硅酸盐冲洗液。无固相冲洗液的一种。它是以硅酸钠(水玻璃)为主要添加剂的冲洗液,它具有防止泥页岩等水敏性地层坍塌的作用。

(3)饱和盐水泥浆。在地勘钻探中,主要是为了防止冲洗液融化岩矿心和溶解孔壁。钻进岩盐层时用饱和盐水溶液,钻进钾盐层时用饱和氯化钾溶液,加入量按各种盐的溶解度而定。

(4)泡沫冲洗液。是介于空气和水之间的一类冲洗液,它比用空气钻进的优点是:可以消除孔口粉尘污染,防止空气钻进含水层时出现的泥包钻头和卡钻等事故,对风量、风速要求不高,动力消耗少等。其上返速度仅为空气洗井上返速度的1/20~1/15。使用泡沫冲洗液有利于提高钻速,延长钻头寿命,适于复杂地层钻进。

【习题】

一、判断题(下列判断正确的打"√",错误的打"×")

(　　)1. 分散泥浆体系抗盐性较强,可用于钻进岩盐和盐膏层。

(　　)2. 钾基泥浆体系是以各种高聚物的钾、钙、铵盐为主处理剂配制而成的防塌泥浆体系。

(　　)3. 分散泥浆体系是由水、膨润土及各种分散剂为主处理剂配成的水基泥浆体系。

(　　)4. 气体泥浆体系所造成的井眼液柱压力极低。

(　　)5. 饱和盐水泥浆体系中的 $CaCl_2$ 含量达到饱和。

二、单项选择题(下列选项中,只有一个是正确的,请将其代号填在括号里)

1. 分散泥浆体系是指由水、膨润土及各种(　　)为主处理剂配制而成的水基泥浆体系。

A. 抑制剂　　B. 稳定剂　　C. 絮凝剂　　D. 分散剂

2. 分散泥浆体系,下列适用的地层是(　　)。

A. 打开油气层　　B. 打开纯盐膏层　　C. 井塌严重的地层　D. 异常压力地层

3. 不分散聚合物泥浆体系用高聚物做主处理剂,具有较强的包被作用,对易塌的泥页岩具有保护作用,所以可保持井眼的(　　)。

A. 分散性　　B. 稳定性　　C. 垮塌性　　D. 膨胀性

4. 使用钾基泥浆体系过程中,要保持足够的(　　)含量。

A. Mg^{2+}　　B. Cl^-　　C. Ca^{2+}　　D. K^+

5. 不分散聚合物泥浆体系中的黏土颗粒基本上不再分散成更细的颗粒,钻出的岩屑受到保护而(　　)。

A. 继续分散　　B. 继续膨胀　　C. 不被分散　　D. 不太稳定

三、多项选择题(下列选项中,至少有两个是正确的,请将其代号填在括号里)

1. 下列泥浆防塌的有(　　)泥浆。

A. 油基　B. 油包水乳化　C. 盐水　D. 纯水

2. 细分散泥浆体系的性能不稳定,容易遭受(　　)。

A. 盐侵　B. 钙侵　C. 黏土的侵污　D. 化学污染

3. 细分散泥浆一般由(　　)组成。

A. 淡水　B. 黏土　C. 无机分散剂　D. 稀释剂、降滤失剂

4. 粗分散泥浆的特点有(　　)。

A. 性能稳定　B. 抗黏土侵　C. 抗钙侵　D. 抗盐侵

5. 不分散低固相泥浆可以在整个钻进过程中(　　)。

A. 维持低固相　B. 保持低密度　C. 利于开高转速　D. 减少漏失

【参考答案】

一、判断题

1. ×　2. √　3. √　4. √　5. ×

二、单项选择题

1. D　2. D　3. B　4. D　5. C

三、多项选择题

1. ABC　2. ABCD　3. ABCD　4. ABCD　5. ABCD

第八节　复杂情况下泥浆

泥浆设计或配制不当失稳失效,与地层配伍不好而起不到效果,泥浆密度过高或过低,泥浆黏度无法控制的增大,携砂效果差,洗井效果不好,失水过高或过低,泥饼虚厚,都会引起井下复杂情况和事故。造成这些情况的因素很多,如设计存在缺陷、井下情况异常、现场的泥浆处理方法不正确、钻井技术不到位等所致。

一、复杂地层钻探与泥浆体系选择

在复杂地层,一些主要表现为井壁直接松散、破碎,一些主要表现为遇水后水化、水溶,另一些则主要表现为漏失、涌水,还有一些主要表现为压力温度异常。许多情况下,地层的多种复杂表现兼而有之,或以一种为主,其他为辅;或是先有一种表现,继而再出现其他复杂状况,需要预先对泥浆进行专门处理。各地层泥浆调整措施如表 3-3 所示。

二、特殊性能泥浆的配制知识

(一)细分散泥浆

细分散泥浆的基本组成成分是黏土和纯碱,这是最简单也是最早使用的细分散泥浆,为了提高其各方面性能,可加入降黏剂、降失水剂等,常见细分散泥浆配方如表 3-4 所示。

表 3-3　各地层泥浆调整措施

岩层分类		岩层成因	岩层特性	典型岩层	钻进情况	防治措施
破碎性岩层	松散破碎地层	水流搬运风化沉积	岩层松软、无胶结或胶结差	第四系黄土冲积层、流砂层、松散砂层、砂砾层、卵积层	1. 孔内掉块、坍塌、超径；2. 孔内不同程度漏失；3. 泥浆固相高、岩屑多；4. 起下钻遇卡、钻具不到底；5. 伴有跳钻、蹩钻	泥浆护孔，提高比重和压力，平衡钻进，钙处理泥浆（无漏失）增黏泥浆或堵漏泥浆。高浓度聚丙烯酰胺冲洗液，泥浆中加磺化沥青
	断裂破碎地层	地质构造运动	岩层硬脆碎、裂酸断层发育	断层角砾岩、破碎角闪岩、断层泥、破碎花岗岩		
水敏性地层	松软地层	成矿期热液蚀变作用	岩层酥脆、遇水松软	绿泥石化、高岭石化、滑石化、绢云母化	1. 孔内掉块坍塌；2. 孔内岩粉增多；3. 起下钻遇阻，钻具不到底；4. 伴有层间漏失	泥浆护孔、降失水、提高泥皮质量。钙处理泥浆，高浓度聚丙烯酰胺冲洗液或聚合物泥浆
	剥落地层	构造不均衡作用	岩层节理发育，岩性破碎、遇水分散剥落	页岩、千枚岩、片岩、黏土矿物胶结或水溶性胶结岩层		
	溶胀地层	水化膨胀作用	岩层主要含黏土质、通水吸水分散膨胀	含高岭石微晶高岭石的黏土岩、泥岩、页岩软煤层、泥质砂岩	1. 钻孔缩径或超径；2. 黏土侵、黏度猛增；3. 钻头泥包、遇阻易卡	含高岭石矿物用钙基泥浆，含微晶高岭石用钾聚合物泥浆，含伊利石用钙基泥浆
水溶性地层	溶蚀地层	溶解作用	为各盐类岩层遇水溶解、溶蚀	岩盐、钾盐、石膏、石灰石、芒硝、光卤石	1. 钻孔超径，掉块坍塌；2. 泥浆性能污染变坏	用与可溶性岩层含量相当的矿化度泥浆

续表 3-3

岩层分类		岩层成因	岩层特性	典型岩层	钻进情况	防治措施
洞隙性地层	裂隙地层	风化作用、成岩作用、构造运动	岩层层理片理断裂、裂隙发育形成由 1～10 mm 不等的开式、半开式裂隙	沉积层面、层理面、断层面、不整合面	1. 开式、有冲洗液不返或少返； 2. 半开式、有冲洗液不同流失； 3. 伴有孔内坍塌	1. 轻微漏失：用钙基泥浆、高浓度聚合物泥浆； 2. 较大漏失：堵漏泥浆或聚合物絮凝泥浆； 3. 严重漏失：先用充填材料后用水泥或化学浆液堵漏，或下套管封隔
	岩溶地层	先期岩溶作用	岩溶或喀斯特发育形成大小由 1～10 m 以上不等的溶洞、溶穴、溶沟、有连通	石灰岩、大理岩、白云岩	1. 连通式，冲洗液大量流失完； 2. 不连通式，冲洗液有大量流失； 3. 伴有涌水； 4. 钻进有放空现象	
含油气水地层	不含水或潜水地层	地下水不大活动	孔内无水位或水位低，层压力较低		常有漏失	用低比重或充气泥浆
	承压水地层	地下水活动	孔内液柱压力大于或小于水层压力	层间含水层	1. 漏失或涌水； 2. 冲洗液稀释	用提高泥浆比重，压力平衡钻进
	高温高压油水气地层	高温高压油气水储层构造	油气水压力大于孔内液柱压力	封闭的油气水储层	1. 孔壁坍塌； 2. 油气水喷出； 3. 冲洗液稀释、污染	用高比重泥浆钻进

配方特点：组成简单，配制方便，泥浆成本较低，具有一定的防塌性能；同时该体系容纳岩粉能力较强，还可配制高密度泥浆；但该体系抑制能力和抗污染能力较差，适宜于较稳定地层及浅层段使用。

表 3-4 常见细分散泥浆配方

配方		性能	
材料名称	加量(kg/m³)	项目	指标
膨润土	80~130	密度(g/cm³)	1.06~1.15
纯碱	2~6	漏斗黏度(s)	22~30
LV-CMC	3~8	失水量(mL)	5~10
磺化褐煤	10~30	泥皮厚度(mm)	0.4~0.8
		pH	8~9

(二)粗分散泥浆

粗分散泥浆是针对细分散泥浆中黏土高度分散,抗黏土侵、钙侵、盐侵能力较低的缺点发展起来的。通过无机盐和有机分散剂使泥浆处于适度聚结的粗分散状态。其包括钙处理泥浆和盐水泥浆。

(1)石灰泥浆。常见石灰泥浆配方如表 3-5 所示。

表 3-5 常见石灰泥浆配方

配方		性能	
材料名称	加量(kg/m³)	项目	指标
膨润土	50~80	密度(g/cm³)	1.05~1.10
纯碱	1.5~4	漏斗黏度(s)	25~35
磺化栲胶	10~30	失水量(mL)	5~10
石灰	5~15	泥皮厚度(mm)	0.5~1.0
LV-CMC	5~10	pH	11~12
烧碱	3~8		

配方特点:抗污染能力较强,同时具有较强的防塌抑制能力;但在使用中应注意保证流变性能稳定。适用于钻进黏土层、泥页岩等水敏性地层,以及含钙盐岩层(如石膏层)和钻进孔内水泥塞等。

(2)盐水泥浆。盐水泥浆可先用淡水配制泥浆,然后加盐,也可用咸水或海水配制。

4%盐水泥浆配方:4%盐水+3%赤峰土+1.4%~1.6%CMS+0.5%GLUB。

(3)饱和盐水泥浆。配方 1:盐水(含饱和盐水)1 m³+30 kg 膨润土+5 kg 抗盐共聚物-1。

配方 2:盐水(含饱和盐水)1 m³+40 kg 膨间土+5 kg 抗盐共聚物-2+1 kg 改性沥青。

(4)海水泥浆。无固相海水泥浆:1 m³ 海水+10 kg 抗盐共聚物-3。

低固相海水泥浆:1 m³ 海水+30~40 kg 钠膨润土+5 kg 抗盐共聚物-3。

(三)低固相泥浆

(1)不分散低固相泥浆。是以高聚物为基础的高聚物-黏土-水分散体系。其中,“不分散”是指加入的高聚物分子在黏土和岩粉表面形成高聚物吸附层,抑制其分散变细;“低固相”是指这种泥浆中的低密度固相在整个钻探工程允许范围内维持最低。常见的不分散低固相泥浆配方如表 3-6 所示。

表 3-6　常见的不分散低固相泥浆配方

配方		性能	
材料名称	加量(kg/m^3)	项目	指标
膨润土	30~50	密度(g/cm^3)	1.02~1.05
纯碱	1~3	漏斗黏度(s)	18~22
LV-CMC	5~10	失水量(mL)	6~10
pHP	0.1~0.15	泥皮厚度(mm)	0.4~0.8
乳化油	3~5	pH	8~9

配方特点:组成简单,配制方便;流变性较好,有利于提高钻速;具有一定的防塌抑制能力;适用于稳定性较好地层,由于其密度较低,也适用于易漏失地层钻进。

(2)SM 植物胶低固相泥浆。其体系流变性较好、黏度高,具有黏弹性减振作用和减摩阻效应;护心作用好,有利于保护孔壁和岩心;适用于砂卵石覆盖层、硬脆碎和水敏性地层。SM 植物胶低固相泥浆配方如表 3-7 所示。

表 3-7　SM 植物胶低固相泥浆配方

配方		性能	
材料名称	加量(kg/m^3)	项目	指标
钠膨润土	3	密度(g/cm^3)	1.03
纯碱	5	漏斗黏度(s)	110
LV-CMC	0.1	失水量(mL)	8.6
SM 植物胶	1		

注:纯碱(Na_2CO_3)加量为 SM 植物胶干粉的百分比。

配方特点:具有较强的护心作用,"护心"即是指高聚物水溶液的吸附成膜作用,可保护原状结构的岩心。在钻进松散、软弱、破碎地层和砂卵石覆盖层时,可大幅度提高岩心采取率,并保持原状。

三、无固相冲洗液

现代无固相冲洗液主要是以聚合物为基础的水溶液。根据选用的聚合物不同,主要分为植物胶类、聚丙烯酰胺类、水玻璃类、聚乙烯醇类、纤维素类等。

(1)植物胶类冲洗液。通常在较高黏度下才能表现出良好的护壁防塌效果。

典型配方①:清水+1%~3%SM 植物胶+100~300 ppmpHP+0.05%~0.15%烧碱。

主要性能:密度 1.01~1.03 g/cm^3,漏斗黏度 60~150 s,pH 值为 9~10。

配方特点:黏、切高,护心效果较好,胶结防塌性能较好,还具有较强的润滑减阻性能;适用于钻进破碎、松散覆盖层及砂卵砾石层等。但该配方失水量较大,在钻进水敏性地层时可向其中加入 CMC 或 KHm 等,进一步提高体系的防塌性,典型配方如下所述:

典型配方②:清水+1%~1.5%SM 植物胶+100~300ppmpHP+0.05%~0.15%烧碱+0.1%~0.3%LV-CMC+1%~1.5%KHm。

主要性能:密度 1.01~1.03 g/cm^3,漏斗黏度 60~100 s,失水量小于 10 mL/30 min,pH 值 9~10。

(2)聚丙烯酰胺类冲洗液。常用的聚丙烯酰胺无固相冲洗液是采用高价金属离子(如铁、铝等)对水解聚丙烯酰胺(pHP)进行适度交联,可使得失水略有降低,黏度提高,防塌性能增强。

典型配方:清水+0.1%~0.3%pHP+0~300 ppm$FeCl_3$。

主要性能:密度 1.0~1.02 g/cm^3,漏斗黏度 18~25 Pa·s,pH 值为 7~7.5,表观黏度 4~8 MPa·s。

配方特点:配制简单、方便,具有较强润滑性;有利于提高钻速,适用于孔壁较稳定地层。

(3)水玻璃类冲洗液。水玻璃类无固相冲洗液中含有大批 SiO_2,能强烈吸附在岩石表面,对松散地层起着良好的硬化胶结作用,因此其防塌性能较好。

典型配方:清水+0.1%~0.3%pHP+5%~8%水玻璃。

主要性能:密度 1.01~1.02 g/cm^3,漏斗黏度 18~22 s,pH 值为 10~12。

配方特点:防塌抑制性能较好;适用于水敏性地层及一般破碎、弱胶结性地层;但该体系润滑性较差,在采用金刚石钻进时可配合加入乳化油等润滑剂。

此外,水玻璃溶液中加入酸或胺盐等,会引起片状 SiO_2 微粒连接成网状结构,形成流动性较差甚至不流动的冻胶体,可用于堵涌。因此,根据不同酸或胺盐的加入可配制成多功能无固相泥浆。配方如下:

清水+0.04%~0.1%pHP+5%~8%水玻璃+胺盐(硫酸铵或硝酸铵)。

当胺盐加量为 1%~1.4%时,主要功能为冲孔、护壁;当胺盐加量为 1.7%~1.9%时,主要功能为冲孔、护壁及随钻堵涌;当胺盐加量为 2.0%~2.2%时,主要功能为不提钻堵漏或提钻堵漏。

四、充气泥浆

充气是一种低比重泥浆,现场使用时泥浆比重可降至 0.7 左右。由于其比重低,挟带岩屑能力强,可以提高机械钻速。同时其黏度和切力较高,因此特别有利于减轻或解决岩心钻探中钻孔涌水,而不需要停钻进行专门堵涌。所以在小孔径钻进中采用充气泥浆来对付漏失,可取得较好效果。常见充气泥浆配方如表 3-8 所示。

五、高温泥浆

在泥浆体系的设计上,依温度不同可分为以下三种情况:100 ℃以下的低温地热井其泥浆类型与普通岩心钻探相同,为膨润土低固相泥浆;100 ℃以上至 200 ℃的中温地热井一般采用膨润土,高岭土或海泡土配浆,或用它们的混合土配浆,处理剂则用铬褐煤、丙烯酸盐、特种树脂,并加耐温石棉;温度 200 ℃以上为高温地热井,其泥浆的配制主要用海泡土,处理剂主要是褐煤、特种树脂、丙烯酸类和耐温石棉。高温泥浆配方见表 3-9。

为提高润滑性,可加入抗温性能好的润滑添加剂。

表 3-8　常见充气泥浆配方

黏土类型			萧县黏土	黑山黏土（配方一）	九台黏土	高阳黏土	黑山黏土（配方二）
泥浆配方		黏土(%)	5	6	8	6	10
		纯碱(占土量)	3	6	8	7	4~5
		pHP(ppm)	100/400	100	200	100	100
		HPAN(%)	0.15/0.2				0.2/0.3
		ABS(ppm)	50/100	50			
		AS(ppm)			50	50	0.05/0.1
		CMC(%)		0.3	0.2	0.3	0.1/0.2
泥浆性能	基浆	比重(g/cm^3)	1.08/1.1	1.04	1.051	1.041	
		表观黏度(MPa·s)		15	16	17	
		失水量(mL)		12		11	
	泡沫泥浆	比重(g/cm^3)	0.8/1.05	0.88	0.752	0.870	0.93/1.05
		表观黏度(MPa·s)		17.5/40.5	22.5	33.5	25
		失水量(mL)	5~8	10		10.5	9~10

表 3-9　高温泥浆配方

泥浆组成

国家	适用井温(℃)	膨润土(%)	海泡土(%)	丙烯酸盐(%)	BH(%)	褐煤(%)	NaOH(%)	温石棉(%)
日本	110~200	3~4		0.5~1	2~3		0.3~0.5	1~2
	200 ℃以上		2~4	0.5~1	2~3		0.3~0.5	0~2
美国	200 ℃以上		4~4.5	0.5~0.6		1.4~1.5	0.25~0.3	

泥浆性能

国家	比重	漏斗黏度(Pa·s)	塑性黏度(MPa·s)	屈服值(0.478 Pa)	胶凝强度(0.478 Pa)	失水量(mL)	pH 值
日本	1.05~1.08	15~20	10~15	5~10	5~10	10~20	9.5~10
	1.05~1.15	35~40	5~10	5~10	5~10	10~20	9.5~10
美国	1.08~1.03	38~42	5~10	5~10	5~10	10~20	9.5~10

六、废弃泥浆的处理

近年来，随着我国生态文明建设在地质勘查行业中的逐步推进，要求最大限度地减轻对环境的污染，实现绿色勘查。钻探中废弃冲洗液是最大的污染源之一。

由于废浆池缺少有效的避雨措施，会因暴雨溢出而造成污染；废弃冲洗液不经处理填埋，其中有害物质析出也会对土壤、地下水、动植物等造成严重危害，如有机物污染、重金属离子的污染、无机盐污染。

国内外废弃泥浆处理技术主要有回收再利用、注入安全地层或环形空间、坑内填埋、坑内密封、固液分离、微生物降解、固化处理等。

【习题】

一、判断题（下列判断正确的打"√"，错误的打"×"）

(　　)1. 水敏性储集层是指含有较多的水敏性黏土矿物的地层。

(　　)2. 由高渗透的砂岩地层或砾岩地层引起的泥浆的漏失称为溶洞性漏失。

(　　)3. 渗透性漏失一般采用核桃壳、花生壳、玉米心等颗粒性堵漏材料来堵漏。

(　　)4. 裂缝或溶洞性漏失一般采用硅酸凝胶、酚醛树脂等堵漏材料来堵漏。

(　　)5. 易塌地层不能负压钻进。

二、单项选择题(下列选项中,只有一个是正确的,请将其代号填在括号里)

1. 泥浆及滤液对井壁岩石的浸泡时间越长,井壁越(　　)。

A. 稳定　　B. 不稳定　　C. 不影响　　D. 不确定

2. 使用油基泥浆或油包水乳化泥浆、盐水或饱和盐水泥浆、聚合物泥浆等来预防井壁的不稳定,这种措施属于(　　)因素的预防。

A. 地质　　B. 工程　　C. 泥浆性能　　D. 泥浆类型

3. 由于地质因素造成的井壁不稳定,可采用提高泥浆的(　　),以平衡井壁岩石侧压力来解决。

A. 密度　　B. 滤失量　　C. pH 值　　D. 含砂量

4. 下列泥浆的漏失速度最大的是(　　)漏失。

A. 渗透性　　B. 裂缝性　　C. 溶洞性　　D. 不确定

5. 在常温下越容易水化的黏土,其高温分散作用也(　　)。

A. 越强　　B. 越弱　　C. 不变　　D. 不确定。

三、多项选择题(下列选项中,至少有两个是正确的,请将其代号填在括号里)

1. 处理渗透性漏失可以采取的措施是(　　)。

A. 起钻静止　　B. 快速钻穿漏失层

C. 用硅酸凝胶、酚醛树脂等堵漏材料　　D. 降低泥浆密度

2. 处理裂缝及溶洞性漏失可采取的措施是(　　)。

A. 边漏边钻堵漏　　B. 用植物纤维或矿物纤维堵漏

C. 用核桃壳、花生壳等颗粒性材料堵漏　　D. 降低泥浆密度

3. 钻进盐膏层的泥浆应具有(　　)性能。

A. 抑制结晶盐类的溶解　　B. 抑制无机高价阳离子的污染

C. 抑制孔壁的溶解　　D. 抑制活性黏土矿物的水化膨胀

4. 下列属于井漏预防措施的是(　　)。

A. 减小压力激动　　B. 使用低密度泥浆

C. 保持较小的泥浆上返速度　　D. 采用膨胀性堵漏液

5. 钻进盐膏层泥浆必须具有的能力是(　　)。

A. 抗盐　　B. 抗高温　　C. 良好的悬浮　　D. 抗钙

【参考答案】

一、判断题

1. √　2. ×　3. ×　4. ×　5. √

二、单项选择题

1. B　2. D　3. A　4. C　5. A

三、多项选择题

1. ABCD　2. ABCD　3. ABCD　4. ABCD　5. ABCD

第四章　固体矿产钻探

第一节　钻探工程基本理论知识

一、岩石性质和破碎机理

(一) 岩石的性质

目前,钻探生产中主要采用机械方式破碎岩石。在钻探生产过程中,不论是钻进、取心、防斜、治斜,还是保护孔壁、维持冲洗液正常循环等,皆与岩石有关。其中影响机械破岩效率和质量的岩石性质主要是物理性质和力学性质。

1. 岩石的物理性质

(1) 岩石的密度。岩石的密度和孔隙度取决于岩石的成因类型、物质成分和结构构造特征,同时也与岩石埋藏的深度有关。

岩石密度 ρ 是岩样质量 m 与其总体积 V 之比。所谓总体积,指的是岩样中固相骨架体积 V_s 与岩样中孔隙体积 V_φ 之和,即

$$\rho = \frac{m}{V} = \frac{m}{V_s + V_\varphi} \tag{4-1}$$

岩石容重 γ 是岩样重量 G 与其总体积 V 之比,即

$$\lambda = \frac{G}{V} = \frac{G}{V_s + V_\varphi} = \frac{mg}{V_s + V_\varphi} \tag{4-2}$$

式中　g——重力加速度,N/m^3。

由式(4-1)和式(4-2)可知,密度和容重的关系是:

$$\gamma = \rho g \tag{4-3}$$

岩石比重□$_s$是岩样重量 G 与岩样中固相骨架体积 V_s 之比,即

$$\gamma_s = \frac{G}{V_s} \tag{4-4}$$

(2)岩石的孔隙度。岩石的孔隙度 φ 是岩石中孔隙体积 V_φ 与岩石总体积 V 之比,即

$$\varphi = \frac{V_\varphi}{V} \times 100\% = (1 - \frac{\gamma}{\gamma_s}) \times 100\% \tag{4-5}$$

岩石按孔隙度可分为 4 级:低孔隙度(<5%)、较低孔隙度(5%~10%)、中低孔隙度(10%~15%)和高低孔隙度(>15%)。

一切岩石都具有孔隙,岩石的孔隙性削弱了岩石的强度,尤其是在含水之后,从而影响钻进方法、岩石破碎工具及钻进规程选择。岩石的孔隙性增强了岩石的透水性,从而影响冲洗液漏失和水井的出水量等指标。岩石的孔隙性使岩石更松软,从而影响岩心采取率。

2. *岩石的力学性质*

岩石的力学性质是岩石在外力作用下表现出来的特性,主要有强度特性(抗压强度、抗拉强度、抗剪强度和抗弯强度)、变形特性(弹性、脆性、塑性和弹塑性)和表面特性(硬度和研磨性)。

1)强度

岩石强度是岩石在载荷作用下抵抗破坏的能力。破坏前所能承受的最大载荷称为极限载荷,单位面积上的极限载荷称为极限强度。岩石强度的单位是 Pa(帕)或 MPa(兆帕)。

根据受力条件不同,岩石的极限强度可分为抗压强度、抗拉强度、抗剪强度等;根据应力状态,岩石强度可分为单向应力状态下的强度,两向应力状态下的强度和三向应力状态下的强度;根据加载速度,岩石强度又有静载强度和动载强度的区别。

岩石的抗压、抗拉和抗剪强度有很大的差别。在单向应力状态下,岩石的抗压强度最大,抗拉强度最小,抗剪强度介于抗压和抗拉强度之间。这是因为岩石受压缩时颗粒之间的距离缩小,颗粒间相互作用力增加,所以强度增加;而受拉伸时颗粒之间的距离增大,颗粒间相互作用力减弱,所以强度下降。因此,利用岩石抗拉、抗剪强度小的特点,寻求相应的碎岩方法,合理地设计破碎岩石工具和制定钻进规程,对提高碎岩效果非常有利。

2)硬度

岩石硬度是岩石抵抗其他物体刻划或压入其表面的能力,其衡量单位是 Pa(帕)或 MPa(兆帕)。硬度与抗压强度有一定联系,但也有很大差别。岩石硬度是岩石表面的局部对另一物体压入时的阻力,而岩石强度是岩石整体破碎时的阻力。因此,不能把岩石的单轴抗压强度作为岩石硬度的指标。

对于钻进破碎岩石来说,岩石的压入硬度比单轴抗压强度更具有实际意义,因为工具对孔底岩石的破碎方式在大多数情况下是局部压碎,岩石硬度指标更接近于钻进碎岩的难易程度。

岩石硬度的测定方法通常有静压入法、冲击回弹法和研磨法。采用静压入法时,应事先确定出压头与岩石的接触面积,并在压入过程中保持接触面不变,然后测量压头下方岩石完全破碎时的载荷,用载荷除以压头与岩石的接触面积,便得到岩石的硬度值。

冲击回弹法的实质是利用重物落在岩石表面后,观察重物的回弹高度、回弹角度或回弹次数来确定岩石的硬度。

研磨法是用磨料磨岩石样品,以岩样线性尺寸磨损量的多少来衡量岩石的硬度。

3)岩石的弹性和塑性

外力作用于岩石时,岩石发生变形。随后,载荷不断增加,变形也不断发展,最终导致岩石破坏。变形和破坏是载荷作用下岩石性能变化的两个不同阶段。

岩石的变形可能有两种情况:一种是外力撤除后岩石的外形和尺寸完全恢复原状,这种变形称为弹性变形或可逆变形;另一种是外力撤除后岩石的外形和尺寸不能完全恢复而产生残留变形,这种情况称为塑性变形或不可逆变形。

岩石从变形到破坏可能有 3 种形式。如果岩石破坏前实际上不存在任何塑性变形,则这种破坏称为脆性破坏,呈脆性破坏的岩石称为脆性岩石;如果破坏前发生大量的弹性变形,则这种破坏形式称为塑性破坏,呈塑性破坏的岩石称为塑性岩石;如果先经历弹性变形,然后塑性变形,最终导致破坏,则岩石的这种破坏形式称为塑脆性破坏,呈塑脆性破坏的岩石称为塑脆性岩石。

4)岩石的研磨性

在钻进过程中,钻头在轴压和转速的作用下破碎岩石,与此同时,钻头本身也受岩石的研磨而变钝。岩石磨损钻头的能力称为岩石的研磨性。

在钻进过程中存在着两种类型的磨损:一是破岩过程中的摩擦磨损,它与所钻岩石的研磨性、破岩工具上切削具的耐磨性及钻进规程参数有关;二是磨粒磨损,它与从孔底分离出来的岩屑的硬度和研磨性、孔底区域内岩屑的数量有关,即取决于钻进速度、冲洗液冲洗孔底的程度。

岩石颗粒的硬度越大,其研磨性也越强,富含石英的岩石具有强研磨性(但石英含量过高时,坚硬、致密岩石呈现“弱研磨性”)。岩石胶结物的黏结强度越低,岩石的研磨性越强。岩石颗粒形状越尖锐,颗粒尺寸越大,则岩石的研磨性越强。介质会改变岩石的研磨性,润湿和含水的岩石硬度和研磨性会下降。

3. 岩石的可钻性

岩石的可钻性碎岩工具钻碎岩石的难易程度一般用岩石可钻性指数来衡量,其含义是:在一定方法和条件下确定的岩石可钻性的相对值。为便于表征岩石可钻性,常常按照可钻性指数将岩石被破碎的难易程度划分为若干等级及岩石可钻性分级。

岩石的可钻性及其分级是合理选择钻进方法、钻进工具和钻进规程的重要依据。地质勘探岩心钻探钻进岩石可钻性的表示方法常采用机械钻速(m/h)来表示。地质矿产部于 1984 年颁布了适用于金刚石岩心钻探的岩石可钻性分级标准。这种分级方法是根据岩石的压入硬度和冲击回弹(摆球)硬度确定的。

(二)岩石破碎机理和破碎过程

目前,在钻探生产中广泛使用的钻进碎岩方法是采用机械方式破碎岩石。这种方式就是利用碎岩工具形成外部集中载荷,使岩石产生局部破碎。岩石破碎的效果与碎岩工具的形状、外加载荷的大小、作用的速度及岩石本身的物理性质和力学性质等有密切的关系。

碎岩工具与碎岩作用的主要方式:根据刃具同岩石作用的方式和碎岩机理,可把碎岩刃具分为:切削-剪切型、冲击型、冲击-剪切型三类。

切削-剪切型刃具同岩石作用的方式如图 4-1(a)所示。钻头碎岩刃具以速度 v_θ 向前移动而切削(剪切)岩石。工作参数是:移动速度 v_θ、轴向力 P_z、切向力 P_θ 及介质性质。这是第一种方式破碎岩石的基本特征。冲击型刃具给孔底岩石以直接的冲击[见图 4-1(b)]。冲击-剪切型刃具的作用方式复杂一些[见图 4-1(c)]。同岩石相作用的钻头刃具,不仅以 P_z 和 P_θ 作用于岩石,而且还有使钻头向前回转的移动速度 v_θ 和冲锤对齿刃的冲击速度 v_z 或牙轮滚动时齿刃向下冲击的速度 v_ω 对岩石的作用。

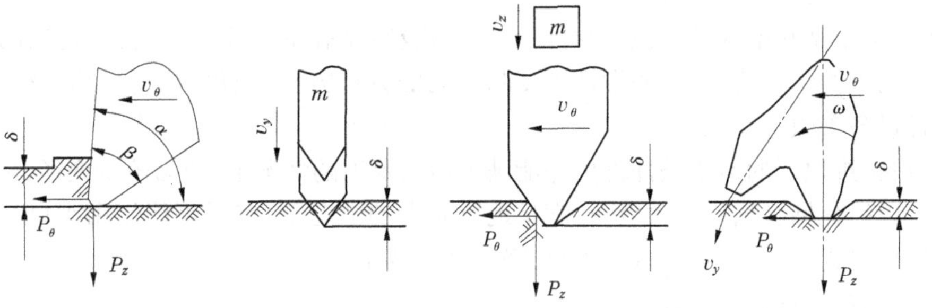

(a)切削-剪切型　(b)冲击型　(c)冲击-剪切型

图 4-1　钻头碎岩刃具同岩石作用方式

(三)外载作用下的岩石应力状态

岩石在切削具切入、破碎之前,先产生弹性应力状态。按照作用形式可以分为静载作用下岩石的应力状态和动载作用下岩石的应力状态。按钻头上的切削具与孔底岩石接触而使岩石产生破碎的作用来说可以分为平底圆柱形压头压入时岩石的应力状态、球形压头压入时岩石的应力状态、轴向力和切向力共同作用时压头下方岩石的应力状态。

(四)岩石在外载作用下的破碎过程

钻进破碎岩石,特别是破碎坚硬岩石时轴向载荷起主要作用。根据切削具对岩石作用力的不同,岩石变形破碎方式不同,对钻进速度的影响也不同。按破碎特点和钻进效果,岩石破碎方式可有三种(见图 4-2)。

按照破岩切削具不同又分为平底压模压入、球状切削具压入和尖楔状切削具压入三种。

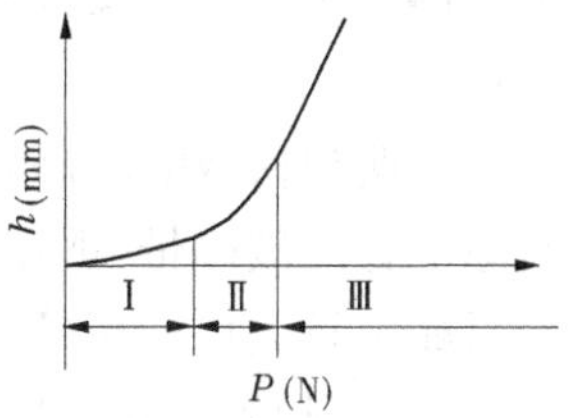

Ⅰ—表面破碎区;Ⅱ—疲劳破碎区;Ⅲ—体积破碎区

图 4-2　岩石的不同破碎变形方式

(五)岩石破碎过程特点

岩石破碎过程的发展不是随载荷的增加而平稳进行的,而是当载荷达到某一值后,才发生突然的压入破碎;载荷过小时,在岩石表面形成微小裂纹,甚至只发生弹性变形,因此破碎效果很差;当载荷不足以产生大剪切时,只能根据弹塑性不同在岩石中产生压裂或压皱作用,形成裂隙,只有当载荷达到某一定值时,才能产生大体积剪切破碎,这时破碎效果最好;在实际钻进中,在轴向力和水平力(转矩)作用下破碎岩石时,在碎岩工具前方不断产生小体积剪切,崩落出小的岩屑,经过数个小剪切之后产生一次大剪切。由于岩石为脆性,故钻进碎岩过程实际上是一个由数个小剪切和一个大剪切组成的不断循环的过程。

二、钻探施工的基本流程

(一)钻孔结构设计

每一个钻孔在开钻之前都必须进行钻孔结构设计,编写《钻孔地质技术指示书》,并做好钻前的准备工作。钻孔结构设计与钻进有关,是所有工程计算的基础。钻孔结构是指钻孔由开孔至终孔,钻孔剖面中各孔段的深度和口径的变化情况。

1. 钻孔结构设计的依据

为了确定钻孔结构设计,必须有以下原始资料:钻孔的用途和目的,该地层的地质结构、岩石物理力学性质,钻孔的设计深度和钻孔的方位方向、顶角方向,终孔直径,钻进方法,钻探设备参数等。

在被钻进地层的地质条件许可并能满足地质要求的情况下,应力争少换径,少下或不下套管,以简化钻孔结构。再者,在满足地质要求的情况下,应尽可能使用小口径金刚石钻具钻进,以提高钻进效率,减少事故,降低钻探成本。

2. 钻孔结构设计的内容

1)钻进方法选择

选择钻进方法的主要依据是被钻进地层的地质条件、孔深、孔径、钻孔剖面以及施工位置的自然地理条件,还应根据已完工孔的统计资料的分析结果。若施工地区未曾钻过一个孔,则在选择钻进方法时,应考虑相近地质条件的其他地区的经验和情况。

2)确定钻孔终孔直径

影响终孔直径选择的因素很多,包括钻进方法、不同矿种允许最小岩矿心直径、钻孔用途、钻机动力容量和孔内测井仪器的规格等。从经济角度出发,钻孔直径应尽可能小,但要允许钻进至设计深度和满足取样要求。

3)套管选择

一般遇到松散的砂砾石层、流砂层,受地下水影响,泥浆护孔无效时或穿过较厚的节理裂隙发育的破碎带,坍塌掉块严重时或遇到含水构造或与大裂隙贯通,严重涌水或漏失的地层或由较大口径换较小口径钻进,以适应设备负荷能力和提高经济效益及孔口的表土层、风化层较松软易坍塌等情况要及时下入套管,换径钻进。

套管下入深度主要考虑复杂地层深度和各级孔段深度。套管柱鞋必须安置在牢固的基岩上,对于任何套管柱下端来说,都必须把钻孔钻到两层薄弱接触带以下不少于2~5 m处,才能下入套管柱。

4)钻孔直径和开孔直径

在上述工作的基础上,由下向上逐段确定各个钻孔孔段的深度和孔径,直至地表确定开孔直径和所需下入套管的层数、直径和深度(见图4-3)。有时为了发挥小口径钻进的优越性,而依地层情况又可能遇到一些复杂情况,往往可以在下入孔口管后,即改用小两级口径钻进,以便在发生意外事故时,采用扩孔处理(见图4-4)。

总之,在钻孔设计与施工时,要充分考虑矿区的岩石性质、水文地质条件、钻孔终孔口径、钻孔深度、钻进方法、钻孔用途等因素。在保证钻孔质量和安全钻进的前提下,尽可能地采用泥浆护孔,力争少换径,少下或不下套管,最大限度地简化钻孔结构,以降低钻探成本。

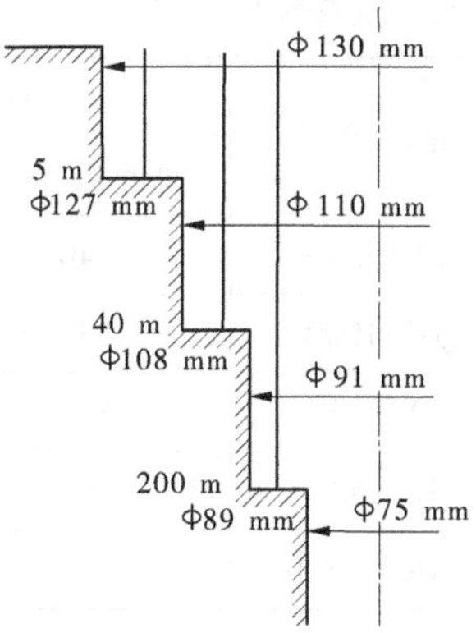

图 4-3 钻孔结构示意图

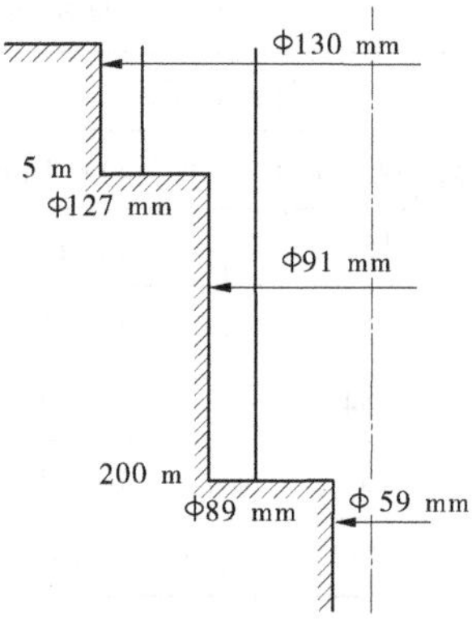

图 4-4 简化钻孔结构示意图

3. 钻孔地质技术指示书

施工之前,必须依据地质要求,制定施工技术措施。钻孔施工技术措施应包括内容如下所述:

(1)地质年代,地层深度及厚度,岩石类型,岩石的主要矿物组成,岩石的构造,岩石的强度、硬度、研磨性、完整程度,岩石的可钻性级别,水文地质要求等地质情况。

(2)依据地质情况和地质要求,确定钻孔孔身结构、不同地层的钻进方法、钻头类型与参数、钻进工艺技术等。

(3)确定各地层的护孔方法、冲洗液类型、对冲洗液处理剂和供水方案的选择。

(4)确定地层的钻进技术措施,保证达到钻探质量六大指标的各种技术措施。

(5)根据地质情况和钻孔深度、钻孔结构,确定所需机械设备和主要管材、器材、场地修筑、设备安装的方案与草图和完成期限。

(6)拟定施工技术措施,一般要编制成《钻孔地质技术指示书》,在施工中参照执行。

(二)钻前准备工作

钻前准备工作包括钻场的确定和布置、修筑地基、基台安装、钻探设备安装、布置冲洗液循环系统、验收与开孔等。

1. 钻场的确定和布置

钻探场地用以安装钻塔、钻探设备、泥浆循环系统、管子架等。场地大小取决于钻孔的设计孔深。设计深度愈深,所需钻塔高度就愈高,各种设备的外部尺寸愈大,循环系统及管子架等占的面积也愈大。同时,需要配有泥浆及水的储备池。

场地的长轴方向决定于钻孔的倾角及方位角。钻垂直孔时,无须定向,应考虑力求挖方及填方的工作量最少,而且工作方便、安全。常用钻机所需场地面积参考见表 4-1。

2. 修筑地基

钻塔、钻机和动力机必须固定在具有足够强度的基础上,场地松软需要增加抗压强度时,应修筑地基。地基应水平,主要受力部位承载能力无显著差别,否则应加固。

常见的地基形式有浅槽、竖桩地基、混凝土地基和桩柱结构钢筋混凝土地基。

表 4-1　常用钻机所需场地面积参考

钻机类型	地盘面积		钻机类型	地盘面积	
	总面积(m^2)	长(m)×宽(m)		总面积(m^2)	长(m)×宽(m)
XB-1000A	154	14×11	SPJ-300	140	14×10
XU-600	143	13×11	JU-1000	154	14×11
XY-4	154	14×11	XY-2	154	14×11
XY-5	154	14×11	EP-600	42	6×7
EP-200	30	5×6	ROCK-800	42	6×7

3. 基台安装

除整体车装、履带装钻机外,钻探设备应固定在连成一体的基台上。基台由型钢地梁组成,通常分作上下两层,用螺栓固定,钢质基座的主要着力点下应垫放木板或枕木。

基台长度应比钻塔底盘长出 200～500 mm,连接型钢的螺栓不得小于 ϕ16 mm,并加防松垫片。连接后的整体基台要规方,并用水平仪校正。

4. 钻探设备安装

钻探设备安装包括钻塔、钻机、动力机、泥浆泵、泥浆搅拌机、除砂器及其他附属设备的安装。

5. 布置冲洗液循环净化系统

冲洗液循环净化系统(见图 4-5)包括水源箱、循环槽、沉淀箱等,其作用是在钻进过程中净化冲洗液。

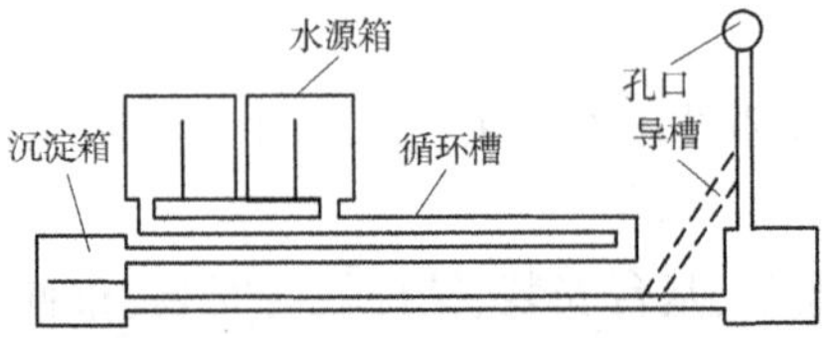

图 4-5　冲洗液循环净化系统布置图

循环净化系统的规格根据钻孔深浅、钻进方法和所钻岩石性质确定。使用一般泥浆时,沉淀箱(池)不少于 2 个,其容积各为 0.3～0.5 m^3;水源箱 2 个,其容积各为 1～2 m^3;循环槽一般宽 300 mm,高 200 mm,长度不短于 16 m,安装坡度为 1/100～2/100,以保证冲洗液循环畅通并利于净化。循环槽每隔 1.5～2.0 m 左右交错安装挡板。

6. 验收与开孔

(1)验收。整个设备安装完毕后,由地质人员和钻探人员会同负责安装的人员以及机长一起进行验收和校正工作。主要检查设备安装的稳固性和准确性;检查天车中心线(用单轮天车时为前轮缘)、钻机立轴中心线与钻孔中心线是否在一条直线上;各项安全设施是否齐备,安装是否合乎基本要求;检查机械传动和运转情况是否正常;各种材料及工具是否准备齐全。

(2)开孔。检查合格后,才能进行开孔工作。应依地层情况的不同采用不同的开孔钻进方法。①在冲积层、堆积层和松散的砂土层开孔时,要用肋骨钻头、刮刀钻头钻进,并用泥浆洗孔。坍塌严重时,可从孔口灌注稠泥浆或分级投入黏土,捣实后再钻进。钻进到一定深度后,及时下入定向管。②在砾石直径超过 150 mm 的砾石层开孔时,可用冲击钻头钻进,或先挖下一定深度,埋入定向管后再钻进,对砾石较小的砾石层则可用小水口密集式或锥形硬质合金钻头钻进。钻进中除用稠泥浆与黏土结合护孔外,还可采用压送快干水泥等方法来分段护孔,分段钻进。③在基岩上直接开孔时,依岩石可钻性等级的不同,可采用硬质合金钻头钻进或金刚石钻头钻进。采用 0.5 m 长的岩心管,小规程钻进一段后,下入定向管,换径钻进。

(3)开孔注意事项。①用肋骨或刮刀钻头开孔时,必须加导向管,钻压要均匀,以防钻孔弯曲。②开孔后,要下好定向管。定向管的中心线必须与钻机立轴和天车的中心线(用单轮天车时为前轮缘)一致。定向管上下两端的周围要封闭严密,不得用乱石充填。定向管下入后,要测量倾斜度,如发生倾斜要立即纠正并严加固定。③开孔钻进中,应逐步加长岩心管,并应采用轻压、慢转、适当泵量钻进。换径时,应使用综合式导向钻具,以保证钻孔方向。④套管应下在完整的坚硬基岩上。下套管前应先向孔内投些黏土球并捣实,使下入的套管插入黏土中,以封闭套管底部。套管上部孔口亦需用木楔等固定,并用黏土捣实封闭。在固定套管前,须将主动钻杆与套管上的异径接头对正,然后连接,以检查套管下得是否端正及钻孔是否开歪。⑤开孔钻进时,由于钻具较轻,加压较大往往容易造成孔斜。为预防孔斜,最好采用加重钻铤钻进。如发现孔斜,应进行纠斜。如果纠斜处理无效,可将底部填满黏土球或水泥等封孔后再重新开孔。

三、岩心钻探钻具

(一)岩心钻具的组成

为了获取岩心,常规的钻具必须以回转运动的方式工作。一套回转岩心钻具是由钻头、岩心管、异径接头、取粉管、钻杆柱、连接接头和水龙头等组成,钻具组合及工具如图 4-6(b)所示。为了提取岩心或更换钻头,需要把钻具按一定的长度拧卸开,并从孔内提出。在进行升降工序中,须使用各种钳子、提引器及垫叉,如图 4-6(a)所示。

(二)钻杆柱

1. 钻杆柱的功用

在钻探工作中,钻杆柱从地表把钻机的动作和动力传递给井底的钻头。钻头在井底破碎岩石、连续给进以及其他一切工作全取决于钻杆柱的工作性能。同时,它又是洗井液冲洗井底和冷却钻头必需的液流通道。钻杆内受高压,外表面承受着磨损。在某些特殊钻进方法中,钻杆柱还用作输送岩心或岩心提取器的通道,或作为更换井底钻头的通道。因此,还要求钻杆柱必须具有光滑而平整的内孔。钻杆柱还起着辅助作用:投送卡取岩心的卡料,输送测斜仪器及堵漏材料等。

2. 钻杆柱的材质和要求

常规的钻杆是由不同成分的合金无缝钢管制成,现用合金成分有 Mn、MnSi、MnB、MnMo、MnMoVB 等,并且限制 S、P 等有害成分不得大于 0.04%,以保证所需的质量。

3. 钻杆使用注意事项及其优化

(1)钻杆使用注意事项。尽量防止钻杆弯曲;拧扣前坚持使用丝扣油;起钻时检查钻具,磨损出现裂纹和螺纹不合格(螺纹旷动和明显变形)的钻杆和接头禁止再用;避免强

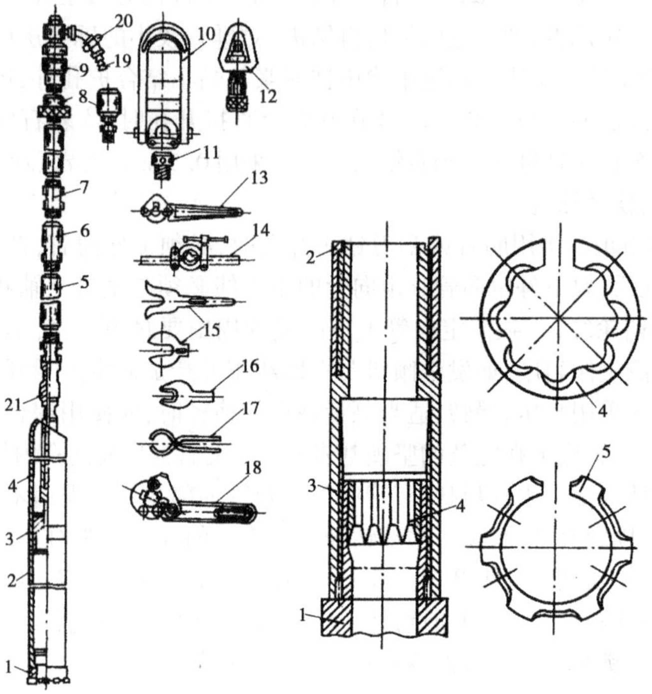

1—钻头;2—岩心管;3—异径接头;4—取粉管;
5—钻杆柱;6—切口外平锁接头;7—切口平接头;
8—水龙头接头;9—水龙头;10—爬杆提引器;
11—钻杆提引器(蘑菇头);12—普通提引器;
13—钻杆自由钳;14—铰链夹持器;15—垫叉;
16—拧管机垫叉;17—钻头夹钳;18—岩心管自由钳;
19—高压软管;20—软管夹板;21—卡心投球

(a)全套钻具

1—钻头;2—岩心管;3—提断器外壳;
4—均质岩石岩心提断器;5—裂隙岩石岩心提断器

(b)岩心提断器

图 4-6 钻具组合及工具

力起拔以防止严重损伤钻杆;使用前清除螺纹黏结接头残留堆积的黏结剂;下钻接立根时轻对扣,防止损坏接头螺纹;应使用多触点自由钳拧卸钻杆,严禁使用管钳和用铁锤敲打;机场钻杆立根台上应垫木板或硬橡皮以保护螺纹。

(2)钻杆使用的优化。为了克服一批钻杆磨耗和损伤不一致缺陷,必须改换钻杆使用的方式,使一批钻杆在使用中损坏程度基本上一致,即同一批次钻杆在相对时间内使用时应尽量使每根钻杆在孔内使用时间基本一致。

(三)套管

套管柱用以加固钻孔的不稳定孔壁,还可用来将一些地层与另一些地层隔离开。岩心钻探中最常用的套管柱是将外表光滑的无缝套管用平接头连接起来。

四、钻探钻进方法

(一)岩心钻探

1. 钻探与钻孔

岩心钻探:钻进时,在孔底保留岩心,并主要以提出来的岩心来研究、了解地学地质和矿产资源情况的钻探方法，成为岩心钻探。

钻孔：在地质工作中，通常使用设备向地下钻凿成直径较小而具有一定深度的孔眼成为钻孔。钻孔的最上部成为空口、最底部称为孔底；孔眼的直径称为孔径，其深度称为孔深；整个孔眼称为孔身，其中某一段称为孔段。

2. 钻进方法与工艺

钻进方法是指向地下钻孔时，破碎岩石的方法和技术措施的总称。破碎岩石可以采用机械的或物理化学的方法。目前，钻探中常用的是机械破碎法。根据外力性质及作用方式，钻进方法分为冲击钻进、回转钻进、冲击回转钻进等；按照钻进时是否取心分为取心钻进和不取心（全面）钻进；按照回转钻进使用的碎岩工具（磨料）又可分为硬质合金钻进、钢粒钻进和金刚石钻进等。钻进方法的选择取决于一系列因素，表 4-2 对不同地层的岩石钻进特性推荐了可供参考的钻进方法和使用钻具，特殊条件下可能与上述推荐方案有所不同。

表 4-2　根据岩石钻进特性选择钻进方法和取心钻具类型一览表

岩石分组	岩石的特性			推荐的钻进方法	岩石裂隙性分级	推荐的适用钻具
	硬度	联合力学指标 ρ_m 值	可钻性			
Ⅰ	极硬	51~115	Ⅺ-Ⅻ	金刚石	1	单管、单动双管
Ⅱ	硬-坚硬	15~51	Ⅷ-Ⅹ	金刚石、牙轮、金刚石液动冲击	1	单管、单动双管、绳索取心
					2~3	专用双管、孔底局部反循环双管
					4~5	空气双管钻具
Ⅲ	中硬-硬	6.8~15	Ⅵ-Ⅶ	金刚石、PDC、液动冲击、牙轮、风动冲击	1	单管、单动双管、绳索取心
					2~3	专用双管、孔底局部反循环双管
					4~5	空气双管钻具、部分取心的钻具
Ⅳ	软-中硬	3.0~6.8	Ⅳ-Ⅴ	硬质合金、PDC、风动冲击、全面钻头	4~5	空气双管钻具、部分取心和取岩粉的钻具、单管
Ⅴ	疏松、易冲蚀、软	1~3	Ⅰ-Ⅲ	硬质合金、螺旋钻、刮刀钻头	5	空气双管钻具、部分取心的钻具、全螺旋钻具

（1）钻进工艺：为使钻进工作连续进行，使钻孔延伸到设计目标，必须不断破碎岩石、清除岩粉和维护孔壁稳定。钻进的三项基本内容——碎岩、冲洗、护壁堵漏技术的综合应用，就叫作钻进工艺。目的是给碎岩创造良好的条件，在一定条件下合理运用钻进技术措施，主要是合理调控钻进技术参数。

（2）钻进参数：钻进参数是指影响钻进效果的一些可以调控的技术参数以及他们之间的配合关系，不同的钻进方法有不同的技术参数。参数主要是指钻压（P）、转速（N）和泵量（Q）。①钻压：沿钻孔轴线方向对碎岩工具施加的压力，以"P"表示；②转速：单位时间内碎岩工具绕轴线回转的转数，以"N"表示；③泵量：单位时间内泵入孔内的冲洗液体积，以"Q"表示。

（二）常规钻进方法

1. 硬质合金钻进

硬质合金钻进是地质勘探钻进中的一种主要钻进方法，它用于软岩层及中硬岩层的钻进工作，即可钻进1~4级软的沉积岩及中硬的5~7级及部分8级岩浆岩和变质岩。硬合金钻进的过程，实际上是硬合金切削具在外载作用下不断破碎岩石和岩石不断磨损硬合金切削具的过程。钻进过程包括两方面：硬合金切削具破碎岩石；岩石磨损硬合金切削具。

磨料（切削工具）镶嵌在钻头体上就成了钻头。钻头体规格、切削具的出刃、切削具的镶焊角度、切削具在钻头上的排列和布置、切削具的数目、水口、水槽的形式与数目等人为确定或选择的，称为钻头结构要素。

钻头体是用D35或D45号钢的无缝钢管制成。勘探钻进中所采用的硬质合金根据岩石类别选用《硬质合金牌号　第2部分：地质、矿山工具用硬质合金牌号》（GB/T 18376.2—2014）中推荐的G5-G50类硬质合金。根据钻头直径、地层特性等选择钻头上述要素。一般软岩用直角薄片或方柱状合金，中硬岩用不同规格的八角柱状合金。硬质合金镶嵌的技术参数见表4-3。

表4-3　硬质合金镶嵌的技术参数

岩性	内出刃（mm）	外出刃（mm）	底出刃（mm）
松软、塑性、弱研磨性岩石	2.0~2.5	2.5~3.0	3.0~5.0
中硬、强研磨性岩石	1.0~1.5	1.5~2.0	2.0~3.0

2. 金刚石钻进

用金刚石钻头在一定的轴向压力下，以回转或回转冲击破碎孔底岩石的钻进方法叫作金刚石钻进。金刚石钻进是当前钻探工艺中一种比较先进的钻进方法。

1）钻探用金刚石

金刚石按成因分为天然的、人造的两大类。

地质钻探用天然金刚石，按产地和价格分为包尔兹（Bortz）、刚果（Congo）、雅库特（Якту）、黑色金刚石（Carbonado或Carbon）、巴拉斯（Ballas）等，天然金刚石主要用于表镶金刚石钻头，人造金刚石具有很高的工业用途，很少用于钻探。

人造金刚石分为单晶、聚晶两种，已成为钻探用金刚石的主要来源。金刚石聚晶烧结体是由十分细小的金刚石微粉与微量结合剂合成的圆形、三角形或其他多边形状的聚合体。金刚石复合片是将聚晶金刚石层(为 0.5~1 mm 厚)附着黏结在硬质合金衬底上的复合材料。

2)金刚石钻头和扩孔器

用各种天然或人造金刚石制作的钻头统称为金刚石钻头。在金刚石钻进中,为了保证在钻进中钻孔直径不致因钻头外径磨损而缩小,因而阻碍下一个同规格的新钻头下入孔内,应在钻头的上部安置一个金刚石扩孔器,与钻头组成一套底部钻具。

目前,在地质勘探钻进中主要使用表镶和孕镶金刚石钻头和聚晶烧结体(包括复合片)金刚石钻头(见图 4-7)。

(a)表镶金刚石钻头 (b)孕镶金刚石钻头 (c)复合片钻头

图 4-7　金刚石钻头

3)金刚石钻头和扩孔器的选择

金刚石钻进适用于中硬以上岩层。一般聚晶金刚石、金刚石复合片(PDC)、烧结体钻头适用于 3~7 级岩层,单晶孕镶金刚石钻头适用于 5~12 级完整和破碎岩层,天然表镶金刚石钻头适用于 4~10 级完整岩层。

根据岩石的硬度、可钻性、研磨性、完整程度及孔内条件,合理选择金刚石钻头与扩孔器的镶嵌类型、胎体性能、金刚石的质量和粒度、金刚石浓度、水口形状及其数量和大小、底唇形状等。

五、钻探工程质量基本要求

固体矿产钻探工程质量指标共有岩(矿)心采取率、钻孔弯曲与测量间距、孔深误差测量与校正、简易水文观测、原始班报表和封孔六项指标,该六项质量指标是钻探成功的标志。

(一)岩(矿)心采取率

对岩(矿)心采取的基本要求是:力求准确地从孔中采取出足够全面代表相应孔段岩矿层的岩矿心,在数量上要有足够的体积,在质量上能够保持原生结构和含矿品位。

(1)在固体矿产勘探取心孔段中,一般平均岩心采取率应达到 70%以上,矿心采取率应达到 80%以上。有特殊要求时,按设计书或合同的规定执行。岩(矿)心采取率按以下公式计算:

岩(矿)心采取率 = [岩(矿)心长度/取岩(矿)心进尺长度] × 100%

式中:进尺和岩(矿)心长度,指在固体岩(矿)层中的实际进尺和取心的岩(矿)心长度;除设计要求外,不包括废矿坑、空洞、表面覆盖物、浮土层、流砂层的进尺及取出物。

(2)机台负责做好以下工作:清洗岩心,自上而下按顺序装箱[松软、破碎、粉状或易溶的岩(矿)心应装入塑料袋中],按规定编写岩心编号、放好岩心隔板并妥善保管。

(3)避免人为拉长、破碎、颠倒和扰动取出的岩(矿)心,确保记录的岩(矿)心位置准确。

(4)岩(矿)心装满岩心箱后,要在岩心箱外面标注:矿区名称、机号、孔号、起止孔深、起止岩(矿)心编号及岩心箱的顺序号码。

(二)钻孔弯曲与测量间距

机台应及时、定点测量钻孔的顶角及方位角,并将测量结果填入报表和专用记录表,设计部门应及时通过公式计算,确定和掌握钻孔轴线形态及其空间位置。

(1)通常情况下,在直孔施工中每 100 m 顶角偏斜不应超过 2°,在斜孔施工中每 100 m 顶角偏斜不应超过 3°。有特殊需要时,按设计书或合同的要求执行。

(2)设计或实测钻孔顶角小于或等于 3°时,每钻进 100 m 测一次顶角(不测方位角),顶角大于 3°时,根据地质要求每钻进 50 m 测一次顶角和方位角。定向和易斜钻孔应适当缩短测量间距。

(3)测斜方法或仪器有氢氟酸测斜、JXY-2 型测线仪、KXP-2 型数字罗盘测线仪、JJX-3 型测线仪、JXK-2 型测线仪、JTL-50 型陀螺测线仪、STL-1GW 型存储式陀螺测线仪。

(三)孔深误差测量与校正

(1)下列情况应校正孔深:钻进深度达 100 m 及其倍数时;进出矿层时(矿层厚度小于 5 m 时,只测量一次);经地质编录人员确定的重要构造位置与划分地质时代的层位;下套管前和终孔后。

(2)孔深误差率小于 1‰时可不修正报表;孔深误差率大于 1‰时需修正报表。

(3)孔深误差率按下列公式计算:

孔深误差率=[(校正前的孔深-校正后的孔深)/校正后的孔深]×100%

(四)简易水文观测

(1)使用清水或无固相冲洗液的钻孔中,每班至少观测水位 1~2 回次。每观测回次中,提钻后、下钻前各测量一次水位,间隔时间应不大于 5 min。每个钻进回次应根据水源箱水位、泥浆池液位变化和补充冲洗液量计算冲洗液消耗量。

(2)钻进中遇到涌水、漏失、涌砂、掉块、坍塌、扩径、缩径、逸气、裂隙、溶洞和钻柱坠落等异常现象时,及时记录其深度。

(3)在地下水自流钻孔中,根据水文地质要求接高孔口管或安装测试装置测量水头高度、涌水量和水温。

(五)原始班报表

各机台班组应指定专人在现场及时填写钻探原始班报表、钻孔简易水文观测记录表、交接班记录表等原始报表,做到真实、齐全、准确、清楚、整洁。

(六)封孔

(1)临近终孔时,机台必须按封孔设计的要求严格执行;

(2)封孔后,在孔口中心处设立水泥标志桩(用水泥固定);

(3)根据设计书的要求,需要对封孔质量进行验证时,进行透孔取样。

【习题】

一、判断题(下列判断正确的打"√",错误的打"×")

(　　)1. 每一个钻孔在开钻之前都必须进行钻孔结构设计,编写《钻孔地质技术指示书》,并做好钻前的准备工作。

(　　)2. 钻孔结构设计与钻进有关，是所有工程计算的基础。

(　　)3. 钻孔结构是指钻孔由开孔至终孔，钻孔剖面中各孔段的深度和口径的变化情况。

(　　)4. 在被钻进地层的地质条件许可并能满足地质要求的情况下，应力争多换径，多下套管，以保障钻孔结构安全。

(　　)5. 从经济角度出发，钻孔直径应尽可能小，但要允许钻进至设计深度和满足取样要求。

(　　)6. 在钻孔设计与施工时，要充分考虑矿区的岩石性质、水文地质条件、钻孔终孔口径、钻孔深度、钻进方法、钻孔用途等因素。

(　　)7. 设计深度愈深，所需钻塔高度就愈高，各种设备的外部尺寸愈大，循环系统及管子架等占的面积也愈大。

(　　)8. 场地的长轴方向决定于钻孔的倾角及方位角。

(　　)9. 钻塔、钻机和动力机必须固定在具有足够强度的基础上，场地松软需要增加抗压强度时，应修筑地基。

(　　)10. 基台由型钢地梁组成，通常分作上下两层，用螺栓固定，钢质基座的主要着力点下应垫放木板或枕木。

二、单项选择题(下列选项中，只有一个是正确的，请将其代号填在括号里)

1. 岩石在外力作用下，从变形到破碎过程中所表现出来的(　　)性质叫岩石的机械性质。

A. 化学　　B. 力学　　C. 弹性

2. 岩石的硬度是指岩石抗(　　)的极限强度。

A. 拉伸　　B. 剪切　　C. 压入

3. 目前在钻探生产中广泛使用的钻进碎岩方法是采用(　　)破碎岩石。

A. 机械方式　　B. 化学方式　　C. 物理方式

4. 套管柱鞋必须安置在牢固的基岩上，对于任何套管柱下端来说，都必须把钻孔钻到两层薄弱接触带以下不少于(　　)处，才能下人套管柱。

A. 3~6 m　　B. 2~5 m　　C. 1~2 m

5. 基台长度应比钻塔底盘长出(　　)，连接型钢的螺栓不得小于 ϕ16 mm，并加防松垫片。

A. 200 ~500 mm　　B. 300~600 mm　　C. 500 ~700 mm

6. 循环槽一般宽(　　)，高 200 mm，长度不短于 16 m，安装坡度为主 1/100~2/100，以保证冲洗液循环畅通并利于净化。(　　)

A. 300 mm　　B. 200 mm　　C. 100 mm

7. 常规的钻杆是由不同成分的合金无缝钢管制成，现用合金成分有 Mn、MnSi、MnB、MnMo、MnMoVB 等，并且限制 S、P 等有害成分不得大于(　　)，以保证所需的质量。

A. 0.05%　　B. 0.04%　　C. 0.03%

8. 钻压：沿钻孔轴线方向对碎岩工具施加的压力，以(　　)表示。

A. P　　B. Q　　C. L

9. 钻头体是用 D35 或(　　)号钢的无缝钢管制成。

A. D45　　B. D55　　C. D65

10. 通常情况下,在直孔施工中每 100 m 顶角偏斜不应超过 2°,在斜孔施工中每 100 m 顶角偏斜不应超过(　　)。有特殊需要时,按设计书或合同的要求执行。

A. 3°　　B. 4°　　C. 5°

三、多项选择题(下列选项中,至少有两个是正确的,请将其代号填在括号里)

1. 岩石破碎的效果与(　　)等有密切的关系?

A. 碎岩工具的形状　　B. 外加载荷的大小

C. 作用的速度　　D. 岩石本身的物理、力学性质

2. 根据刃具同岩石作用的方式和碎岩机理,可把碎岩刃具分为(　　)。

A. 切削-剪切型　　B. 冲击型　　C. 冲击-剪切型　　D. 磨削型

3. 按钻头上的切削具与孔底岩石接触而使岩石产生破碎的作用来说可以分为(　　)。

A. 平底圆柱形压头压入时岩石的应力状态

B. 球形压头压入时岩石的应力状态

C. 轴向力和切向力共同作用时压头下方岩石的应力状态

D. 梯形压头入时的岩石的应力状态

4. 按照破岩切削具不同又分为(　　)。

A. 平底压模压入　　B. 球状切削具压入

C. 尖楔状切削具压入　　D. 锯齿状切削具压入

5. 为了确定钻孔结构设计,必须有以下原始资料(　　)。

A. 钻孔的用途和目的　　B. 该地层的地质结构、岩石物理力学性质

C. 钻孔的方位方向、顶角方向　　D. 钻进方法、钻探设备参数

E. 钻孔的设计深度

6. 选择钻进方法的主要依据是(　　)。

A. 被钻进地层的地质条件　　B. 孔深　　C. 孔径

D. 钻孔剖面　　E. 施工位置的自然地理条件

7. 套管下入深度主要考虑(　　)。

A. 复杂地层深度　　B. 各级孔段深度　　C. 钻孔孔深　　D. 设计孔深

8. 钻前准备工作包括(　　)布置冲洗液循环系统、验收、开孔等。

A. 钻场布置　　B. 修筑地基　　C. 基台安装　　D. 钻探设备安装

9. 钻探场地用以(　　)等。

A. 安装钻塔　　B. 钻探设备　　C. 泥浆循环系统　　D. 管子架

10. 冲洗液循环净化系统包括(　　)等。

A. 水源箱　　B. 循环槽　　C. 沉淀箱　　D. 废浆池

【参考答案】

一、判断题

1. √　2. √　3. √　4. ×　5. √　6. √　7. √　8. √　9. √　10. √

二、单项选择题

1. B　2. C　3. A　4. B　5. A　6. A　7. B　8. A　9. A　10. A

三、多项选择题

1. ABCD　2. ABC　3. ABC　4. ABC　5. ABCDE　6. ABCDE

7. AB　8. ABCD　9. ABCD　10. ABC

第二节　钻进工艺和孔内事故预防与处理

一、钻探工程质量保证措施

(一)提高岩(矿)心采取率的技术措施

(1)选择正确的取心器具、钻进技术参数和冲洗液类型。

(2)下钻前应对取心器具性能进行全面检查,取心器具应单动灵活、水路畅通、钻头出刃锋利、各种间隙配合合理,使用后应检查、清洗、注油。

(3)任何情况下,回次进尺长度不得超过岩心管有效容纳长度,禁止使用已弯曲的钻具。

(4)钻进取心困难的岩矿层时,适当控制钻压、泵量、转速,并限制回次进尺时间和进尺长度。

(二)钻孔弯曲预防措施

(1)坚持开孔检查验收制度,确保设备安装质量。

(2)开孔时应选用锋利钻头,随孔深加长岩心管,直到正常长度。回次结束前,钻头切削具已磨钝时,严禁加压强行钻进。

(3)选择合理的钻孔结构与级配,在保证冲洗液畅通及孔内安全的情况下,尽量选择蔓延钻进,力求简化钻孔结构,地层条件允许时,换径后可一径终孔。

(4)换径时,采用外导向钻具,其长度不短于 5 m。

(5)在倾角较大岩层、破碎带、软硬互层、溶洞或纵向节理发育的岩层中钻进时,合理控制钻压、转速、泵量。

(6)在易斜岩层地区施工,根据地层、见矿深度等条件合理设计开孔倾角和方位角。已掌握钻孔弯曲规律的矿区应设计定向孔。

(三)简易水文观测

(1)严格按照设计要求,及时观测水位及其他应测项目。

(2)水位观测的基准点应一致,读数准确。

(3)禁止随意割、接水文测绳。

(四)孔深误差控制措施

(1)机台使用的铁尺应保持两端平齐,刻度准确、清晰,并注意经常校正。

(2)丈量机上余尺时应停止立轴回转,基准点应一致,准确读取,及时记录。

(3)使用钢卷尺丈量下入孔内的钻具长度,任何情况下禁止估算。

(4)校正孔深丈量钻具长度时使用钢卷尺,丈量结果逐根记录在班报表上。

(5)处理孔内事故后,必须及时校正孔深。

(五)原始记录

(1)记录员必须在现场及时、认真填写各项原始数据,禁止下班后追记、补记。

(2)机长、班长和记录员及时校对原始记录,发现错误及时修正。

(六)封孔质量

(1)钻孔终孔后机台必须严格按照封孔设计进行封孔。一般采用水泥封孔,使用合格的封孔材料,如水泥标号在32.5以上,严禁使用过期失效、受潮结块的水泥。

(2)根据所封钻孔的实际情况确定封孔方法,如泵送、导管或注送器;准确计算出所封孔材料的数量,备足封孔所需材料。

(3)使用泥浆做冲洗液的钻孔,根据情况使用清水自下而上冲洗封闭孔段孔壁泥皮。

(4)需要分段封孔时,选择合适的架桥材料做隔离塞,并将其牢固在预定的孔深部位。钻具下端水泥浆出口处与隔离塞上端面的距离应控制在0.5 m以内。

(5)严格按照配比配置封孔水泥浆,水灰比一般为0.5;根据所用水泥品种、灌注量、气温情况等适当调整水灰比。

(6)封孔注浆过程不应中断,封闭长度在5 m以内禁止提动钻具,长孔段、大剂量灌注水泥浆时,可采用边灌注边提升钻具的方法,控制钻具下端不提出水泥浆液面,以保证水泥浆灌注的连续性。

(7)水泥浆灌注完毕后,将钻具提出水泥浆面10~15 m,再用清水清洗钻具、水泵等。

二、硬质合金钻进和金刚石钻进

(一)硬质合金钻进

应根据岩石性质、钻头结构、设备条件和质量要求等因素合理确定钻探技术参数。

1.取心硬质合金钻进技术参数

(1)钻压。取心硬质合金钻头以镶嵌合金型号、数量确定钻压值,一般每颗取0.5~1 kN。中硬完整岩层取较大值,较软及破碎岩层选用较小值,选取范围见表4-4。刮刀钻头钻压可稍大。

(2)转速。线速度以0.5~2 m/s为宜,针对不同口径、岩层硬度及产状的差异,选用不同转速(见表4-4)。中硬、完整、致密岩层可选较大值,较软破碎岩层选小值。

(3)泵量。应满足冲洗液上返速度的要求,一般以0.2~0.6 m/s为宜,不同口径的泵量见表4-4。钻速快、岩屑颗粒大的选大值,反之可减小泵量。

2.针状硬质合金钻进技术参数

针状硬质合金适用于4~7级岩石中钻进。针状硬质合金胎块弧度应与钻头钢体弧度一致,厚度与钻头钢体壁厚相适应,钻头内外出刃各为1~1.5 mm,底出刃不得大于胎体长度的1/2,一般为10 ~12 mm,钻头体上镶焊的针状合金胎块数量,N级以下钻头为4~5块,H、P级钻头为6~8块,大口径钻头应适当增加,胎体的镶焊间距一般为40~50 mm。钻头体内、外侧的胎体之间应补镶5 mm×5 mm×10 mm硬质合金块。针状硬质合金钻进技术参数见表4-5。

表 4-4　硬质合金钻进技术参数

钻进参数	钻孔口径			
	N	H	P	S
钻压(kN)	5~7	6~8	8~11	9~12
转速(r/min)	100~500	70~400	50~300	30~200
泵量(L/min)	50~120	60~150	80~180	100~200

表 4-5　针状硬质合金钻进技术参数

钻头名称	岩石可钻性级别	压力	转速	泵量
		kN	(r/min)	(L/min)
四齿针状	5~6	6~8	150~300	80~130
六齿针状	6	9~12	100~200	80~120
四齿肋骨针状	4~6	6~8	100~250	100~130

3. 硬质合金钻进注意事项

(1)取心硬质合金钻头的规格要符合设计要求。钻头上的合金应镶嵌牢固,不允许用金属锤直接敲击合金,超出外出刃的焊料应予清除,出刃要均匀一致。钻头切削具磨钝、崩刃、水口减小时,应进行修磨。

(2)新钻头下孔时应在距孔底 0.5~1 m 以上慢转扫孔到底,逐渐调整到正常钻进参数。

(3)孔内脱落岩心或残留岩心在 0.5 m 以上时,应用旧钻头处理。

(4)下钻中途遇阻,不要猛击,可用自由钳扭动钻杆或开车试扫。

(5)拧卸钻头时,严防钳牙咬伤硬质合金、合金胎块或夹扁钻头体。卸扣时不准用大锤敲击钻头。

(6)钻进中不得无故提动钻具,要保持压力均匀,不允许随意增大钻压。倒杆后开车时,应降低钻压。发现孔内有异常,如糊钻、憋泵或岩心堵塞时,处理无效应立即提钻。

(7)取心时要选择合适的卡料或卡簧。投入卡料后应冲孔一段时间,待卡料到达钻头部位后再开车,采心时,不应频繁提动钻具。当采用干钻取心时,干钻时间不得超过 2 min。

(8)经常保持孔内清洁。孔底有硬质合金碎片时,应捞净或磨灭。

(9)使用肋骨钻头或刮刀钻头钻进时,应及时扫孔修孔。

(10)合理掌握回次进尺长度,每次提钻后,应检查钻头磨损情况,调整下一回次的技术参数。

(11)在水溶性或松软矿层钻进取心,应采用单动双管钻具,并限制回次进尺长度。

(二)金刚石钻进

1. 金刚石钻头的合理使用

(1)根据设计孔深,按钻头和扩孔器外径尺寸,由大到小排序,轮换使用。

(2)钻头与扩孔器及卡簧间要合理配合,要求如下:①扩孔器的外径应比钻头外径大 0.3~0.5 mm,岩层坚硬时应采用下限数值;②卡簧的自由内径应比钻头内径小 0.3~0.5 mm。卡簧应在上一回次岩心上测试,以不脱落、不卡死为宜。

（3）新钻头到达孔底后，应进行“初磨”，即轻压（正常钻压的 1/3 左右）、慢转（100 r/min 左右），钻进 10 min 左右，再采用正常参数继续钻进。

（4）不宜用新钻头扫孔和清除残留岩心。

（5）钻头出现以下情况时，不得再下入孔内：①表镶钻头内外径尺寸较标准尺寸磨耗 0.2 mm 以上，孕镶钻头内外径尺寸较标准尺寸磨耗 0.4 mm 以上；②表镶钻头出刃尺寸超过金刚石颗粒直径的 1/3；③表镶钻头有少数金刚石脱落、挤裂或剪碎；④钻头出现异常磨损；⑤钻头水口和水槽高度磨损；⑥胎体有明显裂纹、掉块，以及唇面出现沟槽、微烧，或台阶被严重冲蚀；⑦钻头体变形，螺纹损坏。

（6）避免钻头非正常损坏的措施：①孔底要保持清洁，当发现有硬质合金、胎块、金刚石、金属块、脱落岩心及孔壁掉块时，应采用冲、捞、抓、黏、套、磨、吸等方法加以清除；②钻具通过换径、探头石、孔壁掉块等部位以及在斜孔和干孔中下钻时，应放慢下降速度；③换径后应用锥形钻头修整换径台阶；④地层由硬变软时应减压并控制钻速；⑤钻进中，操作人员应随时观察冲洗液消耗和泵压的变化情况，发现异常应立即停钻查明原因；⑥不允许使用弯陷度超过规定的钻杆和钻具。

（7）使用金刚石钻头及扩孔器时，要填写使用卡片，及时记录每回次的各种有关数据及磨耗情况。钻头或扩孔器停用后，应及时做出评述，并连同卡片一起交施工管理部门保存。

2. 金刚石取心钻具

（1）金刚石钻进用管材技术要求和规格系列应遵守《地质岩心钻探钻具》（GB/T 16950—2014）的规定。

（2）金刚石钻进一般采用单动双管取心钻具。钻具应符合如下条件：①单动性能好，异径接头、扩孔器、钻头、短节和卡簧座等零部件连接应同心；②内、外管平直无裂伤，螺纹符合要求；③内管与短节、短节与卡簧座装配后垂直提起时，不允许自由脱落；④装配好的钻具卡簧座底端与钻头内台阶的距离应为 3~4 mm；⑤保证水路畅通；⑥在易斜地层中钻进时，取心钻具上部应配有稳定接头、扶正器等导向装置。

（3）使用金刚石取心钻具时的操作要求：①钻探现场应有两套以上与施工口径对应规格的完好钻具；②定期拆卸清洗、加油保养，螺纹或外径磨损要及时更换；③拧卸钻头、扩孔器、卡簧座与内管应使用多触点钳或摩擦钳，不允许使用管钳；④退出岩心时，要用橡皮锤或木锤敲打内管；⑤钻具在移动时不准猛力拖拉或撞击，存放时要摆平，不得重压，运输时要装箱，装卸时应轻放；⑥钻杆接头不经常拧卸的一端应使用黏接剂密封黏牢，经常拧卸部位应涂抹丝扣油；⑦钻杆螺纹连接要保证密封良好。

3. 金刚石岩心钻进技术参数

（1）钻压。根据岩石可钻性，研磨性，完整程度，钻头底唇面积，金刚石粒度、品级和数量选择钻压。表镶钻头按金刚石压力 15~25 N/粒计算，在金刚石质量较好、颗粒较粗、岩石坚硬完整的情况下可采用较高的单粒压力；反之，应采用较低的单粒压力。钻进中随着金刚石的磨钝，钻压可逐步增大。孕镶钻头单位压力为 0.5~1.0 kN/cm^2。复合片钻头按每个复合片 0.5~1.0 kN 计算，随着复合片磨钝，接触面积增加，钻压可逐渐增大。

在软岩层中钻进应用较小的钻压；在完整、中硬到坚硬或强研磨性的岩层中钻进应适当加大钻压；在破碎、裂隙和非均质的岩层中钻进应适当减小钻压，一般降低 25%~50%。

在钻孔弯曲、超径的情况下，钻压应适当减小。金刚石钻进适用钻压值见表 4-6。

表 4-6　金刚石钻进适用钻压　（单位：kN）

钻头种类		钻头规格					
		A	B	N	H	P	S
表镶钻头	初压力	0.5~1.0	1.0~2.0		2.5	3.0	3.5
	正常压力	3~6	4~7.5	6~10	8~11	10~13	11~14
孕镶钻头		4~7	4.5~8.5	6~11	8~15	12~17	14~19

（2）转速。根据岩石性质、钻孔结构及设备能力等因素选择转速。表镶钻头底唇面的线速度范围为 1.0~2.0 m/s；孕镶钻头底唇面的线速度范围为 1.5~3.0 m/s；复合片钻头底唇面的线速度范围为 0.5~1.5 m/s。粗粒金刚石钻头的转速应低于细粒金刚石钻头的转速。中硬完整岩层宜采用高转速；岩层破碎、裂隙发育、软硬不均，钻进时振动大，则应适当降低转速。在软岩层中钻进效率很高时，应适当限制钻速。正常钻进时，在机械能力、管材强度、钻具稳定性及其减震润滑等条件允许的前提下，视地层情况适当提高转速。金刚石钻进适用转速见表 4-7。

表 4-7　金刚石钻进适用转速　（单位：r/min）

钻头种类	钻头规格					
	A	B	N	H	P	S
表镶钻头	5~1 000	400~800	300~550	250~500	180~350	150~300
孕镶钻头	75~1 500	60~1 200	400~850	350~700	260~520	220~440

（3）泵量。泵量以冲洗液上返速度计算，金刚石钻进上返速度应大于 0.3~0.7 m/s。泵量应视岩石性质、环状间隙、钻头类型、金刚石粒度和胎体性能等因素，进行适当调整：①钻进坚硬、颗粒细的岩层，泵量可小些；钻进软、中硬、颗粒粗的岩层，泵量应大些；钻进裂隙、有轻微漏失的岩层，泵量要稍大于正常情况。②孕镶钻头应采用较大泵量，表镶钻头采用较小泵量，复合片钻头选用的泵量可超过表镶或孕镶钻头泵量的 20%~50%。③在转速较高、钻进速度较快、岩层研磨性较强和岩屑颗粒较粗时，应选用较大泵量，反之泵量应减小。④钻头水口的大小，直接影响钻头内外的冲洗液压差；保持适当的压差，有利于钻头底部岩粉的排出和冷却。随着钻头胎体消耗，钻头水口要进行修磨，修磨后其高度不得小于 3 mm，不准使用三通阀门调节泵量。金刚石钻进适用泵量见表 4-8。

表 4-8　金刚石钻进适用泵量　（单位：L/min）

钻头规格	A	B	N	H	P	S
适用泵量	25~40	30~45	40~65	50~80	60~100	80~120

（4）泵压。金刚石钻进中要随时观察泵压，根据泵压的变化判断孔内情况。泵压发生小幅度的上升或下降，一般是孔底换层的征兆；泵压猛然大幅度增高，伴随钻速下降或不进尺，可能发生岩心堵塞；如果泵压突然大幅度下降，多是钻具折断或脱扣。

4. 金刚石钻进操作技术要求

(1)下钻。下钻时,操作人员对孔内情况要做到心中有数;钻头通过拧管机、套管口或换径处、活石处,应放慢下降速度。下钻遇阻,不准猛冲硬礅,可用管钳慢慢回转钻具,无效时应立即提钻,采用其他方法处理。每次下钻,不得将钻具直接下到孔底。距孔底约 1 m 时,应接上水龙头开泵送水,等孔口返水后,轻压慢转,扫孔到底,正常后可按要求参数钻进。配好机上余尺,在回次钻进中,不准中途将钻具提离孔底接钻杆。

(2)钻进。一个钻进回次宜由一人操作,操作者应精力集中,随时注意和认真观察钻速、孔口返水量、泵压及动力机声响或仪表数值等变化,发现异常,立即处理。倒杆一般要停车,深孔减压钻进时,倒杆前应先用升降机将孔内钻具拉紧(不得提离孔底),倒杆后用油缸减压并在小于正常钻压的情况下平稳开车。开车时,要轻合离合器,并减轻钻头压力,使钻头和钻具在较轻的负荷下缓慢启动,使其受力平稳。岩层变化时,应调整钻进技术参数。岩层由硬变软时,进尺速度过快,应减小钻压;岩层由软变硬,钻速变慢时,不得任意增大压力,以免损坏钻头或造成孔斜。在非均质岩层中钻进,应控制机械钻速。应有专人管理冲洗液,定时检测冲洗液质量,不合格应及时调整或更换。地层变化时要及时对冲洗液的性能指标进行调整。做好循环系统清理和除砂工作,保持孔底清洁,孔内岩粉超过 0.3 m 时,要采取措施。钻进中发现岩心轻微堵塞时,可调整钻压、转速。处理无效应及时提钻。正常钻进时,不应随意提动钻具。

(3)采心。金刚石钻进时,应使用卡簧采取岩心,不允许投放卡料取心;任何情况下不准干钻取心。采取岩心时,应先停止钻具回转,缓慢地将钻头提离孔底 50~70 mm,使卡簧将岩心抱紧,再缓慢开车转几圈扭断岩心后方可起钻。不允许上下活动钻具或猛提钻具取心。孔深较浅倒杆时,钻柱内冲洗液的压力可能使钻具浮起,造成岩心堵塞或折断,要适当调小泵量以降低泵压。在节理发育、倾角小的岩层中钻进,可用镀铬内管或半合管,亦可在内管中涂润滑油或岩心保护剂。孔内残留岩心长度较大时,应专门捞取。

5. 改善钻具稳定性的措施

(1)使用直的机上钻杆、轻便水龙头和轻型高压胶管;斜孔钻进时要通过导正钢丝绳平衡机上钻杆、水龙头和高压胶管下垂产生的弯曲力;

(2)钻杆、钻具要经常检查,连接要同心;

(3)钻压、转速要与岩层相适应,不要盲目加压或提高转速;

(4)使用润滑冲洗液减阻;

(5)使用减震器、扶正器或稳定接头;

(6)选择合理的钻具组合和级配。

6. 复杂岩层钻进

遇复杂岩层可采用超径钻头,增加钻杆外径与孔壁之间的间隙。为防止岩心堵塞,允许卡簧内径略微增大(小于钻头内径 0.1~0.2 mm),卡簧座底端离钻头内台阶的距离适当调小。要控制回次长度,采用回灌措施,放慢提(下)钻速度。

7. 硬而致密的弱研磨性岩层("打滑"岩层)钻进

使用胎体硬度 HRC 10~20 和浓度小于 75%的孕镶钻头。适当加大钻压,或通过水龙头向孔内添加磨料,使胎体磨损和金刚石出刃。上述方法处理无效时,将钻头提到地面，对胎体采用喷砂、砂轮打磨、石英砂研磨、酸腐蚀等方法处理，使金刚石出刃后再下入孔内继续钻进。

三、金刚石绳索取心钻进

（一）适用条件

绳索取心钻进方法可应用于固体矿产钻探、工程地质钻探、地热钻探、水域钻探、冰层钻探、砂矿钻探、科学深孔钻探、坑道钻探等多种要求全孔取心的钻进工程中。具体的钻探工程是否采取绳索取心，必须考虑地质要求、岩石地层、钻孔结构（口径级数、终孔直径）、钻孔深度、钻头使用寿命等因素。

（二）绳索取心钻头和扩孔器的选择

应选用优质级和特级的天然金刚石作表镶钻头；选用经过挑选和加工处理的低级品、等外级天然金刚石作孕镶钻头（粒度为 20~40 目）；选用高强度晶形完整的人造金刚石单晶（粒度为 30 目、40 目、60 目、80 目、100 目）或不同粒度混合的金刚石料做孕镶钻头。钻头胎体应具有普通双管金刚石钻头胎体性能，还要具备耐冲蚀、耐磨损、自锐及对地层广泛的适应性等要求。表镶钻头胎体硬度可选 HRC30/35、40/45。孕镶钻头胎体可选 HRC10/20、20/30、30/35、40/45、>45 等多种硬度以适应不同地层。

钻头唇面造型和水路水槽相配合，要比普通双管钻头适当增加水口数量与过水断面，孕镶钻头水口一般为 8~12 个。孕镶钻头内外径应选用天然金刚石或人造聚晶、烧结体保径补强。绳索取心钻头、扩孔器的选择原则与金刚石普通双管钻进基本相同。应选择寿命长、效率高的广谱钻头。

（三）绳索取心钻具

1. 钻具总成应具备的技术性能

（1）内管总成能从钻杆柱内下到外管中的预定限位和悬挂部位，并可向地面传递信号；

（2）钻进进程中，一旦发生岩心堵塞，应能及时向地面发出信号；

（3）内管总成的长度能够调节，使卡簧与钻头内台阶保持合理距离；

（4）卡取岩心时，卡簧座应坐在钻头内台阶上，通过钻头将拔断岩心的力传到外管；

（5）内外管应同轴，单动灵活；

（6）打捞器能在钻杆柱内以一定的速度下降到内管总成上端，并把装有岩心的内管打捞上来；

（7）打捞器抓住内管提拉不动或提升过程中遇阻时，能够安全解脱；

（8）钻进严重漏失地层或干孔时，打捞器能把内管总成安全地送到预定位置。

2. 钻具总成的装配

（1）外管总成的组装和检查注意事项。上扩孔器外径应略小于下扩孔器外径；装入座环和扶正环时，应放平摆正后用手推入，不允许用铁器敲击；外管平直度要符合规定要求。

（2）内管总成的组装和检查注意事项。各零部件连接螺纹应拧紧；所有弹性销的开口方向都应一致向下或向上；组装弹卡机构时，应先将回收管装入弹卡架，然后装入弹卡和张簧,并将弹簧销打入,装入的弹卡动作应灵活;根据钻孔深度调节到位报信机构工作弹簧预压力;卡簧座、内管和内管总成上部连接要同轴,内管要求光滑平直;卡簧的自由内径应比钻头内径小 0.3~0.5 mm。

(3)打捞器的组装和检查注意事项。打捞器与绳索取心绞车的钢丝绳连接要牢靠;打捞钩要安装周正;尾部弹簧应工作灵活可靠,头部张开距离以 8~12 mm 为宜;打捞器在脱卡管作用下可安全脱卡。

(4)内外管总成的装配和调整注意事项。弹卡与弹卡挡头的顶面保持一定距离,一般为 3~4 mm;卡簧座与钻头内台阶之间应保持最优距离,一般为 2~4 mm(卡簧座有水口时应取小值);内管总成应牢固地卡在外管总成中,不能自弹卡挡头端自由倒出。现场应备用一套外管总成和两套内管总成。

3. 取心操作

(1)内管投放。当确认外管和钻杆内已无岩心时,将内管总成由孔口投入钻杆内,对上机上钻杆,开泵压送,应注意观察泵压变化,泵压明显升高或降低时,说明内管总成已到达预定位置。遇地层严重漏失,孔内没有冲洗液或水位很深时,不准直接投放内管总成,应采用打捞器把内管总成送入孔内,或用机上钻杆对准孔口,泵入适量的冲洗液,然后迅速投放内管总成。

(2)岩心打捞。首先用回转器或动力头顶起钻具 50~70 mm,缓慢回转钻柱,扭断岩心,再提起并卸掉机上钻杆后,下放打捞器。打捞器在冲洗液中以 1.5~2 m/s 的速度下降,当将要到达内管总成上端时,应适当减慢下降速度,在 1 000 m 孔深范围内,可以听到轻微的撞击声,然后开动绳索取心绞车,缓慢提升钢丝绳,确认内管总成已提动后可正常提升。提升过程中,若冲洗液由钻杆溢出,说明打捞成功,否则重复试捞,严禁猛冲硬嗽,反复捞取无效应提钻处理。

4. 钻具总成和打捞器的维护保养

(1)每回次需检查弹卡磨损情况和张簧是否变形,弹卡处于张开状态时,两翼最大间距应比弹卡挡头内径大 1.5 mm;

(2)单动轴承应定期注入黄油,发现单动不灵活,需拆开检查,彻底清洗;

(3)每次提钻检查弹卡挡头拨叉、悬挂环和座环,不符合要求应进行修复或更换;

(4)每次打捞岩心前,检查打捞钩头部和尾部弹簧,打捞钩头部严重磨损和尾部弹簧变形要及时更换。

5. 绳索取心钻杆的使用和维护保养

拧卸时,应使用多触点专用钻杆钳,并扶正立根上部,不允许用普通管钳拧卸或用铁锤敲击钻杆。坚持使用丝扣油和冲洗液润滑剂。下钻时钻杆连接螺纹应达到规定的预扭矩值。钻杆立根长度以 12 m 为宜,钻杆与套管间隙不宜过大,钻进中不盲目加压。

为防止钻杆螺纹损伤,应做到:

(1)钻杆下孔前检查螺纹,清除螺纹上的污垢;

(2)钻杆立根摆放台应垫放木板、橡皮等,防止螺纹端部直接与铁器接触;

(3)下钻时,钻杆立根应与孔内钻杆柱严格对中,防止压伤螺纹;

(4)每次提下钻时,注意检查内螺纹接头的磨损情况,直径磨损超过母接头外径 1.2 mm,应及时更换;

(5)使用黏结剂黏结钻杆螺纹时,应检查接头内径部分,如有黏结剂堆积应及时清除。在拧卸过程中,发现黏结不牢的钻杆应重新黏结;

(6)钻杆搬运时,螺纹部分应拧上护丝,轻拿轻放。钻杆停止使用时,钻杆外表涂防锈油,内外螺纹涂丝扣油,钻杆宜放在室内保管,并用枕木垫放。

(四)绳索取心钻进技术参数

根据岩层特性、钻头类型、钻孔深度、钻孔倾角、钻孔直径、冲洗液类型和所用钻具性能等因素选择,并优化钻进工艺参数,主要为钻压、转速和冲洗液量。

(1)钻压。钻压选择应满足以下几点:①钻进节理发育岩石和产状陡立、松散破碎、软硬互层、强研磨性等地层及钻孔弯曲、超径的情况下,应适当减压。②经初磨的新钻头,采用正常钻压可获得高钻速。钻进中随着金刚石磨钝、钻速下降,应逐渐平稳增大钻压。③绳索取心钻头比普通双管钻头钻压稍大,使用常规表镶和孕镶金刚石钻头的钻压范围见表4-9。

表4-9　不同规格钻头适用钻压　(单位:kN)

钻头规格		A	B	N	H	P	S
表镶钻头	最大压力	8	10	12	15	17	19
	正常压力	4~6	6~8	7~9	8~12	10~14	12~16
孕镶钻头	最大压力	10	12	15	18	20	22
	正常压力	6~8	8~10	10~12	12~15	14~18	16~20

(2)转速。转速选择如下所述:①钻进坚硬弱研磨性地层、裂隙破碎地层、软硬互层及产状陡立易斜地层时,应适当降低转速;在软岩层中钻进,亦应限制转速。②钻孔结构和钻具级配要合理,钻杆与孔壁间隙小,适于采用高转速;钻孔结构复杂、换径多、环状间隙大时,钻具回转的稳定性差,不宜开高转速。③常规使用表镶和孕镇金刚石钻头的转速范围见表4-10。

表4-10　常规使用表镶和孕镇金刚石钻头的转速范围　(单位:r/min)

钻头规格	A	B	N	H	P	S
表镶钻头	400~800	300~650	300~500	220~450	170~350	140~300
孕镶钻头	600~1 200	500~1 000	400~800	350~700	250~500	200~400

(3)泵量。泵量选择如下所述:①钻进坚硬、颗粒细的岩层,钻速低,岩粉少,泵量可小些;钻进软及中硬岩层,钻速高,岩粉多,泵量应大些;钻进裂隙,有轻微漏失地层,泵量应稍大于正常情况;钻进研磨性强的岩层,泵量可增大。②应保持上返流速为0.5~1.5 m/s,表镶钻头采用的泵量应比孕镶钻头稍小。③不同规格孕镶钻头泵量范围见表4-11。

表 4-11　不同规格孕镶钻头泵量　（单位：L/min）

钻头规格	A	B	N	H	P	S
泵量	25~40	30~50	40~70	60~90	90~110	100~130

（五）绳索取心钻进现场操作技术要求

（1）合理确定内管长度。钻进中硬完整岩层时，内管长度以 3 m 为宜；钻进较完整松软岩层时，内管可加长至 4.5~6.0 m；钻进松软破碎、易溶等难以取心的地层或易斜地层时，内管长度应适当减小。

（2）准确掌握开始扫孔钻进的时间。报信机构报信确认从钻杆柱中投放下去的内管总成已坐落预定位置后，才能开始扫孔钻进。

（3）岩心堵塞应立即提钻。在钻进过程中，若发生岩心堵塞，必须立即停止钻进，捞取岩心，严禁采用上下窜动钻具、加大钻压等方法继续钻进。

（4）提升钻具及打捞内管时，应及时向孔内回灌一定数量的冲洗液，以避免钻杆柱内外之间压力差导致的孔壁失稳坍塌。

（5）提升钻柱时，应先捞出内管总成，以增大冲洗液的流通断面，减小抽吸作用和压力激动对孔壁的影响；下钻时，应先下钻柱，再下内管。

（6）应合理控制起（下）钻速度，减小钻具升降过程中引起的压力激动，在复杂地层中钻进，应放慢起（下）钻速度。

（六）钻进冲洗液要求

1. 钻进冲洗液的选择

在地层条件许可的情况下，应采用无固相冲洗液，如清水加润滑剂、聚丙烯酰胺冲洗液等。当所钻地层仍需采用泥浆，应选用黏度低、密度小、流动性好和具有防坍性能的低固相冲洗液，绳索取心钻进泥浆基本性能要求见表 4-12。

表 4-12　绳索取心钻进泥浆基本性能要求

密度（g/cm^3）	黏度（Pa · s）	失水量 [$mL \cdot (30\ min)^{-1}$]	静切力 [$(N \cdot cm^{-2}) \times 10^{-5}$]	泥皮厚 （mm）
1.04~1.07	17~19	6~8	1~10	≤0.5

2. 钻杆内壁结垢防治措施

使用泥浆冲洗液时，往往在靠近孔口 2~4 根立根处的绳索取心钻杆内壁形成致密的泥皮，厚度由上至下逐渐变薄。防治措施如下所述：

（1）在不降低钻速的条件下，尽量降低钻具转速；

（2）采用固相控制措施，以清除占 90%左右大于 20 μm 粒度的固相颗粒；

（3）结垢已经影响打捞时，在提钻前半小时采用稀释原浆循环，冲刷泥垢，增大流动通径，或者先提出上部结垢严重的钻杆再下打捞器；

（4）使用防止结垢的专用冲洗液。

四、钻孔孔内常见事故的预防与处理

(一) 卡、埋、烧钻事故的预防和处理

1. 事故的预防

卡、埋、烧钻事故的预防要从以下几个方面加以注意，避免或减少事故的发生。

(1)钻进过程中，遇到动力机响声异常、钻参仪表数值升高、钻具回转阻力增大、提钻困难、孔口冲洗液突然中断或泵压升高、孔内有异常响声、岩心堵塞等情况，应及时提钻。

(2)提钻发现钻具上有严重泥包或取粉管内有大粒岩屑、掉块或淤泥时，应调整泥浆性能。孔底岩粉高度超过 0.3 m 时要采取处理措施。

(3)在研磨性较强的岩层中，使用金刚石和针状合金钻进时，应控制回次钻进时间，防止磨漏岩心管。

(4)使用喷反钻具前，应检查水路是否通畅，承喷器有无杂物堵塞，以及是否组装正确。下钻后，应先接上机上钻杆开泵通水，再慢放到底。不允许用钻具探测岩粉厚度。

(5)在复杂地层中钻进，可使用防事故安全接头。

(6)钻进过程中，出现机械故障、停待或冲洗液突然严重漏失等情况时，应采取措施将钻具提升到安全孔段。

(7)金刚石钻进时，钻杆螺纹连接应密封可靠。泥浆泵工作状态要保持良好。在易坍塌岩层中，提钻时要进行钻孔回灌。

(8)发现钻具回转遇阻时，应立即上下活动钻具，并保持冲洗液循环，不允许无故关泵。钻具提钻中途遇阻时，应设法转动和窜动钻具，不许猛拉硬提。发现烧钻征兆时，应迅速将钻具提离孔底，不允许停车。

2. 事故的处理

卡钻初期尽可能维持大泵量循环，并经常转动钻具和上下窜动钻具。在分析确定卡钻原因的基础上分别采用不同的处理方法：

(1)发生键槽卡钻事故，应设法将被卡钻具导出，然后修整键槽处孔壁，不得强力提拔；修整孔壁键槽应不断改换钻具的位置和方位，接长岩心管进行扩孔，或使用带铣刀刃的岩心管接头向上反扫破坏键槽。

(2)处理掉块卡钻开始以提、窜为主，继而用拉顶结合或增加工作钢丝绳数来增大提升能力；提、顶、窜无效时，应采用震、打等方法解卡。

(3)处理泥包、泥皮黏附卡钻和岩粉埋钻可以采用油浴或碱水浴解卡法，首先降低冲洗液密度，再将一定数量的石油、废柴油或废机油通过泥浆泵压注到卡钻事故孔段，浸泡 8~16 h，每隔 1.5~2 h 上下活动钻具一次；亦可注入 2%~3%纯碱溶液浸泡解卡。

(4)盐酸浴解卡法是石灰岩地层解卡的有效方法，将 3%~5%浓度的稀盐酸溶液通过钻柱或孔口注入孔内，浸泡 1~2 h，并辅助活动钻具，配合拉顶一般可以解卡。

上述方法处理无效后，将钻杆全部返回，再用削、磨钻头，将异径接头消灭。也可用小径钻头扫透异径接头并扫掉岩心，下入公锥捞取岩心管。无效时，采用磨、切法逐段消灭。

处理烧钻拉、顶无效时，可用反丝钻杆全部返回孔内钻杆和接头，再用专用掏心钻头和小径钻具透过事故钻具 200~300 mm，下丝锥捞取；无效时，再用扩孔(6 级以内岩层)

套取或用磨削钻头处理。

(二)钻具折断、脱落及跑钻事故的预防和处理

1.事故的预防

钻具折断、脱落及跑钻事故的预防要从以下几个方面加以注意:

(1)各种管材、接头、接箍均须按新旧程度分类存放和使用。每个机台都要备有检查钻具磨损的量具。弯曲的钻杆、岩心管,要及时校直。提升下降钻具时,要观察钻具磨损程度,检查不合格要及时更换。

(2)钻杆、岩心管有裂纹、严重磨损和明显变形、连接旷动等现象,不准下入孔内使用。

(3)钻进过程中,出现泵压表、孔底压力指示表(拉力表)、电流表数值突然变化,以及钻具重量减轻、动力机运转轻快、进尺骤慢、提动钻具有异常响声、钻具突然坠落、下钻到底时实际机上余尺与计算数字不符等情况,应立即停钻检查。

(4)扫孔、扩孔、扫脱落岩心时,应挂好提引器,并控制下扫速度。

(5)采用拉、窜、顶、打等方法处理事故时,钻杆易松脱,要经常用人力重新拧紧。

(6)钻进遇阻力过大,钻具发生急剧反转时,不要急于提动钻具和强行开车,应先将钻具慢拧上扣,再做处理。

(7)提升钻具遇连接螺纹紧、钻具重量轻时,应先人工拧松钻杆,再用拧管机继续卸扣,以免跑钻。

2.事故的处理

1)事故处理一般规定

(1)处理事故过程中,丝锥碰不到事故钻具上端时,不允许盲目超过预定部位向深部试探。

(2)采用掏心方法处理孔内岩心管事故时,一般应使用比事故钻具小两级的钻具。采用磨铣岩心管方法时,应使用加大外径的实心平面钻头或带导向的阶梯钻头。

(3)处理孔内多头钻杆事故时,应用打印法判明情况,先捞活头。如几个头挤在一起,要先消除挤夹力,然后用反丝钻杆依次反回。在查清孔内情况之前,不准下入正扣丝锥盲目捞取。

2)处理方法

(1)事故头较正、螺纹完好时,应用相应螺纹端对接打捞,事故头为外螺纹锁接头和光钻杆时,应合理选用丝锥,小口径金刚石钻具只能用公锥。

(2)事故头偏斜不严重时,可下带导向罩的捞锥(公锥、母锥)捞取;钻孔超径,事故头偏离中心较大时,可用弯钻杆、捞钩或磁力打捞器寻找事故头。

(3)事故头磨损、变形、破损,一般用通天母锥或打捞器捞取,事故头上有障碍物,应先去除。

3)粗径钻具断脱事故的处理

岩心管断脱可在捞锥上接一弯钻杆作导向。管头破损变形时,应用捞管器或卡管器打捞。管头有塌落物阻隔时,应先冲扫除去塌落物再打捞。

4）孔内钻头或金刚石胎体脱落事故的处理

（1）捞脱落钻头应先将其内部岩心除去，再用小一级钻头或炮弹钻头挤夹，或套管公锥对扣打捞。

（2）打捞金刚石胎体可用抓筒、喷射反循环钻具、黏筒或磁力打捞器，也可用掏心钻头，在孔底钻一深200 mm小眼，将胎体碎屑冲落到小眼内，然后换用原钻头钻进取心，取上碎屑。亦可用磨孔钻头磨灭。

5）套管事故的处理

套管断裂、脱节后，应将事故套管全部拔起后再重新下入，不准将上部套管坐在孔内下部套管上端继续钻进。用扩孔方法处理套管事故时，扩孔钻具应带内导向装置。

6）孔内落入工具物件的处理

落入硬质合金、小零件或工具等，可用冲捞法、黏取法、抓套法、研磨法等处理。

（三）测井事故的预防和处理

1. 测井事故的预防

测井前，要查明欲测孔段的孔径、换径位置，以及泥浆性能、孔内有无遗留物和孔壁完整程度等。

测井前，要对探管、电缆（钢丝绳）连接处，绞车制动装置等进行严格检查。下放探管要缓慢，中途遇阻应将探管提出孔口，重新通孔排除障碍后，再下入探管。

下入探管前，应用原钻进钻具进行通孔，并超过最大测深5 m。

2. 测井事故的处理

探管被卡，如上下活动无效，可用套、割等方法进行处理。下入打捞器具时，应将电缆或钢丝绳拉紧，避免器具转动。

电缆或钢丝绳脱断，探管掉入孔内时，应先下捞矛捞取电缆或钢丝绳，无效时再用无内刃、小水口的合金钻头接配钻具套取。

3. 处理事故的注意事项

（1）提拉事故钻具，必要时应先安装拉力表，认真检查升降机系统，严禁提升力超过钻塔和升降机、钢丝绳、吊钩等的额定负荷。

（2）打吊锤时，要有专人指挥。吊锤下部钻杆要安装冲击把手。打箍上部应连接钻杆，挂牢提引器并拉紧钻杆。

（3）使用千斤顶时，要垫实地梁。打紧卡瓦时，要用铁锤垫打，卡瓦上部应贴紧卡死，孔口要围好，提引器要绑牢。顶拔时不得过猛，要有一定间歇时间。

（4）反钻具时，应使用钢丝绳反管或棘轮反管等方法，不准使用管钳反管。反管过程中，事故钻具的正转方向区域内不准站人，注意背钳的牢靠。

（5）处理事故前后，应对现场作业设备、工具及安全设施进行全面检查。

【习题】

一、判断题（下列判断正确的打“√”，错误的打“×”）

（　　）1. 封孔注浆过程不应中断，封闭长度在5 m以内禁止提动钻具，长孔段、大剂量灌注水泥浆时，可采用边灌注边提升钻具的方法，控制钻具下端不提出水泥浆液面，以保证水泥浆灌注的连续性。

(　　)2. 中硬完整岩层宜采用低转速；岩层破碎、裂隙发育、软硬不均，钻进时振动大，则应适当降低转速。

(　　)3. 上扩孔器外径应略小于下扩孔器外径；装入座环和扶正环时，应放平摆正后用手推入，不允许用铁器敲击；外管平直度要符合规定要求。

(　　)4. 每次提钻检查弹卡挡头拔叉、悬挂环和座环，不符合要求应进行修复或更换。

(　　)5. 钻进节理发育岩石和产状陡立、松散破碎、软硬互层、强研磨性等地层，以及钻孔弯曲、超径的情况下，应适当增压。

二、单项选择题(下列选项中，只有一个是正确的，请将其代号填在括号里)

1. 钻孔终孔后机台必须严格按照封孔设计进行封孔。一般采用水泥封孔，使用合格的封孔材料，如水泥标号在(　　) 以上，严禁使用过期失效、受潮结块的水泥。

A. 32.5　　B. 42.5　　C. 52.5

2. 新钻头下孔时应在距孔底(　　)以上慢转扫孔到底，逐渐调整到正常钻进参数。

A. 0.2~0.5 m　　B. 0.5~1 m　　C. 1~1.5 m

3. 扩孔器的外径应比钻头外径大(　　)，岩层坚硬时应采用下限数值。

A. 0.2~0.3 mm　　B. 0.3~0.5 mm　　C. 0.5~0.7 mm

4. 打捞器与绳索取心绞车的钢丝绳连接要牢靠；打捞钩要安装周正；尾部弹簧应工作灵活可靠，头部张开距离以(　　) 为宜；打捞器在脱卡管作用下可安全脱卡。

A. 2~6 mm　　B. 6~10 mm　　C. 8~12 mm

5. 钻头唇面造型和水路水槽相配合，要比普通双管钻头适当增加水口数量与过水断面，孕镶钻头水口一般为(　　)。

A. 6~8 个　　B. 8~12 个　　C. 12~16 个

三、多项选择题(下列选项中，至少有两个是正确的，请将其代号填在括号里)

1. 避免钻头非正常损坏的措施(　　)。

A. 孔底要保持清洁，当发现有硬质合金、胎块、金刚石、金属块、脱落岩心及孔壁掉块时，应采用冲、捞、抓、黏、套、磨、吸等方法加以清除

B. 钻具通过换径、探头石、孔壁掉块等部位以及在斜孔和干孔中下钻时，应放慢下降速度

C. 换径后应用锥形钻头修整换径台阶

D. 地层由硬变软时应减压并控制钻速

E. 钻进中，操作人员应随时观察冲洗液消耗和泵压的变化情况，发现异常应立即停钻查明原因

2. 钻头出现以下情况时，不得再下入孔内(　　)。

A. 表镶钻头内外径尺寸较标准尺寸磨耗 0.2 mm 以上，孕镶钻头内外径尺寸较标准尺寸磨耗 0.4 mm 以上

B. 表镶钻头出刃尺寸超过金刚石颗粒直径 1/3

C. 表镶钻头有少数金刚石脱落、挤裂或剪碎

D. 钻头出现异常磨损

E. 钻头水口和水槽高度严重磨损

3. 金刚石钻进一般采用单动双管取心钻具。钻具应符合如下条件(　　)。

A. 单动性能好,异径接头、扩孔器、钻头、短节和卡簧座等零部件连接应同心

B. 内、外管平直无裂伤,螺纹符合要求

C. 内管与短节、短节与卡簧座装配后垂直提起时,不允许自由脱落

D. 装配好的钻具卡簧座底端与钻头内台阶的距离应为 3 ~4 mm

E. 保证水路畅通

4. 改善钻具稳定性的措施是(　　)。

A. 使用直的机上钻杆、轻便水龙头和轻型高压胶管;斜孔钻进时要通过导正钢丝绳平衡机上钻杆、水龙头和高压胶管下垂产生的弯曲力

B. 钻杆、钻具要经常检查,连接要同心

C. 钻压、转速要与岩层相适应,不要盲目加压或提高转速

D. 使用润滑冲洗液减阻

5. 落入硬质合金、小零件或工具等,可用 (　　)等处理。

A. 冲捞法　　B. 黏取法　　C. 抓套法　　D. 研磨法

【参考答案】

一、判断题

1. √　2. ×　3. √　4. √　5. ×

二、单项选择题

1. A　2. B　3. B　4. C　5. B

三、多项选择题

1. ABCDE　2. ABCDE　3. ABCDE　4. ABCD　5. ABCD

第三节　主要钻进方法

一、冲击回转钻进

冲击回转钻进是钻头在静压作用下进行回转,同时辅以纵向冲击动载,从而形成以回转切削和纵向冲击相结合的碎岩钻进方法,对破碎坚硬和研磨性岩石有很好的效果。此种方法的具体实施是:在回转钻进的钻具中增加一个具有一定冲击频率和冲击能量的冲击器(也称潜孔锤)。在取心钻进时,冲击器安装在岩心管上端;在无岩心钻进时,则直接安装在钻头之上。

(一)冲击回转钻探适用条件

硬质合金液动冲击回转钻进适合于可钻性级别 5~6 级和部分 7 级岩层。金刚石液动冲击回转钻进适用于可钻性级别 6~12 级。在坚硬、致密的“打滑”岩层应用液动冲击回转钻进,可缓解金刚石钻头“打滑”问题。

(二)冲击器分类

冲击器是冲击回转钻进的关键部件,种类繁多。目前根据所采用的动力不同分为:

(1)液动冲击器:采用高压水或泥浆作为动力介质。按照作用原理分为阀式正作用液动冲击器、阀式反作用液动冲击器、阀式双作用液动冲击器。阀式双作用液动冲击器主要有压差式、射流式、射吸式和复合式等类型。液动冲击器可与绳索取心钻具配套组成金刚石绳索取心液动冲击器。应根据钻进方法、钻孔深度、钻孔直径、岩石可钻性和破碎程度以及冲洗介质类型等合理选用液动冲击器。硬质合金冲击回转钻进宜选用低频高功型冲击器,金刚石冲击回转钻进宜选用高频低功型冲击器。

(2)风动冲击器:又称风动"潜孔锤",用压缩空气作为动力介质。

(3)机械作用式冲击器:利用某种机械运动,使冲锤上下运动而产生冲击力。这些机械可以是电机、电磁装置,也可以是涡轮或特种机构(如牙嵌离合器)等。

(三)液动冲击回转钻进钻探设备及附属装置的选择

(1)应选择转速调节范围较大、钻压控制精度较高的岩心钻机。进行硬质合金液动冲击回转钻进时,钻机的最低转速不高于 40 r/min。

(2)应选择泵压较大(4~6 MPa)、泵量可调的泥浆泵。泥浆泵应配抗震压力表。

(3)应配用心轴通孔直径较大、转动灵活、密封性好、耐高压和维护方便的水龙头。

(4)泥浆泵高压胶管的内径不小于 ф25 mm,耐压力不低于 10 MPa。同时应使用耐高压的专用接头。

(5)通常在泥浆泵输出管与水龙头高压胶管之间设置稳压罐。稳压罐容积应不小于 0.03 m^3,安全压力不低于 15 MPa。

(6)施工机台应配备旋流除砂器、离心机等固相控制设备。

(四)液动冲击回转钻进工艺要求

1.钻进参数选择

(1)影响液动冲击回转钻进效率的钻进参数主要有钻压、转速、冲击功和冲击频率等,选择范围见《液动冲击回转钻探技术规程》(DZ/T 0053—1993)。应依据不同岩层条件通过试验优化钻进参数。

(2)硬质合金冲击回转钻进,可采取低转速、适当钻压的钻进参数。

(3)金刚石冲击回转钻进参数一般与金刚石钻进相近。

(4)冲洗液量直接影响液动冲击器的输出特性(冲击功和冲击频率等)。在稳定地层中,应以满足冲击器的额定泵量为主。

2.钻头选择和使用

(1)冲击回转钻进主要采用硬质合金钻头和金刚石钻头,也可采用硬质合金翼状钻头、牙轮钻头。

(2)选择专门为冲击回转钻进设计的硬质合金钻头或金刚石钻头。钻头切削具的抗冲击强度应大于冲击器输出的冲击力,必要时应进行地面台架试验。

(3)孕镶钻头的金刚石粒度通常大于 60 目,浓度以 75%~90%为宜。

(4)适当增加钻头的水口、水槽过水断面,降低液动冲击器背压。

3.冲洗液选择

(1)应根据岩层特性、钻进深度、冲击器性能要求等情况正确选择冲洗液类型,确定性能参数。

（2）液动冲击回转钻进应使用含砂量低、润滑性能和流变特性好、可满足护壁要求的冲洗液。

二、定向钻进

定向钻进是利用地层自然弯曲规律或人工造斜工具使钻孔钻达预定目标的一种钻进方法。它通过调整顶角、方位角和曲率半径等参数，控制钻孔轨迹的延伸方向，是钻孔最终钻达预定的靶区。按照施工技术方法分为自然弯曲钻进和人工造斜定向钻进；按造斜时效和连续性分为单点定向。

（一）定向钻进在固体矿产地质钻探的主要应用

（1）纠斜、补取岩（矿）心、绕过事故孔段等事故；

（2）在陡立矿体、自然造斜严重矿区完成勘探施工；

（3）受施工条件限制无法按照钻探设备时，远距离采用定向钻进完成施工任务；

（4）在勘探网度密、矿体埋藏深等情况下，可采用定向钻进方法进行分支或集束孔施工。

（二）定向钻探施工现场准备工作

定向钻探施工现场准备工作包括：定孔位、确定钻机、钻具、泥浆泵和导斜机具等主要装备，以及测斜仪、定向仪、抗反扭矩器、稳压罐等辅助机具。此外，还要安排导斜工具修理、调试工作场地等。

（三）造斜工具和定向仪的选择

1. 定向钻探造斜工具

定向钻探造斜工具主要有偏心楔、连续造斜器、孔底动力造斜器钻具等。

2. 定向仪的选择

（1）单点造斜可选择各类偏心楔；连续造斜可选择各类连续造斜器或选择与液动孔底动力钻具（螺杆马达）配合使用的造斜器具（弯接头、弯外管）。

（2）在中硬岩层造斜钻进，宜采用偏心楔；在软至中硬岩层中造斜，宜选用螺杆马达造斜钻具；在中硬至硬的完整岩层中造斜，宜选用机械式连续造斜钻具。

（3）非磁性工区可选用磁感应式定向仪（磁针式、磁通门、磁力仪等）。磁性工区应选用不受干扰的定向仪，磁性和非磁性工区均可选用片中性定向仪。

（4）适用孔底动力钻具且定向精度要求较高时，宜选用随钻监测仪，以便随时监控和调整工具面向角，在定向精度可以满足地质要求的情况下，亦可选用简单适用的单点定向仪，常用导斜机具拆、装和调试。

3. 施工要点

（1）连续造斜器偏斜施工要点。保证孔内清洁及孔底平整；将连续造斜器平稳下入孔内，并准确定向；起始钻压要大于连续造斜器设计额定钻压，钻进时应缓慢开车、低速钻进；钻进时不允许提动钻具，倒杆时应先停止回转，后卸压；一般情况下，造斜强度不应超过 0.5 m；造斜回次进尺长度 1~3 m，钻孔纠正方位时，钻孔度方位改变值与钻孔顶角、造斜器安装角、全弯曲角有关，造斜器安装角可采用计算法或作图法确定；造斜器提出钻孔后，应先修整孔壁，并用总成长度 1 000~1 200 mm 的短钻具钻进 2 个回次，使普通钻具能自由通过人工弯曲孔段;应及时测斜,检查造斜效果。

(2)螺杆马达定向钻进施工要点。理确定弯接头或弯管外弯角和专用纠斜钻头型式;下钻前检查螺杆钻具及高压管路;缓慢将钻具下放到孔底,然后提起0.5 m;造斜工具定向时,应考虑一定量的反扭矩角;固定反扭矩装置,使立轴回转器或动力头不能回转,只能上下移动;启动螺杆钻空转,缓慢下放到孔底,慢慢加压到正常压力;随时注意泵压和扭矩的变化情况;应及时测斜,了解造斜效果。

三、钻孔弯曲测量与纠斜

(一)钻孔弯曲测量

1. 钻孔弯曲基本要素

钻探施工中由于自然因素或技术因素的影响,实际钻孔轨迹偏离设计轨迹的现象称为钻孔弯曲或孔斜。为了研究钻孔的空间轨迹,一般采用三维空间坐标系,坐标系原点为孔口,x 轴取正北方向,y 轴取正东方向,z 轴铅锤向下。钻孔空间状态的三个几何参数为:顶角、方位角和孔深。

2. 钻孔弯曲测量

为了随时掌握与控制钻孔轨迹的变化,预防与纠正钻孔弯曲或者实现定向钻进,都必须测量钻孔的空间位置,这一工作称为测斜。测斜就是测量钻孔空间状态的三个几何参数。

3. 钻孔弯曲测量注意事项

(1)根据钻孔设计要求和工作地区的地层特性,选择测斜方法和测斜仪器类型。

(2)钻孔方位通常使用磁性测斜仪器测量。在受磁性干扰地区或磁性工区测量钻孔方位时,应使用陀螺测斜仪或其他非磁性测斜仪器。单纯测量钻孔顶角时,可以使用氢氟酸测斜方法或机械顶卡式测斜仪器。

(3)测斜时要保证测斜仪器轴线与所测点处钻孔轴线平行。仪器使用前应经过校验与调整,保证性能达到要求。

(4)使用定时装置测斜时,应保证仪器探管在孔内有足够的稳定时间。

(5)用钻杆下放测斜仪器探管时,操作要轻、稳,禁止快速下放或猛拉。

(6)测量结束后,应按说明书规定对测斜仪器进行保养并妥善保管。做好测量数据的原始记录和保存工作。

4. 常用钻孔弯曲测量仪器

根据测量原理,钻孔测斜仪(见表4-13)主要分为磁性测斜仪和陀螺测斜仪两大类。前者适用于非磁性矿区和不守磁性干扰的钻孔,后者则不受限制。

(二)钻孔弯曲的纠斜

当出现实际钻孔轨迹偏离设计轨迹且继续钻进达不到设计目的时,这时就需要采取纠斜措施,使钻孔轨迹回到或接近原设计轨迹轴线,以满足施工需要。纠斜措施分为顶角纠正、方位角纠正和顶角-方位角同时纠正三种形式。

1. 钻孔轴线轨迹简便计算方法

(1)钻孔轴线空间位置计算采用直角坐标系,一般定义 y 轴正向为正北方向,或定义 x 轴为勘探线方向(斜孔设计方向)。

表 4-13　常用钻孔测斜仪

技术性能	仪器型号				
	JDP-1	XJD-45	JXC-1	JXK-2	STL-1GW
顶角测量范围	0°~90°	0°~90°	0°~50°	0°~50°	0°~50°
精度	<1°	±1°	±30′	±30′	±0.1°
方位角测量范围	—	0°~360°	—	4°~356°	0°~360°
精度	—	θ>2°,<±2°	—	θ=3°~5°,<±4°	±4°
测量方式	度盘直读	度盘直读	直流电桥	直流电桥	无线存储式
下孔方法	钢丝绳	钢丝绳	电缆	电缆	钢丝绳
状态控制方法	钟表机构	钟表机构	磁铁转换机构	微电机	倾角传感器、陀螺传感器
一次下孔测量点数	单点	单点	多点	多点	多点
耐液压(kgf/cm^2)	—	100	200	150	15
耐温(℃)	—	—	60	60	85
探管外径(mm)	63.5	45	65	40	40

(2)钻孔轴线的空间位置用轴线上每一点的三维坐标表示。

(3)为简化计算过程,常将钻孔轴线轨迹视为三维折线。

(4)一般采用均角全距法或全角半距法计算每一测点三维坐标。

2. 纠斜钻进技术要点

纠斜点应选择在相对完整和较软岩层的孔段;孔底应无脱落、残留岩心,磨平孔底并捞净岩粉后再下纠斜钻具;纠斜钻具要缓慢下放,轻压慢转,逐步加大钻压钻进;钻进时不要提动钻具;使用偏心楔时,要将其卡牢,严防转动或下沉。

【习题】

一、判断题(下列判断正确的打"√",错误的打"×")

(　　)1. 冲击回转钻进是钻头在静压作用下进行回转,同时辅以纵向冲击动载。

(　　)2. 硬质合金冲击回转钻进宜选用高频低功型冲击器。

(　　)3. 风动冲击器又称风动"潜孔锤",用压缩空气作为动力介质。

(　　)4. 定向钻进是利用地层自然弯曲规律或人工造斜工具使钻孔钻达预定目标的一种钻进方法。

(　　)5. 钻探施工中由于自然或技术因素的影响,实际钻孔轨迹偏离设计轨迹的现象称为钻孔弯曲或孔斜。

二、单项选择题(下列选项中,只有一个是正确的,请将其代号填在括号里)

1. 金刚石液动冲击回转钻进适用于可钻性级别(　　)。

A. 6~12　　B. 8~12　　C. 4~6

2. 在中硬岩层造斜钻进,宜采用(　　)。

A. 孔底动力造斜器钻具　B. 连续造斜器　　C. 偏心楔

3. 泥浆泵高压胶管的内径不小于ϕ25 mm,耐压力不低于(　　)。

A. 5 MPa　　B. 15 MPa　　C. 10 MPa

4. 进行硬质合金液动冲击回转钻进时,钻机的最低转速不高于(　　) r/min。

A. 20　　B. 30　　C. 40

5. 金刚石冲击回转钻进参数一般与(　　)钻进相近。

A. 硬质合金　　B. 金刚石　　C. 复合片

三、多项选择题(下列选项中,至少有两个是正确的,请将其代号填在括号里)

1. 冲击器是冲击回转钻进的关键部件,种类繁多。目前根据所采用的动力不同分为(　　)。

A. 液动冲击器　　B. 风动冲击器

C. 机械作用式冲击器　　D. 混合动力冲击器

2. 阀式双作用液动冲击器主要有(　　)等类型。

A. 压差式　　B. 射流式　　C. 射吸式　　D. 复合式

3. 机械作用式冲击器:利用某种机械运动,使冲锤上下运动而产生冲击力,这些机械可以是(　　)等。

A. 电机　　B. 电磁装置

C. 涡轮　　D. 特种机构(如牙嵌离合器)

4. 冲击回转钻进主要采用(　　)钻头。

A. 硬质合金钻头　　B. 金刚石钻头

C. 硬质合金翼状钻头　　D. 牙轮钻头

5. 定向钻探造斜工具主要有(　　)等。

A. 偏心楔　　B. 直的同径钢质管材

C. 孔底动力造斜器钻具　　D. 连续造斜器

【参考答案】

一、判断题

1. √　　2. ×　　3. √　　4. √　　5. √

二、单项选择题

1. A　　2. C　　3. C　　4. C　　5. B

三、多项选择题

1. ABC　　2. ABCD　　3. ABCD　　4. ABCD　　5. ACD

第四节　钻探施工新技术、新方法

一、不提钻换钻头钻进

不提钻换钻头钻进是在绳索取心钻进基础上发展起来的一种钻进新方法,除具备绳索取心钻进功能外,可在不起下钻杆柱的情况下,实现对孔底钻头的更换。其实质是:采用绳索打捞方式,借助专用钻具或采用换钻头工具,将孔底服役钻头从钻杆柱底端卸开并打捞到地表,然后将新钻头送到孔底并安装在钻杆柱端;核心技术是不提钻换钻头钻具或专用的换钻头工具。与传统钻进方法相比不提钻换钻头钻进具有以下技术优势:

(1)减少起下钻次数及其辅助作业时间,通过提高纯钻时间比例,提高钻探效率。

(2)减少起下钻对钻孔的抽吸、挤压等影响钻孔稳定性的不利因素,改善孔内施工环境,减少孔内故障和事故,维持钻孔安全生产。

(3)降低劳动强度,改善钻探现场施工环境,消除疲劳操作和因起下能导致的事故隐患,为安全生产提供保障。

(4)及时根据钻头磨损情况调整钻头使用方案,使钻头与地层匹配。尤其在深孔和强研磨性、打滑、软硬频繁交替等要求频繁换钻头的地层这些优势尤为突出。我国探矿工艺研究所研制的扩孔张敛式不提钻换钻头钻具(BH 钻具),在我国钻探工程中实现了不提钻换钻头取心钻进。经过改进的 BH 钻具,还可用套管钻进方法。

二、大陆科学钻探

科学钻探是为地学研究目的而实施的钻探,它是通过钻孔获取岩心、岩屑、岩层中的流体(气体或液体)以及进行地球物理测井和在钻孔中安放仪器进行长期观测,来获取地下岩层中的各种地学信息,进行地学研究。按照区域划分,可分为海洋科学钻探、大陆科学钻探(包括陆地钻探和湖泊钻探)和极地科学钻探。科学钻探的钻孔深度浅至数十米,深至数千米甚至上万米,世界最深的科学钻孔(同时也是世界上最深的钻孔)是苏联完成的 12 262 m 深科拉超深钻。

(一)大陆科学钻探概况

1. 早期大陆科学钻探

大陆科学钻探始于 20 世纪 70 年代,直到 1996 年 2 月国际大陆科学钻探计划正式成立之前,许多国家实施或参与了大陆科学钻探计划。迄今为止,先后有苏联、德国、美国、法国、瑞典、瑞士和英国等国家实施过或正在开展大陆科学钻探活动,在科学深钻实践中,各国根据本国钻探技术水平和科学深钻项目的具体情况,采取了不同的钻探技术体系。

2. 国际大陆科学钻探计划(ICDP)

为了协调世界范围内的大陆科学钻探活动,减轻各国在实施该项活动时的成本和风险,实现成果共享,最终促进大陆科学钻探在地学研究中的推广应用,1996 年 2 月由德国、美国和中国发起成立了“国际大陆科学钻探计划(ICDP)”,其总部设在位于德国波茨坦的德国地学研究中心(GFZ), ICDP 成立至今已 25 年,共有 24 个成员,包括德国、美国、中国、日本、墨西哥、波兰、加拿大、奥地利、冰岛、挪威、意大利、西班牙、瑞典、法国、以色列、捷克、南非、芬兰、新西兰、瑞士、印度和荷兰共 22 个国家,以及联合国教科文组织(UNESCO)和斯伦贝谢公司两个团体成员。

该计划从启动以来,已资助了数十个科学钻探项目,还有新的国家和团体加入或申请加入该计划。我国的“中国大别一苏鲁超高压变质带大陆科学钻探项目”“青海湖科学钻探项目”和“白垩纪松辽盆地大陆科学钻探项目”先后被列为ICDP项目,得到了国际大陆科学钻探计划组织的资助。

(二)中国大陆科学钻探工程项目

1. 科钻一井钻探技术

我国从2001年开始实施“中国大陆科学钻探工程”,经历了4年时间,在江苏省东海县坚硬的结晶岩中施工了一口5 158 m深的连续取心钻井(科钻一井),目的是研究大别一苏鲁超高压变质带的折返机制。科钻一井创造性地将“组合式钻探技术”“灵活的双孔方案”和“超前孔裸眼钻进方法”有机地结合起来,形成了一套独具中国特色的坚硬结晶岩取心钻探施工的技术体系,主要采取了螺杆马达-液动锤-金刚石提钻取心钻进技术方法,该技术体系对科钻一井成功实施起到关键性作用。

2. 松科一井钻探工程

2006—2007年在大庆实施了松科一井钻探工程,该项目采用“一井双孔”的方案,南北两井相距200多km,孔深分别为1 810 m和1 915 m,共取心2 485. 89 m,岩心采取率96. 46%,以研究白垩纪地球表层系统重大地质事件与温室气候变化。

2014年4月至2018年5月,在黑龙江省安达市实施了松辽盆地大陆科学钻探工程即松科二井,完井深度7 018 m,成为亚洲国家实施的最深大陆科学钻井。该钻井的实施创造了311 mm大口径、连续取心最长、三种不同口径、单回次取心最长四项世界纪录。在世界上首次研发并成功应用大口径一次取心成井等技术。联合中国地质大学(武汉)成功研发抗高温钻探技术,创造国内最高温度(241 ℃)条件下钻进的新纪录。

3. 其他科学钻探

2005年实施了青海湖国际环境钻探项目,采用美国湖泊钻探公司(DOSECC)的GLAD-800湖泊钻探取样系统在青海湖中钻取岩心。

汶川特大地震发生之后,从2008年10月开始,我国组织实施了旨在研究地震机制和进行地震监测预报的汶川地震断裂带大陆科学钻探项目,该项目实施了科学钻孔,钻孔深度范围为551. 54~2 338. 77 m。在钻进过程中,遇到过多次地震活动的作用,地层破碎,钻孔涌水,钻孔上部多处垮塌,下部严重缩径,导致卡钻、埋钻等事故频繁发生,钻进难度极大。通过采用“半合管取心”“高比重泥浆压力平衡”和“抑制地层膨胀”等有效技术,解决了破碎地层的取心、钻孔缩径卡钻等难题,以较高的采心率获取了原状性好的岩心,保证了钻探施工安全顺利进行,为地学研究提供了良好的实物样品。

三、膨胀套管技术

(一)膨胀套管原理

可膨胀套管是一种由特殊材料制成、具有良好塑性的金属钢管,下入井内后进行膨胀,在冷作用硬化效应下,管材强度和刚性得到提高,膨胀变形后的机械性能达到普通套管钢级的水平。

(二)膨胀套管的类型

膨胀套管的类型见表4-14。

表 4-14 膨胀套管的类型

类型	用途
有缝膨胀套管	主要用于临时隔离漏失、涌水、遇水膨胀缩径、破碎、掉块、坍塌等复杂地层
无缝膨胀套管	圆形断面,8 字形断面,用于漏失严重且需长期护壁或在以后的生产中需封堵无须采矿孔段

(三)地质勘探膨胀套管

地质勘探使用膨胀套管的主要是用于堵漏护壁,且钻机和泥浆泵的能力小,钻孔一般较浅,对膨胀管的强度要求不是很高,所以地质钻探中尽量使用强度低、壁厚小、延展性好的低碳钢管材,如 20 号或 30 号钢即可。

(四)膨胀方式

膨胀套管的膨胀方式有很多,如液压膨胀、气压膨胀、机械膨胀。根据地质钻探的特点,常用的是机械膨胀法。机械膨胀有实心反拉和旋转拟合两种。

四、其他钻进技术

(一)热熔钻进

1. 热熔钻进原理

热熔钻进技术是通过热熔钻头所产生的高温(1 200~1 600 ℃)使井底钻头周围的岩石处于熔融状态,并在一定的钻压下进行挤密成孔的一种新的钻进方法。熔融态的岩石填充孔壁上的裂缝或孔隙,依附在孔壁上,冷却后形成玻璃质(陶瓷)套管。

2. 热熔钻进关键技术

热熔钻进要从以下几个方面加以研究,提高热熔钻机技术。一是要有耐高温抗氧化的热熔钻头体材料,即在高温下应该具有足够的强度、硬度、抗氧化、抗腐蚀、导热好、耐磨损等优良性能;二是要有耐高温抗氧化的发热元件材料;三是热熔钻头的热熔器前端形状一般为锥形,过渡到后部圆柱形,以便于形成孔壁和起拔;四是供电方式的设计目前一般采取电加热方式;五是热熔原理等理论方面的研究;六是钻进规程参数的优化,即岩石性质不同,钻进中所需熔化温度、熔化凝固玻璃态物质及熔化速度都不同,所采用的钻进规程也应有所差异,以提高钻速,降低功耗。

(二)激光钻探

激光钻探是一种全新的快速钻进技术,又称激光钻进,从本质上讲,激光钻探就是利用强激光与岩石的相互作用。

1. 激光钻进原理

它的基本原理是利用聚能激光束直接辐照岩石表面,使其局部骤然升温至高热熔化和气化状态,形成气液混合物,然后由高速辅助气流将混合物携走和排除,以便快速形成井眼。

为了增强热冲击的作用,还可以向要钻的部位喷射可膨胀的强力液体流,使要钻的材料成为细粒并喷出井口。液体射流和激光交替作用在要钻部位形成脉冲式的激光束和液体射流。液体射流所用液体特性要易于将材料熔化与震碎,有助于孔壁的光滑。为使从井眼中排出的碎屑离开地面设备,在井口可安装转向器,喷出强液体射流。当从井眼喷出震碎的岩屑时,使其改变方向吹离井口。

2. 激光钻探研究方向

目前,国内外所有的研究都还只是局限于实验室验证阶段,从实验室到工业化还有很长的路要走。当前要研究解决的主要问题有以下几个方面:一是激光破岩机理的研究;二是激光钻进排屑问题;三是激光钻进孔壁的稳定性问题;四是激光钻进机具的研制;五是激光钻进工艺参数的研究。

【习题】

一、判断题(下列判断正确的打"√",错误的打"×")

(　　)1. 不提钻换钻头钻进,是在绳索取心钻进基础上发展起来的一种钻进新方法。

(　　)2. 激探就是利用强激光与岩石的相互作用而实现快速钻进的新钻探技术。

(　　)3. 地质勘探使用膨胀套管主要是用于堵漏护壁,且钻机和泥浆泵的能力小,钻孔一般较浅,对膨胀管的强度要求不是很高,所以地质钻探中尽量使用强度低、壁厚小、延展性好的低碳钢管材,用普通钢即可。

(　　)4. 我国探矿工艺研究所研制的扩孔张敛式不提钻换钻头钻具(BH 钻具),在我国钻探工程中实现了不提钻换钻头取心钻进。

(　　)5. 将孔底服役钻头从钻杆柱底端卸开并打捞到地表,然后将新钻头送到孔底并安装在钻杆柱端;核心技术是不提钻换钻头钻具或专用的换钻头工具。

二、单项选择题(下列选项中,只有一个是正确的,请将其代号填在括号里)

1. 可膨胀套管是一种由特殊材料制成、具有良好塑性的(　　)管材。

A. 塑料管　　B. 金属钢管　　C. 复合管材

2. 热熔钻进技术是通过热熔钻头所产生的高温(　　),使井底钻头周圆的岩石处于熔融状态,并在一定的钻压下进行挤密成孔的一种新的钻进方法。

A. 300~600 ℃　　B. 600~800 ℃　　C. 1 200~1 600 ℃

3. 我国从 2001 年开始实施"中国大陆科学钻探工程",经历了 4 年时间,在(　　)施工了一口 5 158 m 深的科钻一井。

A. 海南省　　B. 辽宁省　　C. 江苏省

4. 世界最深的科学钻孔(同时也是世界上最深的钻孔)是由(　　)完成的 12 262 m 深科拉超深钻。

A. 美国　　B. 中国　　C. 苏联

5. 2014 年 4 月至 2018 年 5 月,我国在黑龙江省安达市实施了松辽盆地大陆深部科学钻探工程即松科二井,在世界上首次研发并成功应用(　　)成井技术。

A. 小口径一次取心　　B. 大口径一次取心　　C. 耐高温钻头钻进

三、多项选择题(下列选项中,至少有两个是正确的,请将其代号填在括号里)

1. 与传统钻进方法相比,不提钻换钻头钻进具有以下(　　)技术优势。

A. 减少起下钻次数及其辅助作业时间,通过提高纯钻时间比例,提高钻探效率

B. 减少起下钻对钻孔的抽吸、挤压等影响钻孔稳定性的不利因素,改善孔内施工

环境,减少孔内故障和事故,维持钻孔安全生产

C. 降低劳动强度,改善钻探现场施工环境,消除疲劳操作和因起下能导致的事故隐患,为安全生产提供保障

D. 及时根据钻头磨损情况调整钻头使用方案,使钻头与地层匹配

2. 不提钻换钻头尤其在(　　)的地层这些优势尤为突出。

A. 深孔　B. 强研磨性　C. 软硬频繁交替　D. 打滑

3. 科学钻探是为地学研究目的而实施的钻探,它是通过钻孔(　　)来获取地下岩层中的各种地学信息,进行地学研究。

A. 获取岩心　B. 岩屑　C. 岩层中的流体(气体或液体)

D. 钻孔中安放仪器进行长期观测　E. 地球物理测井

4. 科学钻探可分为(　　)。

A. 海洋科学钻探　B. 大陆科学钻探　C. 极地科学钻探　D. 坑内钻探

5. 膨胀套管的膨胀方式有很多,如(　　)。

A. 化学膨胀　B. 液压膨胀　C. 机械膨胀　D. 气压膨胀

【参考答案】

一、判断题

1. √　2. √　3. ×　4. √　5. √

二、单项选择题

1. B　2. C　3. C　4. C　5. B

三、多项选择题

1. ABCD　2. ABCD　3. ABCDE　4. ABC　5. BCD

第五章　工程地质钻探

工程地质钻探是工程地质工作的重要组成部分,在进行国土整治与开发、城市规划与建设、水利水电建设规划与开发,以及铁路、交通、国防工程建设中,为直接取得地下地质实物资料和野外试验资料的最主要、最有效的技术方法。它的基本任务是在工程地质测绘及物探工作的基础上,揭露并划分地层、测定界线;鉴定和描述岩土的岩性、成分和产状;了解地质构造及不良地质现象的分布、界限及形态等;通过钻孔原位测试、水文地质试验与观测,采取各类原状或扰动样品,提供室内试验,以了解岩土体的物理力学性质,为评价、规划和进行各类工程建设项目提供必需的地质数据及资料。

第一节　工程地质钻探基本知识

一、基础地质知识

(一)土的分类

根据各类土堆积年代、地质成因、颗粒级配或塑性指数等可作如下分类:

(1)按堆积年代分为老堆积土、一般堆积土、新近堆积土。

(2)据地质成因分为残积土、坡积土、洪积土、淤积土、冰积土和风积土。

(3)按有机质含量分为无机土、有机质土、泥炭质土和泥炭。

(4)按颗粒级配或塑性指数分为碎石土、砂土、粉土和黏性土。

(二)土的物理性质

土由固体、液体、气体三部分组成,其中固体是土粒,其矿物成分主要有原生矿物、次生矿物和有机质,液体主要是水和水溶液,气体是存在于孔隙中的气体。

土的主要物理性质指标是相对密度、质量密度、含水量、孔隙比、孔隙率。

(三)土的力学性质

土的渗透性是指在水力坡度(水压差)的作用下,水穿过土体的能力。水在土中的渗流有时会使土体发生变形或破坏,这种现象称为渗透变形,它包括流土和管涌两大基本类型。

土的压缩性是指土体在压力作用下,孔隙比会因孔隙中的气体或水排除而减少,从而导致土体积的缩小,这种性质称为土的压缩性。

单位面积土体在受平行于土体剪切面的力的作用下,土体产生变形破坏的极限应力称为土的抗剪强度,单位为 kPa 或 MPa。土的抗剪强度可分为无黏性土的抗剪强度、非饱和黏性土的抗剪强度和饱和黏性土的抗剪强度。

二、各类工程勘查钻探的工作要点

(1)区域工程地质调查钻探。其目的是揭露埋藏的岩土体地质结构及水文地质条件,了解岩土体的工程地质性质。

(2)场(厂)址地基钻探。选择场(厂)址地基钻探是工业及民用建筑、水利水电工程、机场、港口及国防工程等各类场(厂)址工程地质钻探的第一个阶段,其目的是为规划选点或场地可行性研究以及初勘阶段提供地质资料,对拟选场(厂)址在地质上的稳定性和适宜性做出评价,当已有资料不满足要求时布置钻探工作。

(3)专门工程勘查钻探。通常包括高层建筑基础工程、动力基础工程、取水工程、桥涵工程、线路工程、隧洞工程等,其钻探目的是为满足专门工程进行设计施工的需要,解决与设计施工有关的工程地质问题,提供相应的工程地质资料。

(4)线路工程勘查钻探。主要包括工厂的铁道专用线、公路专用线、重型车辆试车道和架空索道,输电线路及给排水管道的地基钻探是在工程地质测绘不能满足设计要求时进行。

(5)桥涵工程钻探。其主要目的是查明桥涵基底、河床及两岸墩台、构筑物地段的地层结构、岩性特征,软土地基上墩台的稳定性和不良地质现象的类型、分布、规模及发育程度;判明地基不均匀沉降及斜坡不稳引起桥涵变形的可能性,提供地基土的物理力学性质及容许承载力;查明河床及两岸的水文地质条件,确定地层渗透性能,判明地下水及地表水对基础侵蚀性,基坑发生涌水、流沙的可能性;查明河流变迁及两岸的冲刷情况等。

(6)隧道工程钻探。其主要目的是查明隧道通过地段的地层岩性、构造及影响洞口和围岩稳定性的工程地质、水文地质条件。

(7)滑坡钻探。通常是在有滑坡迹象或已发生滑坡的地区进行,目的主要是查明滑坡的类型、滑动层面位置及要素,观测滑坡的稳定程度及深部的滑动动态,预测其发展趋势以及提出对滑体进行防滑整治的措施等。

(8)地面沉降工程钻探。通常是在已经发生或可能产生地面沉降的地区进行,根据地面沉降状况的不同,进行长期观测及有关试验,如地下水动态、土层应力状态、地面变形动态及土层分层变形动态的长期观测以及人工回灌井等项目测试与防治工作。

三、工程地质钻探钻孔施工基本流程

工程地质钻探钻孔施工基本流程如下。

(1)明确钻孔目的。对工程地质钻孔而言,钻孔目的是由设计方案或业主方提出,如地基一般是通过钻孔取样测定岩土的物理力学性能,特别是承载能力、持力层深度、发现不良地质现象等，为设计基础或开挖支护、建设经费预算提供依据。

(2)确定钻孔结构参数。根据钻孔目的和设计要求，确定钻孔终孔口径，根据地层条件，如完整性、含水性及地层的其他特性，确定开孔口径，必要时还应确定套管程序。

(3)确定钻进方法。对于工程地质钻孔来讲，钻进方法的确定主要是根据钻孔目的和钻孔结构，仔细分析地层的特性，如完整性、可钻性、构造特性等，确定一种或两种钻进方法，以达到工程目的。

(4)选定钻机及附属设备。根据确定的钻孔结构、钻进方法及终孔孔深来选定合适的钻机及其附属设备。

(5)钻探工艺的确定。在钻进方法确定后，钻探工艺是顺利完成钻孔的关键，主要包括钻进级配、钻进规程参数、护壁堵漏材料及工艺等。

(6)钻探质量保证措施。钻探质量要求主要是设计方或业主方的要求，有的依照钻探质量六项指标，有的根据工程地质钻探施工目的提出专门要求。

四、取心工具配备

(一)回转钻进取心钻具

在钻探工艺技术方面，除其他影响因素外，取心钻具的结构形式是影响岩(矿)心采取率的重要因素，取心钻具的种类很多，主要分为单管、双动双管、单动双管。

(二)冲击钻进取心钻具

(1)洛阳铲。是一种半圆形铲头，尾部有套圈，接在一根长约 2 m 的木杆上。钻进时用人力操作，先使钻头对准钻孔中心，借冲击力入土，然后拔出铲头将随着的土带出，继续插入和拔出，即可不断钻进。观察带出的土则能了解土层情况。洛阳铲可钻探深度为 10~20 m。

(2)抽筒钻进取样钻具。抽筒钻进也称管钻钻进，抽筒筒身呈筒状，底部作为切削刃口并淬火，刃口角度 15°~20°。抽筒用于采取已被冲碎的岩屑，也可直接用来钻进。钻进时每分钟冲击频率为 30~45 次，提升高度为 0.3~0.4 m。抽筒钻进适用于松散的砂砾石层、黏土层及流沙层。

(三)原状采土器及水样采取工具

(1)限制球阀式取土器。在采取土样时，取土器能顺利切入土层，不破坏土的结构，提取时不掉土，取土器的直径大小一般不小于 89 mm。取土器的长度对老性黏土和一般黏性土，不宜大于其直径的 3 倍；对软土，不宜大于其直径的 4 倍。土样的长度一般为其直径的 1.5~3 倍，取土器刃口角度一般为 10°~15°，并应进行热处理。

(2)水样采取工具。取水样用的取水器一般有虹吸取水器和定深取水器两种。

五、工程地质钻探质量指标

衡量工程地质钻探质量的指标主要是岩土样的采取与整理、钻孔弯曲度、校正孔深、简易水文观测、原始报表和封孔六项指标。

按设计要求采取岩土样品，以确定地层的物理力学性质，为设计部门提供准确的地质资料数据，同时也为地质编录、绘制地层剖面图提供实物依据，使之能准确、全面地反映地层结构、构造及特性。

各类工程地质勘查钻孔，每 100 m 孔深(段)，垂直孔顶角不允许超过 2°，斜孔不超过 3°；钻探施工中，孔深记录必须与实际相符，以便正确反映目的层的所在深度位置，从而能正确地确定目的层的埋藏深度、厚度、产状和形态，为工程设计与施工提供可靠的资料。

在钻探施工中，需要进行简易水文观测，以便了解工区内含水层厚度、数量、分布规律和含水层性质，作为专门水文钻孔的补充资料，为工程设计取得必要的水文地质资料。

钻探原始报表是钻探生产的原始记录，主要是指钻探班报表，金刚石钻头、扩孔器钻进记录表，简易水文观测记录表，封孔、测斜及一些特种工作的记录表等。

回填封孔方法一般用黏土回填捣实，必要时用水泥砂浆回填封孔。

【习题】

一、判断题(下列判断正确的打“√”，错误的打“×”)

(　　)1. 孔隙度的大小主要取决于岩石的密实程度及分选性，此外颗粒形状和胶结程度对孔隙度也有影响。

(　　)2. 土的压缩性是指土体在压力作用下，孔隙比会因孔隙中的气体或水排除而减少，从而导致土体积的缩小。

(　　)3. 隧道工程钻探主要目的是查明隧道通过地段的地层岩性、构造及影响洞口和围岩稳定性的工程地质、水文地质条件。

(　　)4. 在进行钻探设备安装时，为保证施工进度，可将设备简易安装后马上开钻。

(　　)5. 冬季施工时，在泥浆泵停泵后可不放净缸筒内冲洗液。

(　　)6. 使用洛阳铲，可钻进深度为 10~20 m。

(　　)7. 钻探设备的性能参数高，钻探质量的保证度就一定高。

(　　)8. 通常维修性好的设备，结构都较合理，易拆易装，零部件标准化程度高。

(　　)9. 土的渗透性是指在水力坡度(水压差)的作用下，水穿过土体的能力。

(　　)10. 用人力启动柴油机时应握紧摇把，不得中途松手，启动后立刻抽出摇把，严禁多人同时握摇把启动。

二、单项选择题(下列选项中，只有一个是正确的，请将其代号填在括号里)

1. 对钻探影响最大的构造运动是(　　)。

A. 产状　　B. 层理　　C. 断裂

2. 泥浆压力平衡钻进的目的是平衡(　　)。

A. 钻具压力　　B. 地层压力　　C. 地层水压力

3. 岩石抵抗其他物体压入的能力称为岩石的(　　)。

A. 硬度　　B. 强度　　C. 弹性

4. 钻孔的弯曲是指钻孔实际轴线偏离(　　)的现象。

A. 设计轴线　　B. 设计轴线　　C. 铅垂线

5. 冲击钻进方法可以钻进(　　)孔。

A. 垂直　　B. 倾斜　　C. 任意角度

6. 选择钻进方法的依据之一是岩石的(　　)。

A. 孔隙裂度　　B. 产状　　C. 可钻性

7. 当遇到大漂石时，应采用(　　)的钻进规程。

A. 高拉猛冲　　B. 小冲击高度、轻钻具重量

C. 小冲击高度、大钻具重量

8. 随着岩石强度值的提高，破碎岩石的效果(　　)。

A. 升高　　B. 降低　　C. 不变

9. 导管法的底管长度不应小于(　　)。

A. 4 m　　B. 2 m　　C. 1 m

10. 选择孕镶金刚石钻头的胎体硬度的主要依据是(　　)。

A. 完整性　　B. 可钻性　　C. 研磨性

三、多项选择题(下列选项中，至少有两个是正确的，请将其代号填在括号里)

1. 土是由(　　)组成。

A. 固体　　B. 液体　　C. 气体

2. 钻机安装必须保证(　　)在一条水平直线上。

A. 主轴中心　　B. 钻孔中心　　C. 天车中心

3. 柴油机在启动前应检查(　　)是否齐全正常。

A. 燃油系统　　B. 润滑系统　　C. 冷却系统　　D. 电气系统

4. 钻具取心工具主要分为(　　)三种。

A. 单管钻具　　B. 双动双管钻具　　C. 单动双管钻具

5. 岩土工程勘察场地的等级主要根据场地的复杂程度进行划分，可分为三个等级(　　)。

A. 简单场地　　B. 中等复杂场地　　C. 复杂场地

6. 取水样用的取水器一般分为(　　)。

A. 虹吸取水器　　B. 定深取水器　　C. 水桶

7. 岩土工程勘察和技术手段主要有(　　)几种。

A. 工程地质测绘　　B. 勘探与取样

C. 原位测试与室内实验　　D. 现场检验与监测

8. 滑坡钻探的目的主要是(　　)。

A. 查明滑坡的类型、滑动层面位置及要素

B. 观测滑坡的稳定程度及深部的滑动动态

C. 预测其发展趋势以及提出对滑体进行防滑整治的措施

9. 衡量工程地质钻探质量的指标主要有(　　)。

A. 岩土样的采取与整理、钻孔弯曲度

B. 校正孔深、简易水文观测　　C. 原始报表和封孔

10. 工程地质钻探钻孔施工基本流程为(　　)。

A. 明确钻孔目的　　B. 确定钻孔结构参数

C. 确定钻进方法及选定设备　　D. 钻探工艺的确定

【参考答案】

一、判断题

1. √　2. √　3. √　4. ×　5. ×　6. √　7. ×　8. √　9. √　10. √

二、单项选择题

1. C　2. B　3. A　4. B　5. A　6. C　7. A　8. B　9. A　10. C

三、多项选择题

1. ABC　2. ABC　3. ABC　4. ABC　5. ABC　6. AB　7. ABCD
8. ABC　9. ABC　10. ABCD

第二节　工程地质钻探钻进方法

确定钻探方法的主要根据是岩石的物理机械性能,也就是岩石的可钻性。可钻性一般指岩石被工具破碎的难易程度,或者说岩石抵抗工具破碎的能力。按照钻进方法的不同,可分为冲击钻进、回转钻进、振动锤钻进等。

一、冲击钻进

冲击钻进主要分为人力冲击和机械冲击方法,适用于杂填土、黏性土层、黏土夹砾石、砂层、砂砾石层及卵石等地层钻进,施工时可根据使用的设备实际合理选用,主要分为人力冲击钻进和机械冲击钻进。人力冲击钻进一般分为洛阳铲钻探及人力抽筒钻进。

二、回转钻进

回转钻进一般分为人力回转钻进和机械回转钻进两种类型。

(一)人力回转钻进

人力回转钻进一般采用螺旋钻和勺钻,适用于浅孔的黏性土层和砂质黏土层钻进与采取扰动土样。

(二)机械回转钻进

机械回转钻进适用于第四纪覆盖层和基岩地层钻进,是目前工程地质钻探常用的钻进方法。

(1)硬质合金钻进。其适用于1~6级地层及部分7~8级研磨性弱的岩石中钻进,钻头的类型应根据岩层物理机械性质和经济技术合理性等因素确定。硬质合金钻进技术参数的选择,应根据岩石性质、钻头结构、设备能力、孔壁稳定情况、保证质量要求等因素选择。

(2)金刚石钻进。其采用的是以高转速为主体的钻进规程,即为了充分发挥金刚石硬而耐磨的特性,采用高的转速同时考虑到金刚石性脆而又不耐高温的弱点,配以适当的压力,尽量减少对金刚石的振动冲击作用,并有足够的冲洗液量,保证钻头得到充分的冷却。

三、振动锤钻进

振动锤钻进适用于砂、砂黏土、黏性土及卵砾石和小碎石等地层,可钻深度60~70 m,根据工程口径要求,其岩心管可用直径为89~168 mm无缝钢管制成,长度1.5~2.5 m,管的轴向侧面开有1~2个窗口,长度一般为500~700 mm,总宽度为岩心管本体直径的0.3~0.6倍,黏性差的土层,窗口宽度小些,反之窗口宽度大些。管靴上部通过丝扣与岩心管连接,下部有刃口,刃口锥度角为10°~20°并经淬火处理,管靴外径应比岩心管外径大 2~4 mm,内径则应小 2~4 mm。振动锤振动频率要适宜,一般为 1 200~2 500 次/min 为宜。振动锤工作时,最大振动力应比钻具重量大 20%~30%。振动锤有调节振动力大小的可调装置,随孔深增加、钻具重量加大,可适当调节振动力大小。

四、特殊条件下钻进

(一)砂层钻进

砂层的特点是结构松散,孔壁不稳定,经常发生坍涌等现象。砂层钻进应配备双套或多套钻具,钻进中要分秒必争,快速通过,尽力减少各道环节停待时间;使用泥浆护孔时,应根据砂层的透水性、流动性、颗粒大小、厚度及埋深等情况,选用不同性能的优质泥浆,一般泥浆黏度控制在 22~28 Pa·s,失水量 10~15 mL/30 min 以下,比重 1.15~1.2,提钻时应随时向孔内回灌泥浆;采用跟套管钻进时,套管直径应比粗径钻具直径大 1~2 级;钻具下至孔底后,应采用边回转、边送水、边提动钻具、边跟套管的操作方法;套管外环间隙,必须进行妥善封堵,以防砂子堵塞套管。

(二)块石、砂卵石、漂石地层钻进

在松散、粒径小于 0.2 m 的卵石、漂石层钻进时,可采用一字型钻头或十字型钻头冲击钻进,下入平阀管钻抽取。若岩层松散,可向孔内投入适量的黏土球,然后采用冲击钻进。若砾石块较大,冲击钻进无效时,可改用硬质合金钻进。

(三)破碎带地层钻进

在松软、脆碎、胶结性差、怕冲刷、易溶蚀岩层钻进应采用双层岩心管或无泵钻进,钻头出刃要大些,一般为 1.5~2 mm ,钻压、转速、冲洗液量要适当减少,回次进尺以 0.5 m 为宜;采用无泵钻进,孔底要保持清洁,操作时要经常提动钻具,软地层提动高度为 80~100 mm,硬地层提动高度为 50~80 mm;钻压不宜过大,软地层为 1.5~2 kN ,硬地层为 2~4 kN ;转速一般为 100~150 r/min ;使用泥浆黏度不宜过高,控制在 18~20 Pa·s,失水量控制在 10~15 mL/30 min 以下。

(四)膨胀性地层钻进

当遇有裂隙构造很发育的黏土、断裂泥、泥灰岩、泥质页岩等岩土构成的地层,均具有遇水膨胀而引起的钻孔缩径的现象。在此类地层中钻进,要使用优质泥浆,失水量应控制 30 min 内不超过 8 mL,泥浆黏度保持在 18~20 Pa·s,比重为 1.1~1.5,含砂量小于 4%的泥浆护壁,此种性能的泥浆可以预防钻孔的缩径和黏钻。

(五)岩溶地层钻进

在岩溶较为发育的地区进行钻探过程中,当发现钻具骤然下落、岩层变软、进尺加快、有异声出现、漏水涌砂或采上来的岩心有钟乳石及溶蚀现象,操作人员应判断是否遇到了岩溶地层。在岩溶地层钻进,钻具转速应用低速为宜,并合理选择孔径,当钻穿洞穴顶板时,要立即停钻,操纵卷扬机使钻机缓缓下落,到达洞穴底板为止。整个过程中要详细记录相对底板内深度,充填物的有无、多少、性质,水文地质情况等。

(六)滑坡地段钻进

在滑坡体上进行钻探施工,应先从坡顶布打钻孔,要设专人负责监视滑动位移情况,雨季更要注意观察,发现异常应及时采取安全措施,以确保人身和设备安全。根据施工地层情况、滑动体稳定程度、滑动面位置及坡底岩性等情况，确定下套管方法以及深度。

（七）冻结地层钻进

在冻结地层钻进时要防止钻具转动摩擦孔内温度升高而导致冻土之岩心融化成粉，影响地质人员对地层描述的正确性，同时要防止钻具被冻结在钻孔中。为防止冻土岩心因钻头回转摩擦生热熔融，钻孔直径不宜小于130 mm；钻进第四纪松散地层时，宜采用无泵干钻法；钻进中如发现孔底温度有明显升高时，可采用双层岩心管冲洗液钻进。

【习题】

一、判断题（下列判断正确的打“√”，错误的打“×”）

（　）1. 人力抽筒冲击钻进的钻具由抽筒、冲击钻杆及钢丝绳接头等组成，采用人拉钢丝绳或通过平衡杆进行冲击。

（　）2. 采用机械冲击钻进时，用水压或泥浆护孔时，应随时注意向孔内注满清水或泥浆，保持孔内液柱以平衡地层压力，严禁将钻具静放在孔底。

（　）3. 表镶金刚石钻头破碎岩石方式是以压裂压碎、剪切切削为主，而孕镶金刚石钻头破碎岩石以磨削碎岩为主。

（　）4. 在岩溶地层钻进，钻具转速应用低速为宜，并合理选择孔径，当钻穿洞穴顶板时，要立即停钻，操纵卷扬机使钻机缓缓下落，到达洞穴底板为止。

（　）5. 在冻结地层钻进回转时，钻进时间不宜过长，回次进尺不宜过多，转速宜采用中速或低速。

二、单项选择题（下列选项中，只有一个是正确的，请将其代号填在括号里）

1. 确定钻探方法的主要根据是岩石的物理机械性能，也就是岩石的（　）。

A. 可钻性　　B. 研磨性　　C. 硬度

2. 适用于黄土地层，对不含碎石的黏性土地层，在地下水位以上又不取原状土样的浅孔（一般不超过20 m），可使用（　）钻探。

A. 洛阳铲　　B. 硬质合金　　C. 金刚石

3. 破碎带地层钻进，泥浆黏度应控制在（　）。

A. 13～15 Pa·s　　B. 18～20 Pa·s　　C. 25～30 Pa·s

4. 为增强钻具的导向和稳定性，钻具尽量（　）。

A. 长而直、粗而重　　B. 短而直、细而轻　　C. 长而细、短而重

5. 扩孔钻进时，为了减少施工顺序，应该（　）。

A. 减少扩孔级数，增大扩孔级差　　B. 增多扩孔级数，减少扩孔级差

C. 增多扩孔级数，增大扩孔级差

三、多项选择题（下列选项中，至少有两个是正确的，请将其代号填在括号里）

1. 按照钻进方法的不同可分为（　）。

A. 冲击钻进　　B. 回转钻进　　C. 振动锤钻进

2. 在人力抽筒冲击钻进中，遇到坍塌涌砂现象，可根据实际情况，分别采用（　）等措施护孔钻进。

A. 水压　　B. 泥浆　　C. 跟管

3. 金刚石钻头扩孔器的作用是(　　)。

A. 修整孔壁,保持孔径　　B. 扶正钻具及钻头

C. 减轻钻头负担,延长钻头寿命

D. 单管钻进中起卡簧座和卡簧限制器作用

4. 振动锤钻进应遵守下列规定(　　)。

A. 起动振动锤后,不得一次放绳太多,为防止锤倾斜

B. 振动锤与钻具连接丝扣必须拧紧

C. 使用电动驱动的振动锤时,不得反向运转

D. 振动锤钻进遇有孔内阻力,严禁强力提拉

5. 影响水泥浆性能的主要因素是(　　)。

A. 水泥颗粒的细度　　B. 水灰比的大小

C. 使用时的环境温度　　D. 外添加剂

【参考答案】

一、判断题

1. √　2. √　3. √　4. √　5. √

二、单项选择题

1. C　2. A　3. B　4. A　5. A

三、多项选择题

1. ABC　2. ABC　3. ABCD　4. ABCD　5. ABCD

第三节　工程地质钻探配套工艺

一、钻探工艺选择

(一)钻进方法的选择依据

(1)钻探目的:如遇未扰动土样采取取土器击入,地基勘察主要是确定持力层和发现不良地层,取心要求高。

(2)地层:软地层用硬质合金,硬地层、破碎地层用金刚石钻进。

(3)孔深:孔浅一般用合金,孔深一般用金刚石。

(4)钻探质量:钻孔质量要求高、钻孔难度大时一般用金刚石钻进,一般钻孔则可以用合金钻进。

(二)工艺方法的选择依据

(1)钻探目的:如有些工程地质钻探不允许用泥浆,不允许用回转钻进。

(2)地层:地层完整用清水钻进,不完整易垮塌地层用泥浆钻进,表层破碎可用套管隔离,深孔段用堵漏材料等,地层压力低可用泡沫钻进。

(3)钻进方法:金刚石钻进应用低固相或无固相泥浆,气动潜孔锤要用压缩空气钻进。

二、工程地质钻探工艺操作

(一)开孔、换径、扩孔钻进操作

(1)开孔。开孔时,可以根据施工地层情况,进行人工挖坑(孔)或直接用开孔短管钻进。开孔钻进时应轻压慢转,每一回次进尺不宜太长,经几个回次钻进达到一定深度后,可视地层情况决定是否下入孔口管。在冲积层、堆积层或松散的砂土层开孔时,可使用肋骨钻头、刮刀钻头,也可使用合金钻头开钻。在使用泥浆冲洗液坍塌严重时,可从孔口灌注稠泥浆或投入黏土球,捣实后再钻进,直到钻入预定深度及时下入套管即可;在卵石层开孔时,可采用冲击钻头钻进,也可采用跟管钻进。

(2)换径。换径及改变孔深直径。换径钻进开始时,应采用轻压慢转法钻进,以防止换径中造成孔斜及孔偏;随着小径孔加深,及时加长小径岩心管长度,待钻进至 5 m 以上时,方可去掉大径导正管;换径后如采用金刚石钻进,应用锥形钻头将变径后形成的台阶修成锥形,以防下钻时在台阶处礅坏钻头。

(3)扩孔钻进。扩孔钻进时,转速应适当,保证钻具回转稳定;钻压均匀不宜过大,过大易将钻孔扩偏甚至出现新孔;在保证孔壁稳定的情况下可加大冲洗液量以利于排出孔内岩粉。如发现小眼堵塞,应透开小眼后再扩;如出现扩孔速度突然减慢或扩不走时,及时提钻检查。

(二)钻进取心操作

按钻进中破碎岩石用的切削、研磨材料不同,可把钻进方法分为三大类,即硬质合金钻进、金刚石钻进及钢粒钻进。根据钻进方式的不同,取心方法主要分为单管钻具取心方法、双管钻具取心方法、喷射式反循环取心方法。

三、钻孔实施方案制订

在制订钻孔实施方案时应了解钻孔施工目的,施工场地的交通、生活及现场具有的相关条件,并组织全体机台人员学习与本工程地质钻探相关的施工规范,明确钻孔的施工目的和要求。钻孔实施方案主要内容如下:①班组日进度计划表;②现场开挖、平整及简易道路修筑安排;③钻探设备的进场与安装安排;④在设备安装前与业主方(或监理)核对孔位,明确现场监理或业主方的联系方式和监理程序;⑤保证质量和提高效率的具体措施;⑥关键地段保证岩土样采取质量及其他质量要求的操作办法;⑦有关安全生产的注意事项;⑧燃料、材料计划;⑨安全防护措施;⑩成本及效益分析。

四、工程地质钻探新机具、新设备、新工艺

(一)新机具——贯通式潜孔锤

贯通式潜孔锤与普通潜孔锤的区别就在于潜孔锤轴向的中心有一个一定直径的通孔用于容纳岩心样,也作为反循环时岩心的上升通道。贯通式潜孔锤主要用于复杂地层钻进,如护壁困难、岩心采取率低、成本高、钻凿大口径水井循环介质上返流速低、不能有效挟带钻渣等。其特点是集空气洗井、冲击回转碎岩于一体,还可实现反循环连续取样。

(二)新设备

旋挖钻机:旋挖钻机性能卓越,是施工地下连续墙的专用设备,旋挖深度可达 38 m,孔径可达 1 500 mm,最大输出扭矩 100 kN · m,大大加快了岩土工程施工进度。

履带式全液压钻机:安装履带便于爬行,履带宽度可从 2.5~4 m 变化,可钻进大口径灌注桩,可实现跟管钻进、摆管钻进,适用于泥浆护孔钻进、套管护孔钻进、螺旋钻进成孔。

(三)新工艺——辐射井重力排(降)水工艺技术

辐射井的工作原理:辐射井主要是通过一口径约为 3 m(或 2 m×3 m)的竖井沉入含地下水地层后由井内向四周的含水层打出一定数量的水平孔(或带一定角度的仰孔),下入滤水管,将渗水汇集于井筒内排出,达到深层降水的目的。其特点是控制深度大,水平孔伸向含水层的范围广、层次多,一般控制半径可达 50 m 以上。

水平孔的施工一般采用水平钻机,由于空间有限,只能选用小型水平钻机,有时还需要跟进套管,直至设计深度,然后下入滤水管。

【习题】

一、判断题(下列判断正确的打"√",错误的打"×")

(　　)1. 由于工程地质钻探施工场地的交通条件都比较差,所以选择时一般选用重量轻、解体性好、耐用可靠的定型钻机。

(　　)2. 在进行换径操作开始时,应采用轻压慢转法钻进,以防止换径中造成孔斜及孔偏;随着小径孔加深,及时加长小径岩心管长度,待钻进至 5 m 以上时,方可去掉大径导正管。

(　　)3. 在丈量钻具时,可使用皮尺。

(　　)4. 扩孔钻进时,转速应适当,保证钻具回转稳定;钻压均匀不宜过大,过大易将钻孔扩偏甚至出现新孔。

(　　)5. 一旦发生埋钻事故,首先应尽最大可能恢复冲洗液的循环,只要能恢复冲洗液的循环,埋钻事故就有排除的可能。

二、单项选择题(下列选项中,只有一个是正确的,请将其代号填在括号里)

1. 在使用量具丈量钻杆时应使用(　　)。

A. 皮尺　　B. 钢尺　　C. 游标卡尺

2. 在冻结地层钻进时,为防止冻土岩心因钻头回转摩擦生热熔融,钻孔直径不宜小于(　　)。

A. 130 mm　　B. 110 mm　　C. 89 mm

3. 跟管钻进工艺主要适用于(　　)。

A. 漏失地层　　B. 松散破碎地层　　C. 易斜地层

4. 土粒天然密度的大小主要取决于土粒的(　　)。

A. 矿物成分　　B. 孔隙情况　　C. 含水情况　　D. 三者都相关

5. 液压拧管机是由(　　)驱动的。

A. 电动机　　B. 液压泵　　C. 液压马达

三、多项选择题(下列选项中,至少有两个是正确的,请将其代号填在括号里)

1. 钻机选型依据为(　　)。

A. 钻探目的及钻进方法
B. 孔深,钻机适用孔深是钻机的主要指标
C. 孔径,孔径与钻机能够输出的扭矩有关
D. 地质条件及场地交通条件

2. 土的矿物成分可分为(　　)三类。
A. 原生矿物　　B. 次生矿区　　C. 有机质

3. 预防埋钻的措施是(　　)。
A. 在钻进中经常保持孔底清洁　　B. 保证泥浆质量
C. 保护好孔壁,必要时下入套管

4. 绳索取心钻进有(　　)优点。
A. 减少起下钻的辅助时间,增加纯钻时间
B. 岩心堵塞可立即捞取,提高岩心采取率
C. 减少钻头扫孔磨损、钻杆拧卸及与孔壁碰撞机会,延长钻杆及钻头寿命
D. 减轻工人劳动强度

5. 金刚石钻头、扩孔器、卡簧间的合理配合是(　　)。
A. 扩孔器外径要比钻头外径大 0.3~0.5 mm
B. 卡簧的自由内径要比钻头外径小 0.3~0.5 mm
C. 卡簧在上一次岩心上测试应既不脱落,也不卡死
D. 在复杂地层钻进时,为防止岩心堵塞,卡簧内径应比钻头内径小 0.1~0.2 mm

【参考答案】

一、判断题

1. √　2. √　3. ×　4. √　5. √

二、单项选择题

1. B　2. A　3. B　4. D　5. C

三、多项选择题

1. ABCD　2. ABC　3. ABC　4. ABCD　5. ABCD

第四节　工程地质钻探土样采取及试验

一、钻孔原状土样采取

工程钻探取样是按照一定的岩土工程目的与要求,利用钻探机具钻入地层,取出岩心和土样,以探明地质情况和地基承载力。它主要是钻进表土层并有特殊的取样要求和在钻孔内进行专门的测试工作。采取原状土样是工程钻探的目的之一,它是为测定土的天然结构的容量、密度、温度、抗剪强度、压缩系数、渗透系数等物理力学性质,进行岩土的特性描述和确定土层的承载能力和稳定性,为各类工程建筑提供可靠的设计依据。

设计原状取土器时的基本要求为采取原状土过程中不掉落土样,且采取到的原状土样尽可能符合天然状态下的原始结构,压入或钻进土层顺利,取土器结构简单,使用方便。

根据上述要求和实际试验,设计结构合理的取土器,必须对取土器的直径、内间隙比、外间隙比,取土管形式及长度,余土管长度,管靴刃口的形状、角度、上部封闭装置等应根据不同的地层情况,进行分析研究。

二、取样方法

按设计部门要求采取岩土样品和地下水样品是工程地质钻探的主要目的。样品的用途主要是供实验分析,为设计部门提供准确的地质资料基础。

(1)压入法。①慢速压入法:采用杠杆、千斤顶、钻机手把(轮)等加压,使取土器不连续地压入土层中采取土样。此法对土样有一定程度的扰动,适用于浅层软土地层。②快速压入法:采用钢丝绳、滑轮组或钻机油压装置将取土器一次快速均匀地压入土中。这种方法对土样的扰动程度最小,是目前较普遍使用的一种方法。

(2)击入法。此种方法适用于在较硬或坚硬的土层中取土。击入法分为孔外击入法和孔内击入法。

(3)振动法。一般采用大直径的取土器取样,但对受振动易产生液化的砂性土,不宜采用此法。

三、岩土层的原位测试及水文地质试验

在工程地质钻探钻进过程中,按设计要求,必须对规定的孔段层位进行既定项目的原位测试试验,包括动力触探、静力触探等。

(一)动力触探及标准贯入试验

动力触探是利用一定的落锤能量,将一定形状和一定尺寸的触探头打入土层中,根据打入时的难易程度(贯入度)来确定土层性质的一种现场测试方法。

1. 轻型动力触探

轻型动力触探一般用于贯入深度小于 4 m 的一般黏性土和黏性素填土层。触探杆为外径 25 mm 的金属管(最好为硬铝合金),每根长 1.0~1.5 m,穿心锤重量 10 kg。试验时应注意:先用轻便钻具钻进至试验土层标高,然后对须进行试验的土层连续进行触探;试验时,穿心锤的落距为 50 cm,应使其自由下落,将圆锥头和触探杆竖直打入土中,每打入 30 cm 的锤击数即为实测锤击数 N10;若需描述土层情况,可将触探杆拔出,取下圆锥头,换上轻便钻头,进行取样。

2. 中型动力触探

它主要适用于黏性土。试验时其操作要点为:贯入前,应检查触探设备各部分安装情况,如发现螺栓松动,应及时拧紧;触探架应保持水平,探杆应垂直,以保证探头垂直贯入;提升提引钩,使穿心锤自由下落,落距为 80 cm,每一触探孔应连接贯入,直至预定深度,中途不宜中断;贯入时,应及时记录贯入深度、一阵击的贯入量及相应的锤击数,一般黏性土可以贯入 20~30 cm 为一阵击,软土则 3~5 cm 为一阵击,并按下式计算每贯入 10 cm 的锤击数 N28。

3. 标准贯入试验

标准贯入由于设备简单耐用,操作简易,几乎适用于各种土层,包括地下水位以上和

水位以下及部分软质岩石，标准贯入试验在钻孔中进行，故基本上不存在探杆侧壁摩擦阻力的影响。钻孔方法、护壁方法、清孔质量对标准贯入试验影响很大，为了避免涌沙和试土的扰动，一般认为采用回转钻进、泥浆护壁的方法较好，孔底残土的厚度不应超过 5~10 cm，否则应重新清孔后再进行标贯试验。

标准贯入试验与钻探配合进行，先钻到需要进行试验的土层标高以上约 15 cm，目的是为了避免以下土层受到扰动，清孔后换入标准贯入器，并量得深入尺寸；将贯入器打入试验土层中，先打入 15 cm 不计击数（称为预打），继续贯入土中 30 cm，并记录锤击数，若砂层比较密实，贯入击数较大时，也可记录小于 30 cm 的锤击数。

拔出贯入器，取出贯入器中的土样进行鉴别描述；若需进行下一深度的贯入试验时，则继续钻进，重复上述操作步骤，一般可每隔 1 m 进行一次试验；在不能保持孔壁稳定的钻孔中进行试验时，可用泥浆或套管护壁；当触探杆长度大于 3 m 时，锤击数应按下式进行触探杆长度校正。

（二）静力触探等原位测试操作

静力触探是将一定规格的圆锥形探头按一定的速率压入土中，量测土对探头的阻力，借以推测土的性质，在工程地质勘查方面的主要用途为：对地基土进行力学分层，发现其中的夹层和地基土在工程性质上的变化；直接测定地基土的容许承载力；确定单桩承载力和持力层；检查和控制回填土的加密质量；确定土的有关物理力学性质，如压缩模量、变形模量、砂土的密度及砂土的液化等。静力触探适用于软土、一般黏性土、一般砂土以及类似的地层，不适用于大块碎石类地层和基岩。

1. 静力触探设备系统

静力触探设备分为加压贯入系统（孔内）和量测记录系统（孔外）两大部分。

2. 静力触探试验的操作方法

开始贯入时，应消除影响垂直贯入的块状物，并仔细观察探头与土层接触时的情况，防止锥尖侧移，贯入 1~2 m 后，探杆如有明显偏斜，应重新移位开孔；贯入速度以控制在 0.5~2 cm/s 为宜，严禁高速贯入；每次加接探杆，丝扣必须上到位，卸钻杆时，不得转动下面的探杆，防止探头电缆被压断、拉脱或扭曲；每次升降操作的停车位置应保持一致；贯入开始后，对探头进行归零检查。在贯入 0.5~1.0 m 深度处，将钻头稍提一些使之不受力，记取读数，静待 0~15 min，等仪器显示值基本稳定后（以后的检查不须静待）重新调零，继续贯入；深度在 6 m 以内，每贯入 1~2 m 检查一次，以后可视零漂值的大小，酌情放宽检查的深度间隔，最大间隔不应超过 10 m，终孔必须记取归零读数；使用自动记录仪时，钻杆稍动一些后必须在记录纸上标记笔头所在位置，重新调零也应有记号进行标明。

贯入终止时，应在量记孔口上余量（孔口地面以上探杆长度）后立即拔起探杆，起拔时应注意：拔起一定数量的探杆后，卸杆时应防止孔中探杆滑落孔底；起拔过程中应刮、擦掉探杆表面黏附的泥沙；拔起探杆后应理顺其中的电缆，一次放妥原处。

（三）钻孔旁压试验

（1）预钻式旁压试验。钻孔要圆直且孔壁光滑，孔径与旁压器要匹配，孔径比旁压器直径大 2~8 mm，孔深要比预定试验深度略深 20~40 cm，以保证旁压器下筒在受压膨胀时有足够的空间，使其和上筒同步膨胀；成孔后应立即进行试验，以免钻孔缩径和塌孔；对易坍塌的钻孔,应采取护壁措施。要使用符合技术标准的旁压器、量测系统、加压系统,并严格按照规定要求进行操作,旁压器弹性膜使用前要检查是否漏气并进行标定,绘制弹性膜标定曲线。

(2)自钻式旁压试验。自钻式旁压仪由钻进装置、旁压器、量测记录和微机控制处理系统组成。可自钻,最大钻进深度为 30 m,量测系统的压力由氮气瓶供给,最大压力为 2 800 kPa;旁压器有膨胀型和压力盒型两种;各项数据通过标定后的电阻传感器输出,最大控制应变率为 2.0%,由电子箱、数据采集器和打印机采集与记录模拟量的原始数据。试验时,微机与数据采集器同步工作,数据采集器将采集的模拟量直接进入微机转换为数字量存入磁盘,显示器显示每一点的点数及应变量和由各点组成的压力-应变的曲线性状结果,可由磁盘保存或打印后保存。当试验平均应变达到 15%时,整个试验即自动停止。

(3)钻孔十字板剪切试验。可供选用的类型有机械式十字板剪切试验、轻便式十字板剪切试验、电阻应变式十字板剪切试验和电阻应变式静力触探仪配套使用。十字板头可根据不同土层情况选用,一般在软黏土中选用 75 mm、100 mm 或 75 mm、150 mm 的板头,稍硬的土层中可选用 50 mm、100 mm 的板头为宜。钢环和扭力传感器在试验前应进行率定。

(四)水文地质试验

(1)抽水试验。遵照《水文地质钻探规程》规定要求执行。

(2)压水试验。压水试验设备的选择如下所述:①栓塞:用来堵塞钻孔,达到隔离试段的目的,使试验能够分段进行,常用的栓塞有双管循环式、单管顶压式和单管水压式三种;②压力表:使用压力值一般应在压力表极限值的 1/3~3/4 范围内,精度不低于 2.5 级;③流量计:常用旋翼式水表或量桶;④水位仪:一般选用电测水位仪或测钟;⑤时计:一般选用三针钟表或秒表;⑥供水设备采用自流供水或水泵供水,采用水泵供水时要求压力平稳、出水均匀,出水口上要装有调节灵活的配水阀门。

(3)注水试验。注水方法:一般用固定水头法,即对钻孔中的水位抬高到一定高度,保持水头不变的连续注水,测量并记录钻孔深度和地下水位,然后开始注水;注水量由小到大,源源不断,当动水位升高到设计高度以后,应控制注水量,使水头稳定;注水开始后,应每隔 3、5、10、15 min 观测一次水位、水量;当水位、水量近似稳定后,改为每隔 30 min 观测一次,至稳定后再延续 2~4 h 即可结束。注水结束后,应立即观测钻孔中的下降水位,观测间隔时间为 3、5、10、15 min。随着水位下降速度减慢,观测时间改为 30 min 一次,直到孔内水位恢复到静止水位为止。在水位下降距静止水位 5~10 cm 的阶段内,水位恢复很慢时,可停止观测。

【习题】

一、判断题(下列判断正确的打"√",错误的打"×")

(　　)1. 标准贯入试验是用质量 63.5 kg 的穿心锤,以 76 cm 落距,将标准规格的贯入器自钻孔底部预打 15 cm,记录在打入 30 cm 的锤击数,判定土的物理力学特性的一种原位测试方法。

(　　)2. 静力触探试验中多功能探头可测得端阻、侧摩阻和孔隙水压力等指标。

(　　)3. 采取原状土样一般有压入法、击入法、回转压入法和振动等方法。

(　　)4. 动力触探是利用一定的落锤能量,将一定形状和一定尺寸的触探头打入土层中,根据打入时的难易程度(贯入度)来确定土层性质的一种现场测试方法。

(　　)5. 静力触探是将一定规格的圆锥形探头,按一定的速率压入土中,量测土对探头的阻力,借以推测土的性质的一种土样测试方法。

二、单项选择题(下列选项中,只有一个是正确的,请将其代号填在括号里)

1. 处理烧钻事故时,透小眼后下部做法正确的是(　　)。

A. 下套管公锥捞岩心管　　B. 下炮弹型钻头扫事故钻头

C. 用带导向的磨孔钻头消灭事故钻具

2. 标准贯入器的重量是(　　)。

A. 13.5 kg　　B. 73.5 kg　　C. 63.5 kg

3. 采取原状土样的工程地质勘查钻孔,按岩土勘察规范要求钻孔口径不低于(　　)。

A. 110 mm　　B. 9 1 mm　　C. 75 mm

4. 标准贯入器预贯入深度是(　　)。

A. 15 cm　　B. 20 cm　　C. 25 cm

5. 原位测试中,可以用于划分土层并识别土的类别的测试方法为(　　)。

A. 静力触探试验　　B. 钻探　　C. 动力触探试验

三、多项选择题(下列选项中,至少有两个是正确的,请将其代号填在括号里)

1. 静载试验的装置由(　　)组成。

A. 承压板　　B. 加荷装置　　C. 沉降观测装置

2. 静力触探中的单桥探头可测定(　　),而双桥探头可分别测定(　　)。

A. 土层的总贯入阻力　　B. 侧摩阻力　　C. 端部阻力

3. 标准贯入试验一般用于(　　)。

A. 砂土　　B. 粉土　　C. 一般黏性土

4. 十字板剪切试验可供选用的类型有(　　)十字板剪切试验。

A. 机械式　　B. 轻便式　　C. 电阻应变式

5. 标准贯入试验的操作要点(　　)。

A. 与钻探配合进行,先钻到需要进行试验的土层标高以上约 15 cm,目的是为了避免以下土层受到扰动

B. 清孔后换入标准贯入器,并量得深入尺寸

C. 将贯入器打入试验土层中,先打入 15 cm 不计击数(称为预打),继续贯入土中 30 cm,并记录锤击数

D. 拔出贯入器,取出贯入器中的土样进行鉴别描述

【参考答案】

一、判断题

1. √　2. √　3. √　4. √　5. √

二、单项选择题

1. B　2. C　3. A　4. A　5. A

三、多项选择题

1. ABC　2. ABC　3. ABC　4. ABC　5. ABCD

第六章　水文水井钻探

水是人类生存繁衍的重要资源,水资源已成为全球粮食安全、生态安全、能源安全的重要制约因素。水资源的合理开发利用与国家经济、政治、文化、国防及社会发展等密切相关,已成为可持续发展领域关注的焦点之一。水井作为人类开采利用地下水资源进行生活生产的最常见形式,有着悠久的历史。目前水井是我国北方大部分地区采水的重要载体,是保证当地农业、工业、牧业以及人民生活用水的“生命井”,水井开发利用的技术水平状况直接关系到经济、政治、社会、生态等的好坏。

第一节　基础知识

一、地下水基础知识

(一)地下水的形成

自然界中的水以气态,液态和固态的形式存在于大气圈、水圈和岩石圈中。地下水是指以各种形式赋存于地面以下岩石孔隙中的水,狭义上是指地下水面以下饱和含水层中的水。

大气水、地表水和地下水并不是彼此孤立存在的,它们之间实际处于不断运动、相互转化的过程之中。大气水、地表水、地下水通过地表温度的变化,形成了水的蒸发、降水等过程。降落于地表上的水除一部分汇入河流、湖泊和海洋外,另一部分则渗入地下成为地下水,这一过程称为自然界中水的循环。也就是说,地下水来源于大气降水的渗入补给和地表水的渗入补给。大气降水的渗入补给量的大小,除与降水量和降水类型有关外,还与岩层性质、地质构造、地形地貌和植被状况有关。

(二)地下水的分类

(1)按含水层性质分类,可分为孔隙水、裂隙水、岩溶水。

孔隙水：疏松岩石孔隙中的水。孔隙水是储存于第四系松散沉积物及新近系少数胶结不良的沉积物的孔隙中的地下水。沉积物形成时期的沉积环境对于沉积物的特征影响很大，使其空间几何形态、物质成分、粒度以及分选程度等均具有不同的特点。孔隙水是存在于岩土孔隙中的地下水，如松散的砂层、砾石层和砂岩层中的地下水。

裂隙水：赋存于坚硬、半坚硬基岩裂隙中的重力水。裂隙水的埋藏和分布具有不均一性和一定的方向性；含水层的形态多种多样；明显受地质构造的因素的控制；水动力条件比较复杂。

岩溶水：赋存于岩溶空隙中的水。水量丰富而分布不均一，在不均一之中又有相对均一的地段；含水系统中多重含水介质并存，既具有统一水位面的含水网络，又具有相对孤立的管道流；既有向排泄区的运动，又有导水通道与蓄水网络之间的互相补排运动；水质水量动态受岩溶发育程度的控制，在强烈发育区，动态变化大，对大气降水或地表水的补给响应快；岩溶水既是赋存于溶孔、溶隙、溶洞中的水，又是改造其赋存环境的动力，不断促进含水空间的演化。

(2)按埋藏条件不同，可分为上层滞水、潜水、承压水。

上层滞水：埋藏在离地表不深、包气带中局部隔水层之上的重力水。一般分布不广，呈季节性变化，雨季出现，干旱季节消失，其动态变化与气候、水文因素的变化密切相关。

潜水：埋藏在地表以下、第一个稳定隔水层以上、具有自由水面的重力水。潜水在自然界中分布很广，一般埋藏在第四纪松散沉积物的孔隙及坚硬基岩风化壳的裂隙、溶洞内。

承压水：埋藏并充满两个稳定隔水层之间的含水层中的重力水。承压水受静水压；补给区与分布区不一致；动态变化不显著；承压水不具有潜水那样的自由水面，所以它的运动方式不是在重力作用下的自由流动，而是在静水压力的作用下，以水交替的形式进行运动。

(三)含水层和隔水层

岩石中含有各种状态的地下水，由于各类岩石的水力性质不同，可将各类岩石层划分为含水层、隔水层和弱透水层(弱含水层)。

含水层一般分为承压含水层、潜水含水层。承压含水层是指充满于上下两个隔水层之间的地下水，其承受压力大于大气压力。潜水含水层是指地表以下，第一个稳定隔水层以上具有自由水面的地下水。

隔水层：指不能给出并透过水的岩层、土层，如黏土、致密的岩层等。

含水层和隔水层是相对概念，有些岩层也给出与透过一定数量的水，介于含水层与隔水层之间，于是有人提出了弱透水层(弱含水层)的概念。松散沉积物中的黏性土，坚硬基岩中裂隙稀少而狭小的岩层(如砂质页岩、泥质粉砂岩等)都可以归入弱透水层之列。

(四)人类活动对地下水的影响

地下水是一种宝贵的资源，也是重要的生态与环境要素，与人类社会有着密切的关系。但是，由于过量的开采和不合理的利用地下水，常常造成地下水位严重下降，形成大面积的地下水下降漏斗，在地下水用量集中的城市地区，还会引起地面发生沉降。此外，工业废水与生活污水的大量入渗，常常严重污染地下水源，危及地下水资源。因此，保护地下水资源任重而道远。

二、水文水井钻探分类、任务和特点

(一)水文水井钻探分类

水文水井钻探的主要目的是为了勘察和开发利用地下水资源。为了获得水文地质资料所进行的钻探工程称为水文地质钻探;为了工农业供水和人民生活饮用水需要进行的钻探工程为水井钻探。习惯上统称为水文水井钻探。钻孔分为地质勘探孔、水文地质孔、勘探开采孔、观测孔和供水井。

(1)地质勘探孔。一般用于水文地质研究程度较低的普查地区,主要为了解地质情况(如地层岩性、构造、含水层的数目、厚度、埋深、结构等)而布置。满足岩心采取率、校正孔深、测孔斜、简易水文地质观测、原始编录、封孔等六项钻探工作指标,并做电测井校对,采取水、土(岩)样。

(2)水文地质孔。一般用于水文地质勘探阶段。其目的除与地质勘探孔相同外,尚需进行单孔及分层抽水试验。除满足地质勘探孔的基本要求外,还需了解地下水的水位、水量、水质、水温等。

(3)勘探开采孔。勘探开采孔在满足水文地质勘探试验的基础上,结合供水需要将勘探孔改建成供水井。满足管井供水的水量、水质、含砂量、井径等要求。

(4)观测孔。有抽水试验观测孔和长期观测孔两种。水文地质长期观测孔是通过钻孔定时测定地下水位,以了解大范围内地下水动态变化。

(5)供水井。用于工农业生产和人畜饮用等供水。以保证管材下入孔底和抽水设备正常运转为原则,满足水量、水质、含砂量、井径、孔斜等要求。

(二)水文水井钻探任务

(1)通过钻进采取岩心来研究水文地质剖面,确定含水层位、厚度、埋藏深度,查明岩石成分和岩性结构,研究含水层的孔隙性及水文地质条件,并通过钻探揭露含水层。

(2)通过在钻孔内抽水、采取水样等试验达到确定地下水水位、水质、地下水的水力性质及含水层与地表之间的水力联系、含水层的水理性质等水文地质参数。

(3)通过在钻孔内长期观测来了解区域水文地质情况,预测其变化趋势,为经济建设提供长久的地下水情报。

(4)通过供水井钻探工程满足工农业等供水。

(三)水文水井钻探特点

水文水井钻探与固体矿床岩心钻探、石油钻井等比较具有以下特点。

(1)地层复杂。水文水井钻探大多数是在第四系的卵砾石地层、砂层或黏土层中进行钻进工作,即使在基岩层中钻进,也多半是断裂带、溶洞或破碎带等。这些地层胶结性差,易坍塌,冲洗液易漏失,存在发生事故多、效率低和不易取心等问题。

(2)钻孔直径大。一般直径在150~800 mm之间,由于口径大,钻进过程中产生的岩屑多,当采用正循环钻进方法时,就需要有大排量的冲洗液设备将岩屑排至地表。

(3)钻孔深度小。一般在数十米至数百米之间,特殊的超过千米,而地热井多在千米以上。因而除深井和地热井需要大型钻机外,一般水文水井钻探均用中小型钻机。

(4)钻孔垂直度有一定要求。以便于钻(井)孔上部需要安装水泵,下部安装过滤器。

（5）水文水井钻探的目的是提供水文钻孔或水井，其价值一般不及油井或固体矿床钻孔，所选择的钻进工艺必须能达到快速钻进目的；设备轻便，易于搬迁，有足够的岩屑排除能力，钻进效率高，能控制钻孔偏斜，保证钻孔质量；所使用的钻具要求成本低，寿命长，易于加工，便于推广。

三、主要钻探质量指标

在水文水井钻探施工中，不仅要提高钻进效率，而且更要注重提高钻探工程施工质量，力求准确地从钻孔中获得真实可靠的地质资料。

水文水井钻探工程质量基本要求主要包括：钻孔直径、岩土心（样）采取率、孔深与孔斜、简易水文地质观测、成井工艺、抽水试验、固井与封孔、原始记录及技术档案等。

（一）钻孔直径

钻孔直径以满足水文地质试验和供水井抽水要求为原则。应根据钻孔类型、水文地质条件、预计水量、钻进方法与工艺、含水层岩性、填砾要求、过滤管类型及孔深等因素综合确定。孔深<200 m 的钻孔，钻孔直径或过滤管直径一般可按表 6-1 确定。孔深>200 m 或特大水量及有特殊要求的抽水试验钻孔，则根据单孔设计的要求确定。

表 6-1 钻孔直径或过滤管直径表

类型	第四系（过滤管外径）		基岩孔径	
	孔深≤100 m	孔深 100~200 m	孔深≤100 m	孔深>100 m
水文地质普查、勘探孔	≥146 mm	≥114 mm	≥150 mm	≥122 mm
勘探开采孔、供水井	≥168 mm	≥146 mm	≥150 mm	
观测孔、地质孔	≥96 mm		≥96 mm	

注：1. 松散层系指第四系地层和新近系疏松砂砾岩及基岩强烈风化带、破碎带；基岩系指完整岩体（含构造裂隙带、岩溶地层）。

2. 本表所列口径为一般规定。水文地质孔当单孔出水量小于 0.2 L/s 和采用提桶作简易抽水试验之钻孔口径，允许比表列孔径或管径小一级；勘探开采孔、供水井直径主要根据水量、抽水设备类型规格及过滤管径来确定。

（二）岩土心（样）采取率

采取岩心应力求准确地从钻孔中采取能代表相应孔段和足够长度的岩心，并用岩心采取率来表示。岩心采取率是指取上的岩心长度与相应的进尺长度比值的百分数。水文地质普查、勘探孔（含勘探开采孔）岩土心（样）采取率应符合下列要求：

（1）采用回转正循环钻进法取心时，黏性土和完整基岩平均采取率应大于 70%，单层不少于 60%；砂性土、疏松砂砾岩、基岩强烈风化带、破碎带平均采取率应大于 40%，单层不少于 30%。无岩心间隔，一般不超过 3 m。对取心特别困难的巨厚（大于 30 m）卵砾石层、流沙层、溶洞充填物和基岩强烈风化带、破碎带，无岩心间隔一般不超过 5 m，个别不超过 8 m。当采用物探测井验证时，采取率可以放宽。采取率的计算应以实际钻进岩层为准，无充填的溶洞、废矿坑及允许不取心孔段的进尺，不得参与计算；凡从取粉管内捞取的岩粉，不得放入岩心内计算。

(2)采用反循环连续取心法钻进时,要及时对地面接收的岩土样进行地层描述与编录,按钻孔设计要求要留取缩样,并按要求进行测井。

(3)当采用气、液动冲击器钻进时,可按钻孔设计要求定层定深进行取样、取心钻进。

(4)当采用机械冲击钻进时,对于含水层,每 2~3 m 取样一个;非含水层,每 3~5 m 取样一个;样品数量应满足颗粒分析和鉴别地层的要求。

(三)孔深与孔斜

钻孔深度以钻孔地质设计为准,对于地质设计依据不足或地质条件变化需要加深或提前终孔,应按钻孔任务变更通知书执行。

每钻进 100 m、换径、终孔及下管前,均需用钢卷尺测量校正孔深。孔深允许误差为 2‰,超差者应以校正测量数据为准更正。

水文地质普查孔和勘探孔,每钻进 100 m、换径或终孔时,均应测量顶角弯曲度。勘探开采孔和供水井,每钻进 50 m、换径、终孔或扩孔结束,应测量顶角弯曲度。钻孔顶角允许弯曲度每 100 m 不得超过 1.5°,并按照孔深递增计算。

(四)简易水文地质观测

水文地质孔、勘探开采孔、地质勘探孔在钻进过程中应进行简易水文地质观测;供水孔、观测孔,以及采用泥浆钻进、反循环钻进的水文地质孔可不进行观测。简易水文地质观测项目如下所述:①初见水位、静止水位或恢复水位;②观测钻进中孔内水位变化;③测定冲洗液消耗量及其漏水<50%的消耗量、严重漏水>50%的消耗量及全漏水的位置;④记录钻进中发生的钻具陷落、孔壁坍塌及严重掉块、涌砂、气体逸出及水色变化等异常现象;如遇承压自流水、地下热水,则应按有关规定要求观测和采水样。

(五)原始记录与技术档案

水文地质钻孔统一按水文地质钻孔技术档案要求认真填写与归档。钻探班报表、钻孔各项原始记录及技术档案,应用钢笔填写,不得任意涂改或追记,做到及时、真实、准确、整洁、齐全。

【习题】

一、判断题(下列判断正确的打“√”,错误的打“×”)

(　　)1. 自然界中的水以气态、液态和固态的形式存在于大气圈、水圈和岩石圈中。

(　　)2. 隔水层指不能给出并透过水的岩层、土层,如黏土、致密的岩层等。

(　　)3. 水文水井钻探存在地层胶结性差,易坍塌,冲洗液易漏失,存在发生事故多、效率低和不易取心等问题。

(　　)4. 大气水、地表水和地下水都是固定不变的。

(　　)5. 一径成孔(井)通常用于较稳定的第四系松散地层或基岩为主的钻孔。

(　　)6. 水文水井钻探不仅要提高钻进效率,而且更要注重提高钻探工程施工质量。

(　　)7. 地下水是用之不尽的,可以随意抽取。

(　　)8. 水文水井对钻孔垂直度没有要求。

(　　)9. 松散层系指第四系地层和新近系疏松砂砾岩及基岩强烈风化带、破碎带。

(　　)10. 含水层和隔水层是相对概念,有些岩层介于含水层与隔水层之间。

二、单项选择题(下列选项中,只有一个是正确的,请将其代号填在括号里)

1. 地下水是指以各种形式赋存于地面以下(　　)中的水,狭义上是指地下水面以下饱和含水层中的水。

A. 岩石空隙　　B. 土体　　C. 裂缝　　D. 含水层

2. 地下水按含水层性质分类,可分为孔隙水、裂隙水、(　　)。

A. 溶洞水　　B. 重力水　　C. 承压水　　D. 岩溶水

3. 岩心采取率是指取上的(　　)与相应的进尺长度比值的百分数。

A. 岩屑岩粉　　B. 岩心管长度　　C. 钻具长度　　D. 岩心长度

4. 岩石中含有各种状态的地下水,由于各类岩石的水力性质不同,可将各类岩石层划分为(　　)、隔水层和弱透水层(弱含水层)。

A. 含水层　　B. 富水层　　C. 贫水层　　D. 承压层

5. (　　)是通过钻孔定时测定地下水位,以了解大范围内地下水动态变化。

A. 勘探孔　　B. 开采孔

C. 水文地质长期观测孔　　D. 水井

6. (　　)来源于大气降水的渗入和地表水的渗入补给。

A. 河流　　B. 地下水　　C. 湖泊　　D. 降雨

7. (　　)主要用于工农业生产和人畜饮用等供水。

A. 供水井　　B. 勘探孔　　C. 观测孔　　D. 勘探开采孔

8. 埋藏并充满两个稳定隔水层之间的含水层中的重力水是(　　)。

A. 承压水　　B. 包气带水　　C. 潜水　　D. 泉水

9. 水文水井钻探的主要目的是为了勘察和开发利用(　　)资源。

A. 矿泉水　　B. 水井　　C. 地表水　　D. 地下水

10. 赋存于岩溶空隙中的水称为(　　)。

A. 矿泉水　　B. 岩溶水　　C. 孔隙水　　D. 承压水

三、多项选择题(下列选项中,至少有两个是正确的,请将其代号填在括号里)

1. 水文水井钻探工程质量基本要求主要包括:(　　)、成井工艺、抽水试验、固井与封孔、原始记录及技术档案等。

A. 钻孔直径　　B. 岩土心(样)采取率

C. 孔深与孔斜　　D. 简易水文地质观测

2. 水文水井钻孔分为地质勘探孔和(　　)。

A. 水文地质孔　　B. 勘探开采孔　　C. 供水井　　D. 观测孔

3. 不合理的利用以及过量开采地下水,可能造成的影响有(　　)。

A. 水位下降　　B. 地面沉降　　C. 污染地下水　　D. 损害生态

4. 采用回转正循环钻进法取心时,黏性土和完整基岩平均采取率应大于(　　)%,单层不少于(　　)%;砂性土、疏松砂砾岩、基岩强烈风化带、破碎带平均采取率应大于(　　)%,单层不少于(　　)%。

A. 70　　B. 60　　C. 40　　D. 30

5. 地下水按埋藏条件不同,可分为(　　)。

A. 上层滞水　　B. 潜水　　C. 承压水

6. 地下水按含水层性质分类,可分为(　　)。

A. 孔隙水　　B. 裂隙水　　C. 岩溶水

7. 一般来说,水文水井钻探设备及工艺需要满足(　　)要求。

A. 设备轻便易于搬迁　　B. 有足够的排屑能力

C. 钻进效率高　　D. 成本较低,易于推广

8. 简易水文地质观测都需要观测(　　)内容。

A. 初见水位、静止水位或恢复水位　　B. 进中孔内水位变化

C. 冲洗液消耗量及其漏水　　D. 钻具陷落及地层等异常

9. 水文地质钻孔原始记录与技术档案不得任意涂改或追记,需做到(　　)、齐全。

A. 及时　　B. 真实　　C. 准确　　D. 整洁

10. 供水井以保证管材下入孔底和抽水设备正常运转为原则,满足(　　)、孔斜等要求。

A. 水量　　B. 水质　　C. 含砂量　　D. 井径

【参考答案】

一、判断题

1. √　2. √　3. √　4. ×　5. √　6. √　7. ×　8. ×　9. √　10. √

二、单项选择题

1. A　2. D　3. D　4. A　5. C　6. B　7. A　8. A　9. D　10. B

三、多项选择题

1. ABCD　2. ABCD　3. ABCD　4. ABCD　5. ABC　6. ABC　7. ABCD

8. ABCD　9. ABCD　10. ABCD

第二节　水文水井钻探

一、钻孔结构

(一)确定原则

钻孔结构可按下列各项确定:

(1)根据钻孔类型、水文地质条件、终孔直径及深度、钻进工艺方法、抽水方法与设备、钻探设备等综合因素确定。

(2)松散地层的钻孔直径应能满足预计出水量选用的过滤管直径和填砾间隙的要求;基岩钻孔直径以满足预计出水量而下入的抽水设备所要求的孔径或以过滤管直径为依据确定。

(3)在条件具备时,应采用一径成井工艺;在松散、破碎、严重漏失等复杂地层应采用护壁性能好、易于破壁解淤的优质泥浆钻进,争取少下或不下套管,以简化钻孔结构。

(4)对于含有较厚角砾状泥灰岩、黏土岩、石膏夹层等复杂层段,在进行井孔结构设计时,应预留1~2级口径,以便安全钻进与成井。

(二)典型钻孔(井)结构

(1)一径成孔(井):除孔口管外,一径到底,一道管柱的钻孔。这类钻孔通常用于较

稳定的第四系松散地层或基岩为主的水文地质钻孔、勘探开采孔或观测孔，下入井管、过滤管并填砾，孔径一般应比井管直径大150~200 mm。

(2)多径成孔(井)：具有两个或两个以上变径孔段的钻孔，即多次变径，并用一套或多套管柱的钻孔。通常是上部为第四系地层中下井管、过滤管并填砾或不填砾；基岩层除破碎带、强烈风化带或岩溶地层需下管外，一般为裸孔。

(三)钻孔直径与水量的关系

大量的实践证明，钻孔直径的大小与水量大小具有一定的联系，也就是说，钻孔直径的选择在一定程度上影响水量。经过国内外理论及实践研究表明：钻孔直径的大小对水量的直接影响见表6-2。

表6-2 钻孔直径与水量的关系

孔径[in(mm)]	相对流量(%)	孔径[in(mm)]	相对流量(%)
4(101.6)	1.00	12(304.8)	1.15
6(152.4)	1.04	24(609.6)	1.27
8(203.2)	1.08	48(1 219.2)	1.42

当在松散层中成井深度小于200 m时，由于地层相对松散、渗透系数较大、地下水补给快速等，在一定程度上(但不是无限值，一般最大直径不超过2.0 m)钻孔直径与出水量基本成比例关系；当井深超过200 m时，钻孔直径与水量不成比例关系增长。因此，对于深井而言，井径(取水段)的大小对出水量影响可以不计。

从表6-2可以看出，井径的增大与流量增加不成比例，如一个8 in直径的井的流量仅比同一位置、同一压力条件下4 in井径的流量增加8%。

二、钻进方法

(一)分类及适用范围

钻进方法分为取心钻进、全面钻进、扩孔钻进三类。应根据岩石的钻进特性以及孔径、孔深和施工条件，分别选择相应的钻进方法(见表6-3)。

(二)冲击钻进

冲击钻进(见图6-1)是利用钢丝绳周期性的提动冲击钻具和钻头，以一定的重量和高度冲击孔底，使岩石破碎而获得进尺的一种钻进方法。

这种钻探方式突出的优点是：钻探设备轻便、操作简单、易于搬迁、用水量小、不需附加供水设备和泥浆。缺点是：在一般地层钻探效率较低，故除卵砾石和漂石层外，不常采用。用该法钻进卵石、砾石层、致密的基岩层效果较好。在第四系地层中钻进，多使用工字型钻头和抽筒式钻头，在基岩层中多使用十字型钻头和圆型钻头。

冲击钻进的规程参数包括钻具重量、冲击高度(即冲程)、冲击次数和岩粉密度等，这是影响冲击钻进的主要因素。

(三)回转钻进

回转钻进又分为正循环钻进和反循环钻进。其利用钻头旋转时产生的切削或研磨作用破碎岩石，是当前最通用的钻井方法。

表 6-3 钻进方法选择

选用方法		适用范围	优点
取心钻进	普通硬质合金钻进	第四系松软地层及致密、完整可钻性 6 级以下基岩	钻头加工容易、成本较低，钻进中操作简单，容易掌握
	针状硬质合金钻进	硬且研磨性强、裂隙发育，可钻性级别 6~8 级的岩层	钻进过程中针状合金胎块不断磨损，而出露的针状合金切削刃面积不变，为自磨式钻头
	金刚石复合片钻进	软至中硬（可钻性级别 4~8 级）岩层	钻速高、钻头寿命长、取心率高、所需钻压小、孔斜小、钻孔质量高
	金刚石钻进	孕镶金刚石钻头适用于可钻性级别 5~12 级岩层；天然表镶金刚石钻头适用于可钻性 4~10 级岩层	钻进效率高、钻孔质量高、劳动强度低、钻探成本较低
	液动冲击回转钻进	硬质合金冲击回转钻进适用于可钻性级别 5~6 级和部分 7 级的岩层；金刚石冲击回转钻进适用于可钻性级别 6~12 级坚硬致密地层	提高钻进效率、减轻岩心堵塞、缓解硬岩中钻头“打滑”问题
	气动潜孔锤钻进		
全面钻进	冲击钻进：钢丝绳冲击钻进	第四系砂土、漂砾、卵砾石层及风化破碎基岩，口径一般 200 mm 以上，钻孔深度一般不超过 200 m	设备、钻具简单，成本低，在砂土、卵砾石层钻进有良好效果
	冲击钻进：冲击反循环钻进		
	合金刮刀钻头钻进	第四系松软地层及中硬以下较致密、完整基岩钻进	钻头加工容易、成本较低
	牙轮钻头钻进	第四系松软地层及完整、破碎、致密、研磨性岩石及卵砾石层，常用于不取心钻进	适用范围广、效率高，尤其在卵砾石及破碎地层钻进较其他回转钻进效果更好
	气动潜孔锤正（反）循环钻进	基岩及第四系胶结、半胶结地层和卵砾石层钻进。尤其适用于缺水或供水困难地区	具有冲击和回转双重碎岩作用，孔底岩石受压小、钻效高，且不污染含水层、成井后洗井容易
	泵吸反循环钻进	第四系地层浅孔、大口径孔钻进，一般孔深小于 100 m，须保证充足的施工用水，地下水位浅于 3 m 时，不易护孔，粒径超过钻杆内径的卵石层不宜使用此方法钻进	冲洗液上返速度快、洗孔彻底，钻效高，钻进安全，成本低，成井后易于洗井
	液动冲击回转钻进	坚硬岩石钻进，常规钻孔口径	具有冲击和回转双重碎岩作用，可以使用泥浆护孔，不受水位限制，能在深孔钻进
扩孔钻进	合金钻头扩孔钻进	黏土、砂土层、卵砾石	同合金刮刀钻头全面钻进
	牙轮钻头扩孔钻进	砂土层、砾、卵、漂石地层及基岩地层	同牙轮钻头全面钻进
	潜孔锤扩孔钻进	基岩地层	同潜孔锤正（反）循环全面钻进

(四)取心钻进

取心钻进可以获取岩心,并准确地划分含水层位置等,满足水文地质要求。故在水文地质工作中被广泛地采用。常规口径的取心钻进可以分成软地层钻进、基岩硬地层钻进及绳索取心钻进。取心钻进钻具包括钻头、岩心管、异径接头、取粉管、钻杆和钻铤等。

对黏土质地层、砂层、泥岩及无硅化的灰岩等软地层取心钻进,目前主要采用硬质合金肋骨钻头,包括螺旋肋骨钻头、阶梯肋骨钻头、内外肋骨钻头等,配合弹子钻具进行钻进和采取岩心。对基岩破碎带、石灰岩以及河床上的大漂石、大砾石、卵石等硬岩硬地层取心钻进,多采用钢粒钻进和钢粒合金混合钻进方法,地层较为完整时采用密集式硬质合金、金刚石、金刚石复合片等钻进。

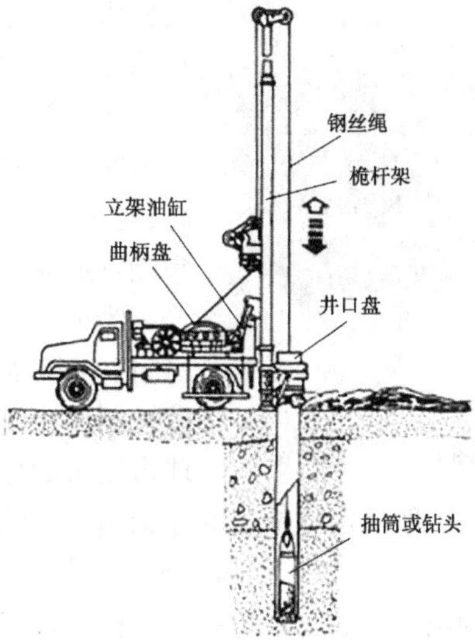

图 6-1　冲击钻探示意图

(五)扩孔钻进

在水文水井钻探施工中,为获得分层水文地质资料,钻进探采结合孔或因设备能力有限,无法一次成井时,可采用小直径取心钻进后再扩大孔径的钻进方法,称为扩孔钻进。根据设备能力、成井口径的大小和岩层的性质,可采用一次扩孔成井或多次扩孔成井。扩孔次数称扩孔级数。每次扩孔所加大的钻孔直径差值称扩孔级差。为减少施工程序,应尽量减少扩孔级数,增大扩孔级差。使用转盘式钻机,多采用一次扩孔成井。扩孔钻进主要适用于黏土质地层、砂层等硬度不大的地层。

(六)全面钻进

全面钻进是全面破碎孔底岩石(土)的钻进方法与过程。其钻具主要是全面钻进钻头、钻铤和钻杆等,这里主要介绍刮刀钻头和牙轮钻头。

(1)刮刀钻头。按刮刀片(又称刀翼)数目可分为二、三、四刮刀钻头,按切削材料可分硬质合金和聚晶金刚石刮刀钻头。主要适用于松软至软的泥岩、泥质砂岩、页岩等塑性和塑脆性地层的钻进。

工作原理:刮刀钻头在钻压和扭矩的作用下以正螺旋面形式吃入地层并以刮挤、剪切方式破碎岩石。在钻遇塑性岩石时,主要靠切削作用;在钻遇塑脆性岩石时,靠碰撞、压碎及小剪切、大剪切这三个过程破碎岩石;在钻遇硬地层的岩石时,靠刀翼中部段磨损出来的硬质合金或金刚石等硬质点形成的梳齿破碎岩石。主要参数选择如下:①钻压。刮刀钻头的钻压以单位长度钻头直径的压力(N/mm)表示,应根据岩石性质、钻孔口径、钻头类型、钻具组合等综合因素合理确定。一般可钻性级别 1~4 级的岩石 120~160 N/mm,5~7 级岩石为 150~200 N/mm。②转速。根据岩石的可钻性和完整度以及钻头直径等条件确定,一般为 150~300 r/min。③排量。应根据钻孔口径、钻进速度及孔壁情况进行选择,一般为 150~800 L/min。

(2)牙轮钻头。由壳体(牙爪)、牙掌、牙轮、轴承和水眼等部件组成。按工作牙轮数

图 6-2　三牙轮钻头

量分为单牙轮钻头、两牙轮钻头、三牙轮钻头和组装多牙轮钻头。在钻井作业中使用最多最广泛的是三牙轮钻头(见图 6-2)。

牙轮钻头是使用最广泛的一种钻井钻头。牙轮钻头工作时切削齿交替接触井底,破岩扭矩小,切削齿与井底接触面积小,比压高,易于吃入地层;工作刃总长度大,因而相对减少磨损。牙轮钻头能够适应从软到坚硬的多种地层。

为适应不同地层钻进,牙轮钻头上的轮齿,按切削材质有钢齿(铣齿)和球齿(镶齿)之分。钢齿钻头上的牙齿是在压轮体上直接铣制而成,并在牙轮的表面对焊碳化钨粉,以提高其耐磨程度。球齿钻头的牙轮是在牙轮体的表面镶嵌球形或截锥形硬质合金齿。一般适用软地层的牙轮钻头上的齿高而尖,分布较稀;适用于硬地层的牙轮钻头的齿低矮,分布较密。钢齿或球齿式钻头又分为普通式、密封式和喷射式三种类型。表 6-4 所列为国产普通三牙轮钻头规格,可供选用。

表 6-4　国产普通三牙轮钻头规格

基本尺寸(mm)	95.2	104.8	107.9	120.6	142.9	149.2	152.4	158.7	165.1	171.4
尺寸代号(in)	3 3/4	4 1/8	4 1/4	4 3/4	5 5/8	5 7/8	6	6 1/4	6 1/2	6 3/4
基本尺寸(mm)	190.5	200.0	212.7	215.9	222.2	241.3	244.5	250.8	269.9	298.4
尺寸代号(in)	7 1/2	7 7/8	8 3/8	8 1/2	8 3/4	9 1/2	9 5/8	9 7/8	10 5/8	11 3/4
基本尺寸(mm)	311.1	342.9	374.6	393.7	444.5	508.0	609.6	660.4		
尺寸代号(in)	12 1/4	13 1/2	14 3/4	15 1/2	17 1/2	20	24	26		

牙轮钻头的合理使用:

(1)根据地层可钻性级值并参考邻井地层,选择进尺多、速度快、成本低、磨损正常的钻头。在上部松软地层(可钻性级小于 5 级),可选用机械钻速高的铣齿钻头;在深井段地层(可钻性级值大于 5),可选用进尺多的镶齿钻头。

(2)在易井斜的地层,多选用牙轮偏移量小、无保径齿及齿多而短的牙轮钻头。

(3)井底应清洁,无落物。

(4)下钻速度要慢,防治顿钻。在钻头距井底 1 单根时,要开泵和旋转钻头,充分洗井,清除井底岩屑,避免下入过快岩屑堵塞喷嘴或开泵过猛憋漏地层。

(5)在钻进中合理匹配钻压和转速,钻压的选择一般控制在钻铤质量的 80%左右,或者按钻头直径计算,即 5~10 kN/in。尽量提高泵压,增大钻头水功率,充分发挥水力参数和机械破岩参数的交互作用,提高破岩效率。

(6)如发现钻头无进尺、泵压明显升高或降低、机械钻速突然下降、扭矩增大等现象,若地面设备无问题,应起钻检查。

(七)反循环钻进法

反循环钻进是与正循环钻进相对而言的。反循环钻进的冲洗液自泥浆池经钻杆与孔壁间隙,或者从双壁钻杆的内外管之间到达井底,挟带岩屑后经钻标中空返回井上泥浆池，经沉淀后重新流入井内。反循环钻进按照产生冲洗液上升流动的方式可分为泵吸反循环、气举反循环和射流反循环，这里主要介绍泵吸反循环和气举反循环。

(1)泵吸反循环。是运用泵的抽吸力量，对冲洗液进行反循环的管理布置方法。泵的进水口与钻杆上水龙头相连，排水口与供水池相通。即由钻头、钻杆、水龙头、胶管及砂石泵组成了抽吸系统；由砂石泵、出水胶带、供水池等组成了排渣系统。泵吸反循环基本原理如图 6-3 所示。

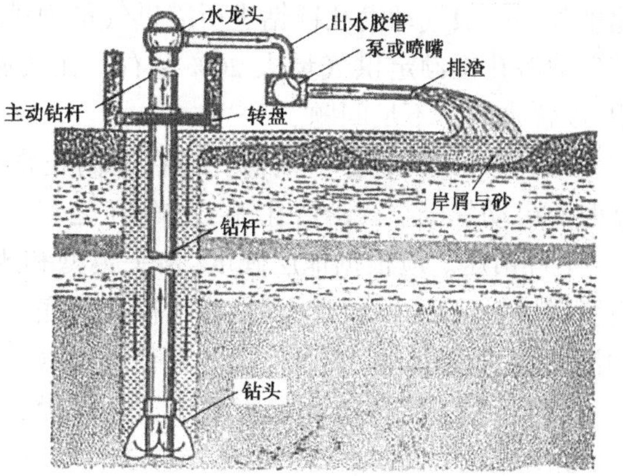

图 6-3 泵吸反循环基本原理示意图

砂石泵在启动前必须进行引水。这是因为在泵吸反循环进行之前，处于供水池水位以上的钻杆内没有冲洗液，在管路中安装有真空泵。它是利用真空泵的吸力在以上的管路内产生负压，使钻杆内水位升高，最后使冲洗液充满整个砂石泵的吸水管。这时再启动砂石泵，即能造成连续的反循环作用。除利用真空泵引水外，也可采用灌注泵或副泵向砂石泵的进水管路中引水。

泵吸反循环主要适用于大直径、深度较浅的水井及各种钻探工程，一般孔深大于 70 m 后效率显著降低。

(2)气举反循环。其基本原理是利用空压机将压缩空气通过双壁钻杆送至井下的气液混合室，使钻杆内的水和气混合，形成比重小于管外液体的气水混合液，这样在钻杆内外形成压力差。在此压力差的作用下，钻杆内气水混合液挟带岩屑后，以高速向上流动，被排出钻孔而流入沉淀池后又以自流的方式流向孔内环状间隙，完成了气举反循环过程。其效率主要取决于压缩空气的压力和排量，以及输气管沉没在水中的深度和混合室的结构等。此法不能用于 10 m 以内的孔段。在孔深 50 m 以内效率低于泵吸反循环和喷射反循环，但随着钻孔的加深，其效率逐渐提高。气举反循环钻进的供气系统包括主动钻杆、压气盒、双壁钻杆、单壁钻杆、气水混合器等。

沉没比是指气水混合器埋入水下的深度与气水混合器至气水龙头顶端出口距离的比值，沉没比越大，产生压差形成反循环的能力越大。一般气举反循环应在沉没比大于 0.5 的情况下使用。

(八)冲击回转钻进

冲击回转钻进法分为液动冲击回转钻进(通常称为液动冲击器)和气动冲击回转钻进(通常称为空气潜孔锤)。常用的空气潜孔锤钻进法是以转盘或动力头驱动钻杆和潜孔锤回转，并以高压大风量的压缩空气驱动潜孔锤的活塞，以高频率冲击钻头破碎岩石，通过钻头排出的压缩空气将岩屑带出孔外。其效率约为常规回转钻进效率的数倍，钻进坚硬岩层效果更为显著。这种钻进方法是以压缩空气为冲洗介质，因受空气压缩机压力限制，在水位高、富水性强的岩层中使用时，其钻进深度不能太大。

潜孔锤钻进需配备较大风量和风压的空压机、气动冲击器(即潜孔锤)、潜孔锤钻头等。潜孔锤分为有阀式或无阀式两大类。

气动潜孔锤正循环全面钻进技术参数如下所述：

(1)供气量。确定供气量大小应考虑钻孔直径、钻杆外径和排渣通道上的上返气流速度等。一般气动潜孔锤钻进所需供气量为排渣通道上的上返速度不应低于 15 m/s，比其气动潜孔锤额定供气量大 20%左右。在实施施工中，常将两台或多台空压机并联使用，以解决风量不足问题。

(2)气压。为保证气动潜孔锤在孔内正常工作，其送气压力不低于孔内最大水柱高度时的启动气压与气动潜孔锤工作气压之和。一般为 0.7~2.5 MPa。

(3)钻压。应根据地层硬度、钻头类型和规格尺寸来合理选择。应使钻头与孔底岩石紧密接触，压力不能过大，钻头不得在孔底空转(无冲击作用)。一般直径 200 mm 的气动潜孔锤，其钻压为 16~18 kN。其他规格气动潜孔锤可参照此值来增加或减少。

(4)转速。转速的确定应考虑钻头直径、岩性和冲击频率。一般以 20~50 r/min 为宜，可在钻进中根据具体情况适当调整，以钻机转动平稳为好。

潜孔锤跟管钻进主要原理是利用偏心钻头等，在套管底部钻出大于套管外径的钻孔，使套管能顺利地跟进；在提钻时又能使钻头方便地缩回，使整个钻具能从套管中提出，这是一种适用于复杂易坍塌地层行之有效的施工方法。

潜孔锤反循环钻进采用贯通式潜孔锤或在普通冲击器上部加接封隔器(转换接头)的方式进行。贯通式潜孔锤所配用的钻头底部型式(水口)应适用于反循环钻进。

(九)空气(泡沫)钻进

空气(泡沫)钻进是以压缩空气作为循环介质来吹洗钻孔、冷却钻头，将岩屑从孔底带起并排出孔外的钻进方法。空气钻进可以采用正循环钻进，也可以采用反循环钻进。对于干旱缺水地区、永冻层、钻孔多层漏失而供水困难的地区，采用空气(泡沫)钻进可以提高钻进效率，降低成本，缩短施工周期。

空气冲洗介质：空气挟带岩粉、冷却钻头、清洁孔底，其上返流速应达到 15~25 m/s。

雾化冲洗介质：在潮湿地层中钻进时，采用气水体积比 2 000∶1~3 000∶1雾化冲洗介质，解决泥包、泥堵和岩粉黏附孔壁等问题。

泡沫冲洗介质：在空气中加入 0.3%~1.0%的发泡剂，形成气液体积比 200∶1~300∶1 的泡沫。再加入 0.5%~1.0%的稳泡剂，配制成可循环的微泡沫冲洗介质。

三、成井工艺

(一)测井

在钻孔终孔后，首先应进行测井。测井项目有划分地层、确定含水层和相对隔水层位置及厚度；确定地下水矿化度，划分咸淡水界面；估算钻孔涌水量，测定孔斜、孔径等。

(二)下管准备与基本要求

1. 下管前的冲孔、排渣、换浆与探(通)孔

(1)将冲孔钻杆下放到孔底，用大泵量冲孔排渣；待孔内岩屑排除后，将孔内冲洗液的黏度降低至 20 s 内，密度小于 1.15 g/cm³。

(2)若含水层护壁泥皮过厚时，可先用环状钢丝刷在含水层孔壁处上下提拉破坏孔壁泥皮，再按上述要求进行冲孔、排渣、换浆。

(3)冲孔、排渣、换浆结束后,在下管前应进行探(通)孔,所用探(通)孔器直径比孔径小 30~50 mm,长度为 3~5 m。经探孔确认钻孔圆直、畅通无阻后,方可下管。

2. 下管要求

(1)下管作业应统一指挥,互相配合,操作要稳要准,井管下放速度不宜太快,中途遇阻时不准猛墩强提,可适当上下提动和缓慢地转动井管,仍下不去时,应将井管提出,扫除孔内障碍后再下。

(2)下管期间应保持孔内液面与孔口持平,若有下降,应及时补充。

(3)井管下完后,要用升降机将管柱吊直,并在孔口将其扶正、固定。

(三)井管选择

1. 井壁管类型选择

井管包括沉淀管、滤水管和井壁管。沉淀管连接在滤水管下部,起沉砂作用;滤水管安装在含水层部位,是地下水进入井管的通道,起滤水阻砂作用;井壁管连接在滤水管上部,是保护非含水层孔段井壁稳定,并隔离含有有害杂质的地下水进入井内,防止水质污染。三者可以选用相同材质的井管,参照表 6-5 选用。

表 6-5　井壁管类型选择

井管类型	井管特性	适用条件	
		孔深	水质
铸铁井管	抗压、抗侧压强度较高,耐冲击、抗拉强度较低,有一定防腐蚀性能	浅孔、中深孔	适用于一般水质的水井中使用
钢质井管	抗拉、抗压、抗侧压、抗弯强度高,有一定的抗腐蚀性能,成本较高	中深孔、深孔	
玻璃钢井管	耐腐蚀性能良好,质量轻,有较高的强度,但成本较高	中深孔、深孔	适用于一般水质的水井中和腐蚀性较大的水井中
聚氯乙烯井管	耐腐蚀性能良好,质量轻,价格低,强度较低	浅孔、中深孔	
水泥井管	价格低,强度较低		

2. 过滤管类型选择

过滤管类型应根据含水层类型、水质和孔深确定,参照表 6-6 选用。

(四)下管方法选择

下管方法应根据下管深度、设备能力以及井管强度和连接方式等条件确定,可参照表 6-7 选用。

(五)填砾

1. 砾料质量和填砾参数选择

(1)砾料应选择质地坚硬、密度大、浑圆度好的石英砾石,易溶于盐酸和含铁、锰的砾石以及片状或多棱角碎石,不宜作为砾料。

(2)砾料的砾径、填砾的厚度应根据含水层颗粒筛分数据、含水层颗粒大小和钻孔类型确定,可参照表 6-8、表 6-9 选用。

表 6-6　过滤管类型选择

<table>
<tr><th colspan="2">过滤管类型</th><th>材料</th><th>过滤管特性</th><th>适用条件</th></tr>
<tr><td colspan="2" rowspan="3">缠丝过滤管（圆形或梯形丝）</td><td>钢制管</td><td rowspan="3">易于制造，适应性广，可根据水质选择缠丝的材料和断面形状，具有一定的防腐蚀能力和较好的挡砂透水性能</td><td rowspan="3">与管外填砾配合，适用于第四系和基岩含水层，按水质选择骨架管和缠丝材料，可用于各种水质的水井中</td></tr>
<tr><td>铸铁管</td></tr>
<tr><td>聚氯乙烯管</td></tr>
<tr><td colspan="2" rowspan="2">桥式过滤管</td><td>钢制管</td><td rowspan="2">滤缝为桥式结构，不易堵塞，透水性好，应根据水质选择骨架材料，有较好的防腐蚀性能</td><td rowspan="2">与管外填砾配合，适用于第四系含水层和基岩含水层</td></tr>
<tr><td>不锈钢管</td></tr>
<tr><td colspan="2" rowspan="2">条缝过滤管</td><td>钢制过滤管</td><td>透水性能好，挡沙作用差</td><td>只适用于粗颗粒含水层和基岩裂隙含水层水井中</td></tr>
<tr><td>聚氯乙烯管</td><td>滤缝直接开在骨架管上，呈外窄内宽结构，不易堵塞，透水性好，有良好的防腐蚀性能，成本较低</td><td rowspan="2">与管外填砾配合，适用于第四系和基岩含水层，尤其适用于腐蚀性较大的水井中</td></tr>
<tr><td colspan="2">网状过滤管</td><td>玻璃钢管</td><td>用玻璃纤维交织缠绕成表面呈网状结构的过滤管，有良好的防腐蚀性能质量轻，强度较大</td></tr>
<tr><td rowspan="5">携砾过滤器</td><td rowspan="2">贴砾过滤器</td><td>钢衬管</td><td rowspan="2">滤料和过滤管黏为一体，具有良好的挡砂、透水性能，应根据含水层颗粒大小，选择相应的滤料规格过滤器</td><td rowspan="2">根据水质选择骨架管可适用于各种水质的水井中，尤其适用于填砾困难的粉细砂含水层水井和管井修复</td></tr>
<tr><td>塑衬管</td></tr>
<tr><td rowspan="3">充砾过滤器</td><td>钢制管</td><td rowspan="3">滤料充填在双层滤管环腔内，填砾和过滤管合为一体，具有良好的挡砂和透水性能</td><td rowspan="3">适用于粉细砂含水层和填砾困难的水井</td></tr>
<tr><td>聚氯乙烯管</td></tr>
<tr><td>不锈钢管</td></tr>
<tr><td colspan="2" rowspan="2">包网过滤管</td><td>钢制过滤管</td><td rowspan="2">滤网孔眼容易堵塞，透水性能差</td><td rowspan="2">用于不能填砾的中细粉砂含水层中</td></tr>
<tr><td>聚氯乙烯管</td></tr>
</table>

表 6-7　下管方法选择

<table>
<tr><th rowspan="2">下管方法</th><th colspan="2">适用条件</th></tr>
<tr><th>井管连接方式</th><th>井管总重量</th></tr>
<tr><td>悬吊下管法</td><td rowspan="2">丝扣或焊接</td><td>小于下管设备的安全负荷和小于井管的抗拉强度时采用</td></tr>
<tr><td>浮力下管法</td><td>大于下管设备的安全负荷或大于井管的抗拉强度时采用</td></tr>
<tr><td>兜底下管法</td><td>非丝扣或焊接</td><td>小于下管设备的安全负荷和井管的抗压强度及大于井管的抗拉强度时采用</td></tr>
<tr><td>二次或多次下管法</td><td>非丝扣或焊接或丝扣连接</td><td>采用浮力塞后，有效重量大于下管设备的安全负荷或大于井管抗拉强度时</td></tr>
</table>

表 6-8　填砾的砾径选择

含水层类型	砂土类含水层	碎石土类含水层	
	$\eta_1<10$	$d_{20}<2$ mm	$d_{20}\geqslant 2$ mm
砾径(D)的尺寸(mm)	$D_{50}=(6\sim 8)d_{50}$	$D_{50}=(6\sim 8)d_{20}$	$D=10\sim 20$
砾料的 η_2 要求	$\eta_1\leqslant 2$		

注:1. η_1 为含水层的不均匀系数,η_2 为砾料的不均匀系数,即 $\eta_1=d_{60}/d_{10}$,$\eta_2=D_{60}/d_{10}$。

2. d_{10}、d_{20}、d_{50}、d_{60} 和 D_{10}、D_{50}、D_{60} 分别为含水层试样和砾料试样各自在筛分中能通过筛眼的颗粒,其累计重量占筛样全重分别为 10%、20%、50%、60%时的筛眼直径。

表 6-9　填砾厚度要求　(单位:mm)

含水层类型	粗砂、砾石含水层		中、细、粉砂含水层	
钻孔类型	水文地质孔(井)	供水孔(井)	水文地质孔(井)	供水孔(井)
填砾厚度	50~75	75~100	75~100	100~150

2. 填砾准备和基本要求

(1)认真检查砾料的质量和规格,不符合要求的砾料不得填入孔内,含泥土杂质较多的砾料,要用水冲洗干净后才准填入。

(2)填砾应从孔口井管周围均匀填入,不得只从单一的方位填入。

(3)填砾中要定时探测孔内填砾面的位置,堵塞时,应采取措施消除后再填。

(4)砾料填至预定位置后,在进行止水或管外封闭前,应再次测定填砾面位置,若有下沉,应补填至预定位置。

砾料数量要与需填砾井段的环状间隙体积相当。考虑到钻孔扩孔及运输等因素影响,砾料用量可用下式估算。

$$Q=0.785(D^2-d^2)LK \tag{6-1}$$

式中,Q 为需要砾料数量,m^3;D 为井径,m;d 为滤水管外径,m;L 为填砾井段长度,m;K 为超径系数,一般 $K=1.2\sim 1.5$ 范围。

(六)止水与封闭

(1)止水:在水文地质钻孔和水井中,对目的层以外的地层进行封闭和隔离的工作,称为止水。它是根据孔内试验的要求和地层情况,选择合适的止水材料来封闭井管与隔水层之间的间隙。止水材料要具备良好的隔水性能,无毒、不污染水质,达到使用寿命要求。常用止水材料包括黏土、水泥、橡胶、遇水膨胀橡胶等。

(2)封闭:供水井和勘探开采孔孔口管周围,应采用黏土球或水泥浆进行围填、封闭,厚度为 5~10 m。

(七)洗井

在钻进过程中,无论是使用泥浆或清水作冲洗液,混入冲洗液中的岩屑、黏土、污泥、细砂等细粒物质将会随冲洗液一道在水压力的作用下渗入地层,吸附在井壁上,堵塞含水层中的孔隙和井壁的某些部位。因此,在填砾、止水工作完成后,即应进行洗井工作,洗井方法可参照表 6-10 选用。

表 6-10　洗井方法选择

含水层类型	洗井方法
第四系含水层	1. 焦磷酸钠(或其他磷酸盐)洗井; 2. 活塞洗井(或液态二氧化碳洗井); 3. 空压机洗井、排渣
基岩下管含水层	1. 活塞洗井; 2. 液态二氧化碳洗井; 3. 空压机震荡,大降深连续抽水洗井、排渣
碳酸盐基岩含水层	1. 盐酸洗井; 2. 液态二氧化碳、盐酸联合洗井; 3. 空压机洗井、排渣
基岩裸井含水层	1. 爆破扩裂洗井; 2. 液态二氧化碳洗井; 3. 空压机震荡,大降深连续抽水洗井、排渣

(八)抽水试验

抽水试验应在洗井质量达到要求后进行。抽水时,抽水降深安排、抽水稳定时间、抽水观测资料等,应根据钻孔类型分别按水文地质勘查规范执行。

【习题】

一、判断题(下列判断正确的打"√",错误的打"×")

(　　)1. 一般适用软地层的牙轮钻头上的齿高而尖,分布较稀;适用于硬地层的牙轮钻头的齿低矮,分布较密。

(　　)2. 在气动潜孔锤施工中,常将两台或多台空压机并联使用,以解决风量不足问题。

(　　)3. 水文水井选择钻孔结构时,在条件具备下,应尽可能增加变径级数,争取多下套管。

(　　)4. 下管作业应统一指挥,互相配合,操作要稳要准,井管下放速度不宜太快,中途遇阻时不准猛墩强提。

(　　)5. 钻孔直径与水量成正比,钻孔直径越大,水量越大。

二、单项选择题(下列选项中,只有一个是正确的,请将其代号填在括号里)

1. 砾料应选择质地坚硬、密度大、浑圆度好的(　　)砾石。

A. 泥质　　B. 砂质　　C. 石英　　D. 坚硬

2. 在钻进中需要合理匹配钻压和转速,三牙轮钻头钻压的选择一般控制在钻铤质量的(　　)左右。

A. 50%　　B. 80%　　C. 100%　　D. 120%

3. 回转钻进方法又分为正循环钻进和(　　)。

A. 冲击钻进　　B. 空气钻进　　C. 反循环钻进　　D. 取心钻进

4. 水文水井由于口径大,钻进过程中产生的岩屑多,当采用正循环钻进方法时,就需要有(　　)的冲洗液设备将岩屑排至地表。

A. 大排量　　B. 小排量　　C. 大功率　　D. 小功率

5. (　　)是利用钢丝绳周期性的提动冲击钻具和钻头,以一定的重量和高度冲击孔底,使岩石破碎而获得进尺的一种钻进方法。

A. 全面钻进　　B. 冲击钻进　　C. 回转钻进　　D. 取心钻进

三、多项选择题(下列选项中,至少有两个是正确的,请将其代号填在括号里)

1. 常用的钻进方法有(　　)。

A. 取心钻进　　B. 全面钻进　　C. 扩孔钻进　　D. 无心钻进

2. 水井下管前工序主要包括(　　)等。

A. 冲孔　　B. 排渣　　C. 换浆　　D. 探(通)孔

3. 常用止水材料包括(　　)等。

A. 黏土　　B. 水泥　　C. 橡胶　　D. 遇水膨胀橡胶

4. 在三牙轮钻头钻进过程中,如发现(　　)等现象,若地面设备无问题,应起钻检查。

A. 钻头无进尺　　B. 泵压明显升高或降低

C. 机械钻速突然下降　　D. 扭矩增大

5. 井管包括(　　)。

A. 沉淀管　　B. 沉砂管　　C. 滤水管　　D. 井壁管

【参考答案】

一、判断题

1. √　　2. √　　3. ×　　4. √　　5. ×

二、单项选择题

1. C　　2. B　　3. C　　4. A　　5. B

三、多项选择题

1. ABC　　2. ABCD　　3. ABCD　　4. ABCD　　5. ACD

第三节　地热钻探

地热资源是一种可再生的清洁能源,储量大,分布广,具有清洁环保、用途广泛、稳定性好、可循环利用等特点,与风能、太阳能等相比,不受季节、气候、昼夜变化等外界因素干扰,是一种现实并具有竞争力的新能源。地热钻探是为勘探和开发蕴藏在地壳内部的地热能源进行的钻探和成井技术,是开发利用深部地热及地表浅层地热能的唯一直接途径,钻探工艺的选择以及施工程序直接影响着地热资源的开发利用效率。

一、地热基础知识

地球是一个巨大的热库,地球内部蕴藏着巨大热能,这种天然热能被称为地热能。地球的地热资源非常丰富,全球 5 km 以内地热资源量约 4 900 万亿 t 标准煤。从开发利用方式可将地热资源划分为浅层地热能、水热型(中深层)地热能和干热岩地热能三大类型。

浅层地热能指地球浅表层 200 m 内的土壤砂石和地下水中所蕴藏的低温热能,其能量来源于太阳辐射和地球梯度增温，是一种可再生能源，与水热型地热资源相比，浅层地热能分布广泛，主要用于供暖制冷，水源热泵系统和土壤源热泵系统是近年来我国使用最多的两种浅层地热能开发利用形式。

河南省中深层（水热型）地热资源热储面积为整个省内国土面积的25.2%，主要分沉积盆地型地热资源和隆起山地型地热资源两大类型，以地热水的方式出现，目前主要用于供暖、温泉疗养洗浴等。

干热岩也称增强型地热系统，或称工程型地热系统，是一般温度大于180 ℃、埋深数千米、内部不存在流体或仅有少量地下流体的高温岩体，主要用于发电和其他工业领域，潜力巨大。其热能赋存于各种变质岩或结晶岩类岩体中，较常见的岩石有黑云母片麻岩、花岗岩、花岗闪长岩等。一般干热岩上覆盖有沉积岩或土等隔热层。目前，国内仍处于勘查阶段，2014年至今，在青海共和盆地钻获最高温度达236 ℃的干热岩资源，这是我国首次发现大规模可利用干热岩地热资源。

二、地热钻井发展方向

国内外石油钻井技术较为先进，无论是钻探装备还是钻井工艺均处于领先水平。对于软岩和较软地层主要采用大马力、高排量、正循环三牙轮或PDC复合片钻头泥浆钻进工艺；对于相对较硬或坚硬地层采用井底螺杆马达或涡轮钻进工艺。据统计，石油钻井工艺在砂土松散地层钻井效率可达50~100 m/h；较软基岩地层钻井效率在20~50 m/h；坚硬地层钻井效率在10~30 m/h。

就目前国内地热钻井情况来看，普遍存在着钻井效率慢、深井事故频发、非正常钻进时间过长等问题。钻井技术领域中新技术引进与研发匮乏，一般仍采用传统钻井工艺，钻进过程对地热资源储层影响大，严重影响地热资源开发效率和经济效益。地热钻井技术主要发展方向如下：①引进和推广石油钻井装备和工艺。②绿色钻探，智能化钻探。③多工艺复合钻井技术。④地热钻井逐步向高深度、高温度、高压力方向发展。

三、典型热储类型及钻井方法

根据水热型地热资源赋存条件及存在的地层情况，可划分为松散岩类孔隙型热储、裂隙岩溶型热储、裂隙型热储。常用地热井井身结构参考表6-11。

表6-11 常用地热井井身结构

钻进	钻孔直径(mm)	下入套管规格(mm)
一开	444.5 (17 1/2 in)	339.7 (13 3/8 in)
二开	311.1 (12 1/4 in)	244.5 (9 5/8 in)
三开	215.9 (8 1/2 in)	177.8 (7 in)
四开	152.4 (6 in)	裸眼或下入过滤管

注：各段深度根据地层变化情况而定。对拟投入开发利用的钻井泵室段套管下入深度、口径应满足抽水泵要求和长期开采要求。

（一）松散岩类孔隙型热储地层

松散岩类孔隙型地热热储以新近系明化镇组（Nm）、馆陶组（Ng）、古近系东营组

(Ed)、沙河街组(Es)为主。地热资源赋存在粗、中、细砂,中细砂岩、砾岩、砂砾岩等多孔隙地层内,地下热水赋存条件较好,且开发利用较为容易。但因有黏土、砂质黏土、泥岩等黏土类地层存在,在钻进过程中易发生孔壁失稳现象、吸水膨胀,造成缩径,从而造成黏附卡钻、压差卡钻、键槽卡钻、埋钻等事故。

钻遇该类地层时优先选择低失水量、稍高密度和黏度的冲洗液,并保持冲洗液层流状态,可以减孔壁坍塌、掉块、缩径等问题。在不具备空气钻探情况下,可优先正循环回转+孔底驱动(螺杆马达)"二合一"钻探方法,实现快速钻探目的。

(二)裂隙岩溶型热储地层

裂隙岩溶型地热井热储以奥陶、寒武系灰岩为主,在部分地区的三叠、二叠系地层内也有少量分布。该类地层地质构造复杂,地层多变,有些井段易吸水膨胀,有些井段存在裂隙、溶洞,因此地层破碎,易发生坍塌、掉块,甚至漏失等孔内复杂情况,井内事故频发,钻进、成井难度大。

通过理论研究和实践证明:在类似地层采用空气潜孔锤+气举反循环+螺杆马达或空气潜孔锤+气举反循环"三合一"或"二合一"多工艺复合钻探方法,可以解决钻探效率低、钻井液堵漏、钻井液污染等问题。

(三)裂隙型热储地层

裂隙型地热井地层情况:上部以第四系、少量新近等为主,下部则是由花岗岩、闪长岩、辉绿岩、大理岩等基性岩、超基性岩组成。该类地层除第四系、新近系易于钻进外,下部地层因其富含石英、长石、云母等成分,岩石硬度大,研磨性强,在含水层段因含有裂隙,地层破碎,极易发生坍塌、掉块等孔内复杂现象,钻进难度大。这类地热井因钻井结构较为简单,一般为二级结构,部分井采用三级结构成井。

四、钻井工艺

(一)中深层水热型地热井

地热井类型包括勘探井、勘探开采井、开采井和回灌井4种类型,钻进方法参考表6-3。

1.常规钻进液回转钻进技术

常规钻进液回转钻进时应控制好钻压、转速、泵量。在进行常规钻进液回转钻进施工时,应满足以下钻进操作要求:

(1)钻进需要加压时应使用钻铤加压,钻铤总重量按所需钻压值的1.3倍估算。

(2)钻头的类型和尺寸应与所钻地层、孔径相适应。下钻前应检查钻头水眼畅通情况和钻头磨损情况,不得使用不符合要求的钻头。新钻头应先磨合钻进0.5 m左右,再逐渐增加到设计钻压。当钻速下降,应提钻检查。钻头提出后应进行分析、测量,如果非正常磨损严重则该型钻头不适应所钻地层,应进行更换。

(3)接单根钻杆下放钻具前,应先开泵、启动回转器,再下放钻具到井底,逐渐加压钻进。下钻应平稳,遇阻不得猛墩、硬压。

(4)保持钻井液性能良好,使孔内清洁、孔壁稳定,防止卡钻、埋钻事故发生。

(5)正常钻进中要求操作平稳,均匀给进,不得猛放猛压。注意钻具扭矩变化,如有异常,随时调整钻进参数。同时,要确保钻井液排量满足要求。

(6)钻遇泥岩井段时,若钻速下降明显,可适当提高钻压,降低转速;若钻遇硬夹层发生轻微蹩钻现象时,可适当降低钻压,同时降低钻速,等钻穿后再采用正常参数钻进;钻进卵砾石、破碎带时,应调整钻压,适当降低转速,防止钻头在井底跳动、剧烈震动和蹩车。

2. 空气潜孔锤+气举反循环联合钻进工艺

空气潜孔锤钻进:空气潜孔锤以压缩空气为驱动力及循环介质,依靠高效冲作用碎岩,效率高、施工周期短,可有效针对较浅的坚硬、破碎地层。它可以避开山区钻井缺少施工用水的困扰,增加取粉管捞取岩渣,解决较小掉块及地层漏失无法建立循环问题。

气举反循环钻进:属于"欠平衡"钻井技术范畴,依靠钻具内外液面压力差作用,返出大粒径岩屑,避免了重复破碎,实现高效钻进。并且可有效针对深孔钻进时的漏失、小规模掉块卡钻问题,钻进过程即是洗井过程,避免泥浆对含水层的污染及堵塞。

这两种钻进技术都属于多工艺空气钻进技术体系,其实质主要是压缩空气代替常规钻进时用的水或泥浆循环,起冷却钻头、排除岩屑和保护井壁的作用。有些地段覆盖层很薄或开孔就是基岩层,浅孔时可采用潜孔锤,以便提高钻进效率;钻孔达到一定深度时,由于地下水、空压机能力等限制,潜孔锤效率降低,可换用气举反循环工艺,这样使两者很好地组合,发挥各自高效钻进的优越性。

3. 螺杆钻进工艺

螺杆钻具是一种容积式井底马达(PDM),高压钻井液由钻杆进入螺杆钻具后,马达进出口两端的液体压力迫使转子旋转,通过万向轴和传动轴将扭矩和转速传递到钻头上,达到钻井的目的。

螺杆钻进工艺可解决回转式钻机通过地面转盘带动井内钻杆和钻头回转时,速度和效率低、钻具和回转系统磨损快等问题。在沉积泥岩、砂岩中应用,与同类地层常规钻进方法相比可提高效率1.5~3倍;在花岗岩、片麻岩地层中螺杆钻进效率比常规技术钻进效率高2~3倍。同时对定向地热井可采用弯螺杆,配合使用测斜仪与定向接头等,实现造斜作业。

(二)干热岩钻探

干热岩钻井技术难点的核心就是提高钻井液和井下工具的抗高温性能,实现高温高压环境下的高效破岩和顺利携岩。与国外先进水平相比,我国干热岩钻井技术仍处于探索实践阶段,例如抗高温钻井液技术、抗高温随钻测控技术、高温固完井技术、耐高温钻头和高效破岩工具等,都是重点研究方向。

【习题】

一、判断题(下列判断正确的打"√",错误的打"×")

(　　)1. 对于软岩和较软地层主要采用大马力、高排量正循环三牙轮或PDC复合片钻头泥浆钻进工艺;对于相对较硬或坚硬地层采用井底螺杆马达或涡轮钻进工艺。

(　　)2. 在有较厚泥岩、砂层等的地热深井中,下钻时应将钻具直接下至孔底,然后开泵,以减少劳动工作量。

(　　)3. 对于含有较厚角砾状泥灰岩、黏土岩、石膏夹层等复杂层段,井孔结构应预留1~2级口径,以便安全钻进与成井。

(　　)4. 废弃钻井液对环境影响不大,为降低施工成本,可以随意排放。

(　　)5. 地热是可再生资源,所以地热井可以随意抽水开采且不用回灌。

二、单项选择题(下列选项中,只有一个是正确的,请将其代号填在括号里)

1. 地球内部蕴藏着巨大热能,这种天然热能被称为(　　)。

A. 地热能　　B. 太阳能　　C. 温泉　　D. 岩浆

2. 地热井类型包括勘探井、勘探开采井、开采井和(　　)4 种类型。

A. 抽水井　　B. 定向井　　C. 试验井　　D. 回灌井

3. 浅层地热能指地球浅表层(　　)内的土壤砂石和地下水中所蕴藏的低温热能,其能量来源于太阳辐射和地球梯度增温,主要采用地源热泵系统进行开发利用,是一种可再生能源。

A. 50 m　　B. 100 m　　C. 200 m　　D. 500 m

4. (　　)具有冲击和回转双重碎岩作用,孔底岩石受压小,钻效高,且不污染含水层,成井后洗井容易。

A. 泥浆正循环　　B. 气动潜孔锤　　C. 泵吸反循环　　D. 冲击钻进

5. 干热岩也称增强型地热系统,或称工程型地热系统,是一般温度大于(　　),埋深数千米,内部不存在流体或仅有少量地下流体的高温岩体,主要用于发电和其他工业领域,潜力巨大。

A. 100 ℃　　B. 150 ℃　　C. 180 ℃　　D. 200 ℃

三、多项选择题(下列选项中,至少有两个是正确的,请将其代号填在括号里)

1. 从开发利用方式可将地热资源划分为(　　)三大类型。

A. 浅层地热能　　B. 水热型(中深层)　　C. 干热岩地热　　D. 地温能

2. 地热资源是一种可再生的清洁能源,储量大,分布广,具有(　　)等特点。

A. 清洁环保　　B. 用途广泛　　C. 稳定性好　　D. 可循环利用

3. 根据水热型地热资源赋存条件及存在的地层情况,可划分为(　　)。

A. 松散岩类孔隙型热储　　B. 裂隙岩溶型热储

C. 裂隙型热储

4. 松散岩类孔隙型热储地层因黏土、泥页岩等水敏性地层,在钻进过程中易造成(　　)等事故。

A. 黏附卡钻　　B. 压差卡钻　　C. 键槽卡钻　　D. 埋钻

5. 多工艺复合钻进技术,可根据地层情况将(　　)等两种或多种组合。

A. 气动潜孔锤　　B. 气举反循环　　C. 泥浆正循环　　D. 螺杆钻进

【参考答案】

一、判断题

1. √　　2. ×　　3. √　　4. ×　　5. ×

二、单项选择题

1. A　　2. D　　3. C　　4. B　　5. C

三、多项选择题

1. ABC　　2. ABCD　　3. ABC　　4. ABCD　　5. ABCD

第四节　孔内事故预防与处理

钻井施工是一项隐蔽的地下工程,存在着大量的模糊性、随机性和不确定性, 是一项真正的高风险作业。由于对深埋在地壳内岩石的认识不清、技术因素以及决策者的失误,往往会出现许多井下复杂情况,甚至出现严重的井下事故。

一、孔内事故分类

(1)孔内遇到孔隙、裂隙、溶洞地层,而且地层压力异常(低压、零压、高压),导致冲洗液漏失或井涌发生的孔漏(涌)事故。

(2)孔内钻具由于卡阻、坍塌、埋钻、烧结、吸附而无法回转和提动发生的事故。

(3)孔内发生的钻具折断、脱扣、坠落等事故。

(4)套(井)管整体下滑、中间断开、管壁损坏等套(井)管事故。

(5)孔内掉入钻头、工具等坚硬小物件落物事故。

(6)填砾过程中发生的蓬堵架桥事故。

二、预防孔内事故的基本原则

(1)加强机台生产技术管理,增强工作人员责任心,认真执行各项规章制度,严格遵守施工设计和操作规程,杜绝违章作业。

(2)全面了解工区环境与地质情况,制订孔内事故防治预案。

(3)注意设备、钻具、机具、仪表的检查维护,确保运行正常、工作可靠。

(4)注重冲洗液性能的调配和维护,储备一定数量的化学处理剂和封堵材料。

(5)在深孔或复杂地层施工中应制订专门的安全技术措施。

(6)采用高效钻进技术,快速通过不稳定地层,或应用绳索取心、双壁反循环等钻进技术,满眼钻进、随钻护壁,减少事故发生。

三、孔内事故的传统处理方法

常用事故处理工具包括公锥、母锥、打捞筒、可退式打捞矛、割刀、磨鞋等。

(一)捞

“捞”即指用丝锥或打捞钩将孔内事故钻具套接在一起,而后把事故钻具整体打捞出来。如果孔内事故钻具已经与孔上钻具脱节,断头隐没在孔内,而且事故钻具在孔内受阻不太严重,可以整体打捞上来的事故,多用此法处理。

(二)拉

“拉”是利用钻机的升降机对卡、埋事故钻具进行强行提拉,以排除事故的一种简处理方法。发生卡、埋钻具事故后,一般先用此法处理,可在较短时间内使事故得到快速排除。如果孔内阻力较大,用单绳提拉无效,则改换复式滑轮组,用多股钢绳提拉,增大提升能力,争取在较短时间内把事故钻具拉上来。使用此方法时,应掌握的要点:第一,总拉力必须在提升设备的安全负荷允许范围内;第二,拉的时候要上下活动,不宜死拉,否则越拉越死，会导致事故恶化。

（三）震

“震”是指采用吊锤或振动器，对卡钻事故钻具进行上下冲击或震动，使挤卡物松，以减小事故钻具被卡阻力，是解除事故的一种常用方法。在浅孔中采用效果较好。吊锤的规格有 50 kg、75 kg 和 100 kg 等类型，规格越大对事故钻具的冲击力就越大，处理效果也就越好。

（四）冲

“冲”指采用加大泵量泵压，对事故钻具四周的沉积岩屑进行强力冲洗，以排除或使其呈悬浮状态，从而使钻具可以活动以解除事故，多用于埋钻事故的处理。方法有两种：一是从事故钻具内压入泥浆，迫使其从钻具底部沿粗径钻具与孔壁间的环状间隙上返，以排除沉淀的岩屑；二是从事故钻具外侧下入一套钻杆，加大泵量泵压，强力冲洗。无论发生何种事故，只要能开泵，都要保持泥浆循环，严禁停泵，以利于事故的处理。

（五）扫

当事故钻具在某一孔段范围内能回转或上、下活动，超出此范围便不能活动，可以采用开车往上扫或往下扫的方法，将障碍物扫碎或扫活而解除事故。如果预先在岩心管异径接头镶焊有硬质合金片，则效果更好。

（六）顶

“顶”是采用千斤顶通过卡瓦夹紧事故钻具进行强力起拔的处理方法。千斤顶起拔是一种静力作用，顶时用力不要过猛，上顶速度不宜过快，每顶起 100～200 mm，要暂停一段时间，让作用力充分传递到事故钻具底部受阻部位然后再顶，防止把钻杆顶断。

（七）反、割、炸

当孔内事故阻力较大，需要进行分段解脱处理时，可采取以下三种处理方法：

（1）反。利用反丝钻杆和反丝丝锥下入孔内，对事故钻具断头进行套扣对接，而后从预计反脱位置把钻杆全部反出，然后再用其他方法处理剩余钻具。由于钻杆接头在孔内位置不同，越靠下部，所受压力越大，就越难反脱。在钻杆柱中部某点，其所受压力和拉力正好互相平衡称为中和点，此点所受压力和拉力最小。反钻杆时，最容易从此处反脱。因此，在反钻杆时，可以利用中和点原理，通过计算控制压力，从钻杆预计反脱位置或下部钻杆反脱。

（2）割。即是采用割管器，将事故钻具在预计位置上割断取出，从而对事故钻具进行分段处理。其优点是割点比较准确、可靠，能有把握地将事故钻具按计划分别割断取出，处理效果较好。割管方法可分为管内切割法和管外切割法两种。割管器由于种类甚多，常用的有离心割刀、偏心割刀和水压割管器等，各有不同特点，可根据具体情况选择使用。

（3）炸。是采用爆炸力排除孔内障碍的一种特殊处理方法，根据孔内事故情况和目的要求，设计各种不同的爆破器，下入孔内预计位置。用电力起爆，进行孔内爆破，以达到排除事故的目的。其他还有扩、透、劈等方法，在实际中应根据具体事故情况灵活选用。

【习题】

一、判断题（下列判断正确的打“√”，错误的打“×”）

（　　）1. 无论发生何种事故，只要能开泵，都要保持泥浆循环，以利于事故的处理。

(　　)2. 预防孔内事故,应加强机台生产技术管理,增强工作人员责任心,认真执行各项规章制度,严格遵守施工设计和操作规程,杜绝违章作业。

(　　)3. 钻井施工前需要全面了解工区环境与地质情况,并制订孔内事故防治预案。

(　　)4. 爆破法不能用来处理井内事故。

(　　)5. 割管器可以将事故钻具在预计位置上割断取出,从而对事故钻具进行分段处理。

二、单项选择题(下列选项中,只有一个是正确的,请将其代号填在括号里)

1. "拉"处理事故时:第一,总拉力必须在提升设备的(　　)允许范围内。

A. 安全负荷　B. 最大拉力　C. 提升能力　D. 最大负荷

2. "震"是指采用(　　),对卡钻事故钻具进行上下冲击或震动,使挤卡物松,以减小事故钻具被卡阻力,是解除事故的一种常用方法。

A. 吊锤或振动器　B. 大锤　C. 转盘　D. 大钩

3. "顶"是采用(　　)通过卡瓦夹紧事故钻具进行强力起拔的处理方法。

A. 液压钳　B. 千斤顶　C. 提引器　D. 转盘

4. 在钻杆柱中部某点,其所受压力和拉力正好互相平衡称为(　　),此点所受压力和拉力最小。

A. 中间点　B. 中和点　C. 平衡点　D. 中心点

5. 孔内遇到孔隙、裂隙、溶洞地层,会导致冲洗液(　　)或井涌发生的孔漏(涌)事故。

A. 漏失　B. 造浆　C. 增多　D. 稀释

三、多项选择题(下列选项中,至少有两个是正确的,请将其代号填在括号里)

1. 割管器由于种类甚多,常用的有(　　)等,各有不同特点,可根据具体情况选择使用。

A. 离心割刀　B. 偏心割刀　C. 水压割管器　D. 大钩

2. 常用事故处理工具包括(　　)、割刀、磨鞋等。

A. 公锥　B. 母锥　C. 打捞筒　D. 可退式打捞矛

3. 以下属于孔内事故的有(　　)等。

A. 孔漏(涌)事故　B. 钻具事故　C. 套管事故　D. 落物事故

4. 在水井填砾过程中可能发生(　　)等事故。

A. 蓬　B. 堵　C. 架桥

5. 以下属于孔内事故的传统处理方法有(　　)

A. 拉　B. 捞　C. 震　D. 冲

【参考答案】

一、判断题

1. √　2. √　3. √　4. ×　5. √

二、单项选择题

1. A　2. A　3. B　4. B　5. A

三、多项选择题

1. ABC　2. ABCD　3. ABCD　4. ABC　5. ABCD

第七章 生态环境与环境地质钻探

第一节 基本知识

一、生态环境概念

生态环境是指影响人类生存与发展的水资源、土地资源、生物资源以及气候资源数量与质量的总称,是关系到社会和经济持续发展的复合生态系统。生态环境问题是指人类为其自身生存和发展,在利用和改造自然的过程中,对自然环境破坏和污染所产生的危害人类生存的各种负反馈效应。

生态环境中的生态平衡是动态的平衡。一旦受到自然和人为因素的干扰,超过了生态系统自我调节能力而不能恢复到原来比较稳定的状态时,生态系统的结构和功能遭到破坏,物质和能量输出输入不能平衡,造成系统成分缺损,结构变化,能量流动受阻,物质循环中断,一般称为生态失调,严重的就是生态灾难。

截至目前,已经威胁人类生存并已被人类认识到的环境问题主要有全球变暖、臭氧层破坏、酸雨、淡水资源危机、能源短缺、森林资源锐减、土地荒漠化、物种加速灭绝、垃圾成灾、有毒化学品污染等众多方面。

二、环境地质概念

"环境地质"一词最早出现于20世纪60年代末、70年代初一些西方工业发达国家的文献中。环境地质可理解为对人类的生存、发展环境形成影响的地质、地质问题及其相关变化信息的集合。

环境地质在我国出现和使用较晚,也是随着一系列严重的环境问题(如环境污染、地质灾害等)对生产、生活的影响愈来愈突出而提出的。

环境地质主要问题有崩塌、滑坡、泥石流等地质灾害；地面塌陷愈来愈突出，影响城市建设；城市地下水超采，产生许多区域性地下水降落漏斗；地下水的局部污染较严重，影响城市供水安全；活动断裂与地震威胁城市安全；沿海城市海水入侵、海岸侵蚀与淤积问题等。

三、生态环境与环境地质钻探概念

生态环境与环境地质在广义上来讲都属于地球系统科学范畴，只是生态环境研究对象重点是现代人类活动造成的环境损害和修复，如污染场地调查评价与修复、山水林田湖草损害调查评价与治理、生物多样性调查评价等。环境地质主要研究内容有地质灾害、大陆古气候及古环境的变化规律、沉积物时代、沉积环境等。二者相互联系、相互影响，生态环境更多研究地球表层或浅层的环境问题，而环境地质则更多趋向于深层和古环境问题。

生态环境与环境地质钻探是一项研究人类生存环境的新型钻探项目，生态环境钻探深度一般为几米到几百米，如场地土壤和地下水污染状况调查等；而环境地质钻探深度则要达到千米或几千米，如 2012 年 5 月至 2018 年 3 月 18 日在松辽盆地完成的 7 018 m“松科二井”是亚洲国家实施的最深大陆科学钻井，也是国际大陆科学钻探计划(ICDP)成立 22 年来实施的最深钻井。在环境地质方面，通过钻探取心和研究重建了白垩纪陆相百万年至十万年尺度气候演化历史，发现了各个时间尺度陆相气候变化的主要控制因素，为研究地球气候系统在温室气候条件下演变机制找到了新证据；发现了白垩纪气候波动重大事件，捕捉到大规模火山爆发排放二氧化碳引发陆相气候剧烈波动的重要信息，证实了气候快速变化是导致恐龙灭绝的诱发因素。

所以，生态环境与环境地质调查其核心是取出原始状态的岩心供科学研究。因此，生态环境与环境地质钻探工程的关键技术是取样技术，其目的都是为国家经济区域规划和国土空间规划与用途管制提供决策依据，同时为加强岩石-土壤水-生物-大气多圈层交互作用研究，提供地球系统科学解决方案。

深部环境地质钻探可采用石油钻探设备和特殊取样工具完成，目前技术相对成熟，可参照石油钻井工艺和岩心钻探工艺相关规范。本章重点介绍浅层场地污染调查的生态环境取样及钻探工程。

四、生态环境调查采样及钻探要求

(一)现场采样

1. 土壤样品采集

(1) 土壤样品分表层土壤和下层土壤。下层土壤的采样深度应考虑污染物可能释放和迁移的深度(如地下管线和储槽埋深)、污染物性质、土壤的质地和孔隙度、地下水位和回填土等因素。可利用现场探测设备辅助判断采样深度。

(2)采集含挥发性污染物的样品时，应尽量减少对样品的扰动，严禁对样品进行均质化处理。

(3)土壤样品采集后，应根据污染物理化学性质等，选用合适的容器保存。汞或有机污染的土壤样品应在 4 ℃以下的温度条件下保存和运输。

(4)土壤采样时应进行现场记录，主要内容包括样品名称和编号、气象条件、采样时间、采样位置、采样深度、样品质地、样品的颜色和气味、现场检测结果以及采样人员等。

2. 地下水水样采集

(1)采样人员应了解采样任务的目的和要求,了解采样点周围环境,熟悉地下水采样技术、样品容器的洗涤和样品保存方法,掌握采样器具及现场检测仪器使用方法,熟悉采样质量保证措施、程序和方法。采样人员应经培训合格后上岗。

(2)采样小组宜由 2 名以上采样人员组成。注意采样安全,采样过程要相互监护,防止中毒及掉入井中等意外事故的发生 。

(3)采样过程中采样人员不应有影响采样质量的行为,如不允许使用化妆品,不允许在采样、样品分装、样品密封时吸烟等。采样车辆应停放在采样点下风向 50 m 以外处。

(4)采样器具应避免接触任何污染源。

(5)井中采样前应彻底清洗井口和井口管。

(6)样品采取后应在现场根据所测项目的保存要求及时添加样品保存剂。

(7)样品采取后,应及时将样品容器盖紧、密封,贴好标签,做好现场采样记录。

(二)钻孔取心要求

钻探应参照《水文水井地质钻探规程》(DZ/T 0148—2014)执行,还应符合下列要求:

(1)钻探要求全取心并保持岩心的原状结构,避免对岩心的人为扰动和污染,取心过程中应确保岩心扰动厚度不超过 1 cm;

(2)泥质层岩心采取率应达到 90%,砂质层岩心采取率应达到 75%;

(3)孔深误差不得大于 1‰,孔斜误差不得大于 2°;进尺 50 m 以上及终孔时,都要进行孔深、孔斜校正;

(4)钻探过程中采取土样、岩样宜能正确反映原有地层的粒径组成,避免钻具对岩心的扰动以及冲洗液对岩心的冲蚀。样品采集应重点布置在不同岩性、构造填充处。采取鉴别地层的岩样、土样,非含水层宜每 3~5 m 取一个,含水层宜每 2~3 m 取一个,变层时,应加取一个;

(5)在钻探过程中,应对水位、水温、岩层变层深度、含水构造和溶洞的起止深度等进行观测和记录;

(6)钻探结束时,应对所揭露的地层进行准确分层,并根据含水层的水头、水质情况分别进行回填或隔离封孔;

(7)需要最终成井的钻孔应充分洗井,适当开展入渗试验及抽水试验,确定含水层及包气带渗透性参数。

【习题】

一、判断题(下列判断正确的打"√",错误的打"×")

(　　)1. 地下水采样器具应避免接触任何污染源。

(　　)2. 生态环境与环境地质钻探是一项研究人类生存环境的新型钻探项目,生态环境钻探深度一般为几米到几百米,如场地土壤和地下水污染状况调查等;而环境地质钻探深度则要达到千米或几千米。

(　　)3. 崩塌、滑坡、泥石流等地质灾害不属于环境地质问题。

(　　)4. 生态平衡一旦受到自然因素和人为因素的干扰,超过了生态系统自我调节能力而不能恢复到原来比较稳定的状态时,就造成了生态失调。

(　　)5. 通过环境地质钻探可以捕捉到气候变化等信息。

(　　)6. 采样人员应了解采样任务的目的和要求,熟悉地下水采样技术、样品容器的洗涤和样品保存方法。

(　　)7. 水样采集过程中,使用化妆品,以及采样、分装、密封时吸烟等行为,不会影响采样质量。

(　　)8. 钻孔完成所有取样任务以及其他相关工作后,不需要保留的钻孔恢复场地无明显坑沟即可,不必封孔。

(　　)9. 汞或有机污染的土壤样品应在 4 ℃以下的温度条件下保存和运输。

(　　)10. 生态环境钻探过程中采取土样、岩样宜能正确反映原有地层的粒径组成,避免钻具对岩心的扰动以及冲洗液对岩心的冲蚀。

二、单项选择题(下列选项中,只有一个是正确的,请将其代号填在括号里)

1. (　　)是指影响人类生存与发展的水、土地、生物、气候资源以及数量与质量的总称,是关系到社会和经济持续发展的复合生态系统。

A. 生态环境　　B. 大气环境　　C. 生存环境　　D. 自然环境

2. 生态环境与环境地质钻探工程的关键技术是(　　)。

A. 钻进效率　　B. 取样技术　　C. 经济实用　　D. 碎岩技术

3. (　　)是指人类为其自身生存和发展,在利用和改造自然的过程中,对自然环境破坏和污染所产生的危害人类生存的各种负反馈效应。

A. 生态环境问题　　B. 地质灾害问题　　C. 水土污染问题　　D. 大气污染问题

4. (　　)可理解:对人类的生存、发展环境形成影响的地质、地质问题及其相关变化信息的集合。

A. 环境地质　　B. 自然环境　　C. 地质灾害　　D. 地质问题

5. 生态环境与环境地质调查其核心是取出(　　)的岩心供科学研究。

A. 松散状态　　B. 原始状态　　C. 任意状态　　D. 扰动状态

6. 水样采样过程,采样车辆应停放在采样点(　　) 50 m 以外处。

A. 侧风向　　B. 上风向　　C. 下风向　　D. 原位置

7. 生态环境与环境地质钻探取心时候要求保持岩心的原状结构,避免对岩心的(　　)。

A. 损毁　　B. 晃动　　C. 人为扰动和污染　　D. 破坏美观

8. 采样器具应(　　)接触任何污染源。

A. 可以　　B. 避免　　C. 允许　　D. 随意

9. 生态环境与环境地质钻探取样时,泥质层岩心采取率应达到(　　)。

A. 90%　　B. 50%　　C. 30%　　D. 20%

10. 采集含挥发性污染物的土壤样品时,应尽量减少对样品的扰动,(　　)对样品进行均质化处理。

A. 随意　　B. 应当　　C. 可以　　D. 严禁

三、多项选择题(下列选项中,至少有两个是正确的,请将其代号填在括号里)

1. 生态环境是指影响人类生存与发展的( )以及数量与质量的总称,是关系到社会和经济持续发展的复合生态系统。

A. 水资源 B. 土地资源 C. 生物资源 D. 气候资源

2. 截到目前,已经威胁人类生存并已被人类认识到的环境问题主要有( )能源短缺、森林资源锐减、土地荒漠化、物种加速灭绝、垃圾成灾、有毒化学品污染等众多方面。

A. 全球变暖 B. 臭氧层破坏 C. 酸雨 D. 淡水资源危机

3. 环境地质可理解为对( )的集合。

A. 人类的生存 B. 发展环境形成影响的地质

C. 地质问题 D. 其他相关变化信息

4. 环境地质主要研究内容有( )等。

A. 地质灾害 B. 大陆古气候及古环境的变化规律

C. 沉积物时代 D. 沉积环境

5. 环境地质问题包括( )等。

A. 地质灾害 B. 地面塌陷

C. 地下水超采及污染 D. 海岸侵蚀与淤积问题

6. 水样采取后,应及时将样品容器( ),做好现场采样记录。

A. 盖紧 B. 密封 C. 贴好标签 D. 用洗洁精清洗

7. 生态环境与环境地质钻探过程中,应对( )等进行观测和记录。

A. 水位 B. 水温

C. 岩层变层深度 D. 含水构造和溶洞的起止深度

8. 下层土壤的采样深度应考虑污染物可能释放和迁移的深度(如地下管线和储槽埋深)、( )等因素。

A. 污染物性质 B. 土壤的质地和孔隙度

C. 地下水位 D. 回填土

9. 采样小组宜由2名以上采样人员组成,注意( )等意外事故的发生 。

A. 采样安全 B. 采样过程要相互监护

C. 防止中毒 D. 掉入井中

10. 土壤采样时应进行现场记录,主要内容包括:( )、采样深度、样品质地、样品的颜色和气味、现场检测结果以及采样人员等。

A. 样品名称和编号 B. 气象条件 C. 采样时间 D. 采样位置

【参考答案】

一、判断题

1. √ 2. √ 3. × 4. √ 5. √ 6. √ 7. × 8. × 9. √ 10. √

二、单项选择题

1. A 2. B 3. A 4. A 5. B 6. C 7. C 8. B 9. A 10. D

三、多项选择题

1. ABCD 2. ABCD 3. ABCD 4. ABCD 5. ABCD 6. ABC 7. ABCD
8. ABCD 9. ABCD 10. ABCD

第二节　污染场地生态环境钻探及采样技术

国外在开展污染场地研究方面起步较早，与国内相关研究相比，其现场钻探及采样技术及设备更为成熟和先进。根据相关资料或文献记载，目前污染场地环境调查现场采样技术主要包括调查定位、钻探、地下水水样采集、现场检测及样品保存等。

一、调查定位技术

采样前，一般需要对场地内的土壤或地下水监测点位进行定位或探测，为采样工作做好准备。这方面国内外差异不明显，基本上均是如下操作：①采用卷尺、高精度全球定位仪 GPS、经纬仪、全站仪和水准仪等工具在现场确定采样点的具体地理位置和地面标高；②采用金属探测器或探地雷达等设备探测地下障碍物，确保采样位置避开地下电缆、管线、沟、槽等地下障碍物；③采用水位尺测量地下水位；④采用油水界面仪探测地下水非水相液体。

二、污染场地生态环境钻探技术

污染场地土壤岩心采集最关键的技术是钻探工艺和取样器选择。传统的取样或取心设备可分为两大类：①手动取土钻。以人体手或足动力为其操作力源，不借助机械动力，如螺旋钻、岩心管钻等；②机械动力采样器。以机械动力为操作力源，主要靠液压气压、机械直接传动等方式使采样钻体进入土壤，如传统汽车钻机和直推式钻机（Geoprobe，Powerprobe）等，具体特点如表 7-1 所示。

表 7-1　场地环境调查中不同土壤采样设备的特点

采样设备名称	优点	缺点	应用范围
手动式土钻	结构简单，容易操作，携带方便，使用时不受能源、地形、交通等条件的限制	受地面的坚硬程度和人为因素影响较大；由于有杂物掉进钻探孔中，可能导致图样交叉污染；智能获取体积较小的土样	采集表层土壤样品
传统汽车钻机	钻进深度大，可穿透多种地层，对地面环境和人身安全的负面影响较小，可采集完整的试样	体积大，拆装复杂，成本高、耗时长，对土壤扰动较大，危险性大，效率低；从钻孔中掘出的废弃土壤需要处置	采集深层土壤样品
直推式钻机	取样速度快、效率高，可遥控；对样品无扰动，可用于监测项目中含有 VOC 等不稳定污染物采样	需要多人员共同操作，复杂场地不易进入，从钻孔中掘出的废弃土壤需要处理	采集深层土壤样品

目前，污染场地调查中常用的钻孔设备为直推式钻机，其中美国生产的 Geoprobe 直推式钻机，在土壤钻孔取样上有着传统钻机无法比拟的优势。依据实际应用表明，在土壤中钻孔的效率为 60～100 m/d。

国内污染场地勘探取样还处于借鉴、引用阶段，与发达国家相比，实践经验积累和理论研究均严重不足,通常还是以传统的钻探取样为主要技术手段,没有形成统一标准,仪器、设备方面的研究也不足,尚处于起步阶段。

三、地下水水样采集技术

国外一些发达国家对地下水的采样技术高度重视并进行了深入研究,逐渐形成了系列化、规模化的采样器具,其地下水采样设备(常规采样器、定深取样器、取样泵以及地下水分层采样系统)均具有轻便、灵活、取样质量可靠等特点。而国内地下水采样技术相比国外较为落后,尤其是采样设备的研制起步相对较晚。地下水采样技术分为直接推进型原位地下水采样技术和监测井采样技术。

(一)直接推进型原位地下水采样技术

直接推进主要有两种类型:一种是用液压动力将钻具推入地下;另一种是以冲击振动的方式将钻具推入地下。用于直接推进类的采样器如裸露过滤网型采样器、密闭过滤网型采样器、Waterloo 采样器等,其优缺点如表 7-2 所示。

表 7-2　直接推进型原位地下水采样器的类型及优缺点

取样器类型	优缺点
裸露过滤网型采样器	在单个直接推进的孔中,钻具不用抽回,可以进行多级采样,但裸露的过滤网容易造成堵塞,可能引起土壤或地下水中 NAPL(非含水相液体)的衰减,以及可能造成样品交叉污染
密闭过滤网型采样器	能够精确地采集不同深度的及不连续的样品;在钻具未达到目标监测点前,监测井过滤网并未与土壤接触,避免了堵塞或损坏,同时降低了潜在的地下水样品污染
Waterloo 采样器	裸露过滤网型取样器的改透型,其优点是在单孔推进中可以采集多个不连续深度的地下水样品,并且不必上下移动和清洗钻具

(二)监测井采样技术

利用监测井进行地下水采样是目前较为普遍的一种污染场地地下水采样方式。监测井的类型多种多样,如单管单层监测井、丛式监测井、巢式监测井、连续多通道监测井等,其特点如表 7-3 所示。目前我国污染场地环境调查中地下水监测井大多采用单管单层类型,其结构示意图如图 7-1 所示。监测井的施工流程包括钻孔、下管、填砾及止水、井台构筑和洗井等步骤。

目前,国内外用于监测井的地下水取样设备有多种,如 Bailer 取样器(贝勒管)、不连续间隔取样器以及地下水取样器等,其优缺点如表 7-4 所示。在污染场地实际现场,可根据不同需求选择取样器,如采集无机样品和 LNAPL(轻质非水相)样品,可选用贝勒管进行取样,采集挥发、半挥发有机物样品和 DNAPL(重质非水相)样品,可选用不连续间隔取样器和气囊泵进行取样。

在实际工作中,需要规避由于操作管理不规范等产生的问题,比如劣质井管材质污染地下水水质、下管后的回填止水不到位、洗井不彻底导致采集的样品不具代表性、取样时的交叉污染以及钻孔产生的废水、废土二次污染等。

表 7-3 监测井类型及特点

监测井类型	特点
单管单层监测井	一个钻孔内安装单根井管监测单一目标含水层
丛式监测井	按不同监测层的取样和监测要求分别钻进多个不同深度的单独监测井,其主要优点为安装工艺简单,但钻孔数量较多,造成监测井建设成本和监测成本较高
巢式监测井	在一个钻孔中将数根不同长度的监测井管分别下到选定的几个监测层位,从而使得几个监测井在一个钻孔中完成分层采样和分层监测的目的,其优点是钻孔数量较少、成本相对节约,但多跟井管的填砾止水较困难,不同地层之间可能相互影响,导致监测数据失真
连续多通道监测井	加拿大 Solinst 公司开发的,连续多通道管采用连续方式挤出带有 7 个通道的高密度聚乙烯管,整体围绕一根管,止水容易,回填方便,能够提供 7 个不同监测区域,连续多通道管无接头,可避免渗漏,但监测通道较小,地下水位测量和采集地下水水样需要专用水位计和采样器

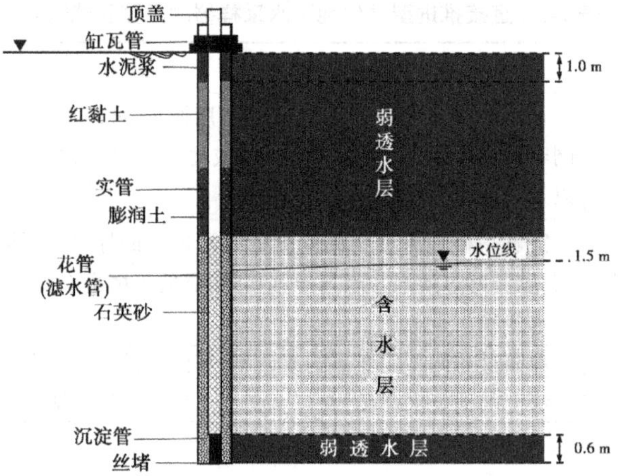

图 7-1 地下水监测井结构示意图

表 7-4 地下水取样设备

地下水取样设备	优缺点
贝勒管	操作简易,使用方便,不需要特殊动力,基本不受直径和深度的限制,但当采集含有挥发性有机物的地下水样品时,损失较大
不连续间隔取样器	间断性且多次重复取样,可从物质漂浮层(油)下采集真实的、有代表性的地下水样品,监测井无需进行清洗,适合采集含有挥发性有机物的地下水样品,也可从不同深度或进水位置采集地下水样品
地下水取样器	可连续地获得一定流量的地下水样品,取样泵直径较大的在 50 mm,最小的仅有 10 mm,取样深度最高可达 500 余 m

【习题】

一、判断题(下列判断正确的打"√",错误的打"×")

(　　)1. 利用监测井进行地下水采样是目前较为普遍的一种污染场地地下水采样

方式。

(　　)2. 国外在开展污染场地研究方面起步较早，与国内相关研究相比，其现场钻探及采样技术及设备更为成熟和先进。

(　　)3. 污染场地土壤岩心采集最关键的技术是钻探工艺和取样器选择。

(　　)4. 国内污染场地勘探取样处于成熟应用阶段，与发达国家相比，实践经验积累和理论研究均比较充足。

(　　)5. 密闭过滤网型采样器能够精确地采集不同深度及不连续的样品；在钻具未达到目标监测点前，监测井过滤网并未与土壤接触，避免了堵塞或损坏，同时降低了潜在的地下水样品污染。

二、单项选择题(下列选项中，只有一个是正确的，请将其代号填在括号内)

1. 直接推进型原位地下水采样技术主要有两种类型：一种是用(　　)将钻具推入地下；另一种是以冲击振动的方式将钻具推入地下。

A. 液压动力　　B. 空气动力　　C. 电动力

2. 地下水采样技术分为直接推进型原位地下水采样技术和(　　)。

A. 单管采样技术　　B. 半合管采样技术　　C. 监测井采样技术

3. 目前我国污染场地环境调查中地下水监测井大多(　　)。

A. 多管单层　　B. 单管单层　　C. 多管多层

4. 监测井的施工流程包括(　　)、下管、填砾及止水、井台构筑和洗井等步骤。

A. 定位　　B. 钻孔　　C. 下钻

5. 地下水取样器可连续地获得一定流量的地下水样品，取样泵直径较大的在 50 mm，最小的仅有(　　) mm，取样深度最高可达 500 余 m。

A. 8　　B. 9　　C. 10

三、多项选择题(下列选项中，至少有两个是正确的，请将其代号填在括号里)

1. 采样前，一般需要对场地内的土壤或地下水监测点位进行定位或探测，为采样工作做好准备。这方面国内外差异不明显，基本上均是(　　)操作。

A. 采用卷尺、高精度全球定位仪 GPS、经纬仪、全站仪和水准仪等工具在现场确定采样点的具体地理位置和地面标高

B. 采用金属探测器或探地雷达等设备探测地下障碍物，确保采样位置避开地下电缆、管线、沟、槽等地下障碍物

C. 采用水位尺测量地下水水位

D. 采用油水界面仪探测地下水非水相液体

2. 手动式土钻的优点有(　　)。

A. 结构简单　　B. 容易操作

C. 携带方便，使用时不受能源、地形、交通等条件的限制　　D. 节省油料成本

3. 监测井的类型多种多样，如(　　)等。

A. 单管单层监测井　　B. 从式监测井

C. 巢式监测井　　D. 连续多通道监测井

4. 根据相关资料或文献记载，目前污染场地环境调查现场采样技术主要包括(　　)等。

A. 调查定位　　B. 钻探　　C. 地下水水样采集　　D. 现场检测及样品保存

5. 连续多通道监测井的特点下列(　　)说法是正确的。

A. 加拿大 Solinst 公司开发的,连续多通道管采用连续方式挤出带有 7 个通道的高密度聚乙烯管,整体围绕一根管,止水容易,回填方便

B. 能够提供 7 个不同监测区域

C. 连续多通道管无接头,可避免渗漏

D. 监测通道较小,地下水位测量和采集地下水水样需要专用水位计和采样器

【参考答案】

一、判断题

1. √　2. √　3. √　4. ×　5. √

二、单项选择题

1. A　2. C　3. B　4. B　5. C

三、多项选择题

1. ABCD　2. ABC　3. ABCD　4. ABCD　5. ABCD

第三节　样品保存及现场检测技术

一、样品保存技术

土壤样品保存方式因不同检测项目和采样钻孔设备而不同。当目标污染物为无机物时,样品一般用塑料瓶(袋)贮存;目标污染物为挥发性和半挥发性有机物时,样品适合使用具有聚四氟乙烯密封垫的直口螺口瓶贮存;采用手动式土钻或传统钻机采集的土壤样品通常会直接暴露于空气中,因此这类样品应保存在特定的容器中。检测挥发性有机物的样品应加一定量的保存剂(10 mL 甲醇溶液)进行保存,而采用直推式钻机采集的样品可用两端盖帽(特氟龙材质)的方法进行样品封存,同时放置于 4 ℃ 的保温箱保存。地下水样品的保存方法也因检测因子不同而有所差异,我国环境保护部编制的《地下水环境监测技术规范》(HJ/T 164—2004) 附录 A 中对地下水样品采样容器的选择、保存剂和用量、保存期以及采样量均进行了详细的归纳总结,在此需要额外补充的是,检测因子为挥发性有机物的水样保存条件,即采用棕色的玻璃瓶最少采集 40 mL 的样品,添加 0. 25 mg 抗坏血并加 HCl 使 $pH<2$,在此条件下可保存 14 d。

二、现场检测技术

随着污染场地环境调查及修复工作的开展,现场检测技术的使用越来越频繁,其可对土壤样品进行快速筛选,辅助现场采样人员大致判断场地的污染范围和污染程度,从而避免盲目地现场采样,有效减少样品的采集量,也相应地节省了检测时间及费用。目前常用的现场检测技术主要包括:①重金属快速测定技术和挥发性有机物快速测定技术等现场快速筛选技术,常用的仪器有 X 射线荧光分析仪(XRF)、火焰离子化检测仪(FID)和光离子化检测仪(PID),具体功能及优缺点见表 7-5;②采用其他便携式设备,如低流速气囊泵

(QED)系统中的多参数仪,测定地下水 pH 值、水温、浊度、氧化还原电位和电导率等;③采用直接贯入设备现场连续测试地层和污染物垂向分布情况;④采用土壤气体现场检测手段和地球物理手段初步判断场地污染物及其分布。

表 7-5 现场采样便携式仪器的功能及优缺点

仪器名称	主要功能	优缺点	常见品牌
X 射线荧光分析仪(XRF)	检测土壤中的重金属	优点:快速进行现场分析; 缺点:需要前期训练操作人员,可能受到基质干扰,检测限较高	美国尼通(Niton)、美国 Xenemetrix、英国牛津 X-MST5000、荷兰帕纳科 Minipal4
火焰离子化检测仪(FID)	半定量检测土壤中 VOCs 组分的含量	优点:迅速获得结果; 缺点:重、体积大,智能检测到 VOCs 组分,检测完毕后样品已被破坏	美国英福康(DataFID)、德国福德、美国 INFICON
光离子化检测仪(PID)	检测土壤中 VOCs、部分 SVOCs 和无机物的浓度	优点:迅速获得结果,重量轻、体积小,容易使用。 缺点:测定结果受环境湿度等影响,不能确定特定的有机组分浓度	美国华璃、英国虎牌、湖南日科、深圳元特

【习题】

一、判断题(下列判断正确的打"√",错误的打"×")

(　　)1. 土壤样品保存时,对不同检测项目和采样钻孔设备,可以统一用塑料瓶(袋)贮存。

(　　)2. 检测挥发性有机物的样品可以直接用塑料瓶(袋)贮存保存。

(　　)3. 地下水样品的保存方法也因检测因子不同而有所差异。

(　　)4. 采用土壤气体现场检测手段和地球物理手段可以初步判断场地污染物及其分布。

(　　)5. 采用直接贯入设备可以现场连续测试地层和污染物垂向分布情况。

二、单项选择题(下列选项中,只有一个是正确的,请将其代号填在括号里)

1. 污染场地土壤岩心采集最关键的技术是钻探工艺和取样器选择。传统的取样或取心设备可分为(　　)和机械动力采样器两大类。

A. 手动取土钻　　B. 岩心钻　　C. 液压取样　　D. 汽车钻

2. 污染场地调查中常用的钻孔设备为(　　)。

A. 回转钻机　　B. 冲击钻机　　C. 岩心钻机　　D. 直推式钻机

3. (　　)可对土壤样品进行快速筛选,辅助现场采样人员大致判断场地的污染范围和污染程度,从而避免盲目地现场采样。

A. 现场检测技术　　B. 取样技术　　C. 快速监测　　D. 调查技术

4. 地下水采样技术分为直接推进型原位地下水采样技术和(　　)采样技术。

A. 监测井　　B. 调查井　　C. 间接　　D. 直接

5. 土壤样品保存方式因检测项目和采样钻孔设备不同而(　　)。

A. 相同　　B. 大同小异　　C. 不同　　D. 类似

三、多项选择题(下列选项中,至少有两个是正确的,请将其代号填在括号里)

1. 目前污染场地环境调查现场采样技术主要包括(　　)等。

A. 调查定位　　B. 钻探

C. 地下水水样采集　　D. 现场检测及样品保存

2. 污染场地环境调查现场采样中,定位调查技术采用(　　)、全站仪和水准仪等工具在现场确定采样点的具体地理位置和地面标高。

A. 卷尺　　B. 高精度全球定位仪

C. GPS　　D. 经纬仪

3. 直接推进型原位地下水采样技术,直接推进主要有两种类型:一种是用(　　)将钻具推入地下;另一种是以(　　)的方式将钻具推入地下。

A. 液压动力　　B. 冲击振动　　C. 手动　　D. 重力

4. 监测井的施工流程包括(　　)等步骤。

A. 钻孔　　B. 下管　　C. 填砾及止水　　D. 井台构筑和洗井

5. 地下水采样设备一般应具有(　　)等特点。

A. 轻便　　B. 灵活　　C. 取样质量可靠

【参考答案】

一、判断题

1. ×　　2. ×　　3. √　　4. √　　5. √

二、单项选择题

1. A　　2. D　　3. A　　4. A　　5. C

三、多项选择题

1. ABCD　　2. ABCD　　3. AB　　4. ABCD　　5. ABC

第四节　直接推进钻探方法

一、直接推进钻探施工流程

直接推进钻机与其他形式钻机施工基本一致。主要有定位,平整场地、稳定钻机,钻进(取样和记录),恢复场地。

(一)定位

使用经校对合格的 GPS 高精度掌机按设计要求的经纬度坐标确定孔位,要求精度≤1.00 m,并在确定的点位上用钢管锤下 20~30 cm,灌入白灰粉做标记。

(二)平整场地、稳定钻机

在标记的点位处平整出钻探施工场地,场地应平整稳固,并夯实。另需在施工场地较宽敞的一侧平整出约存放土壤样品的场地,铺上塑料布或苫布,以避免土样污染。把钻机搬运到孔位标记点处,在钻机底盘处铺上木板,使机架周正平稳,下放钻具使钻机中心与孔位标记点重合,并用 GPS 高精度掌机检查孔位标记点的准确度和对孔精度,同时检查钻探设备安装是否安全稳固,以及钻机及相关配套设施是否完好。

(三)钻进(取样和记录)

在钻进过程中,根据取样深度要求定点定位取样,同时在记录表中记录相关信息。

(四)恢复场地

钻孔达到设计深度,并完成所有取样任务以及其他相关工作后,由采样人员出具钻孔合格确认单,将钻机及其附属设施搬离施工场地,在孔口用专用标记桩标记孔号,以备查验。最后恢复场地地坪,使其无明显坑沟后,进入下点施工,不需要保留的钻孔需要封孔,工艺流程如图 7-2 所示。

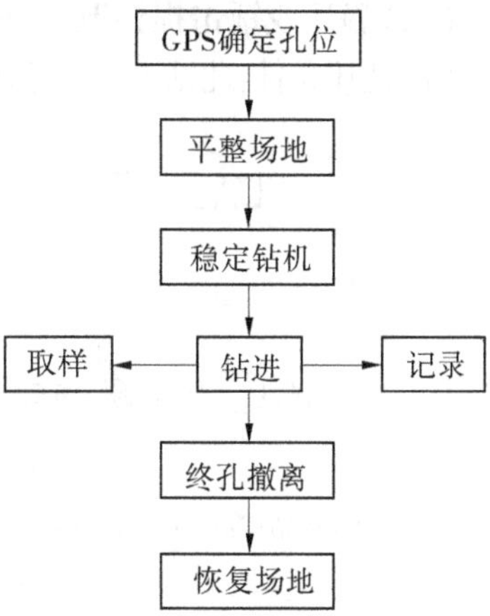

图 7-2　工艺流程

二、不同条件下钻探方法

(一)静压或锤击不提钻取土法无水钻进

(1)适用条件：此钻进方法适用于开孔至含水层以上或地下水承压力较小的连续取样地层。不提钻取心钻具组合见图 7-3。

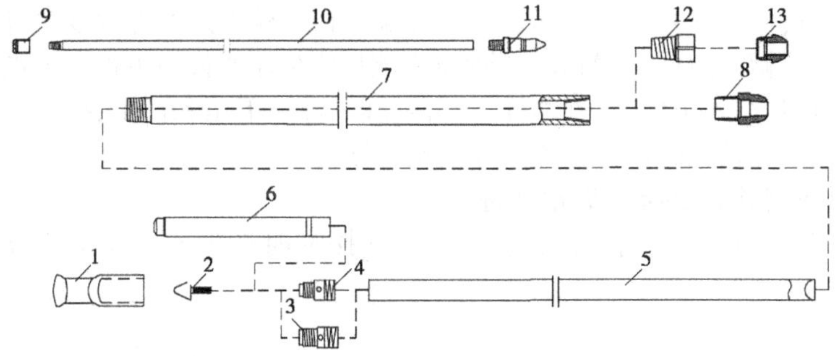

1—外管冲锤帽;2—减震器;3—内钻杆接头;4—内衬管接头;5—内衬管;
6—减震器;7—外钻杆;8—削靴;9—内管帽;10—内钻杆;
11—分离式钻头;12—抛弃式削靴座;13—抛弃式削靴

图 7-3　不提钻取心钻具组合示意图

(2)钻具外管组合:DT22 削靴(含抛弃式削靴和抛弃式削靴座)+2. 25 in 外钻管+2. 25 in 钻杆。

(3)钻具内管组合:分离式钻头+DT22 内衬管+DT22 内管头+DT22 减震器+DT22 内杆。

(4)操作方法:开孔用 2. 25 in 十字形液动冲击钻头破除地表混凝土地面后,将组装好的钻具上端加外管冲锤帽后,与钻机液压锤的冲锤定位帽连接,开动钻机施以 100 kN 左右的静压力使钻具下行钻入土体,若钻具不能压入土体,可启动液压锤以 32 Hz 的频率敲击钻具,使其压入土体。当削靴底端达到取样预计深度时,停止下压和锤击,取出内杆和内管,完成一个钻进回次,再将连接内杆的新内管重新放入外管位置,加上足够的内外管,加外管冲锤帽后并对好冲锤定位帽,再以静压或锤击的方式使钻具切入土体,达到下一个取样深度时,停止下压和锤击,取出内杆和内管,完成第二个钻进回次,如此往复,直至完成相应的取样任务。

(二)静压或锤击提钻取土法无水钻进

(1)适用条件:此钻进方法适用于施工区的各类取样地层。提钻取心钻具组合见图 7-4。

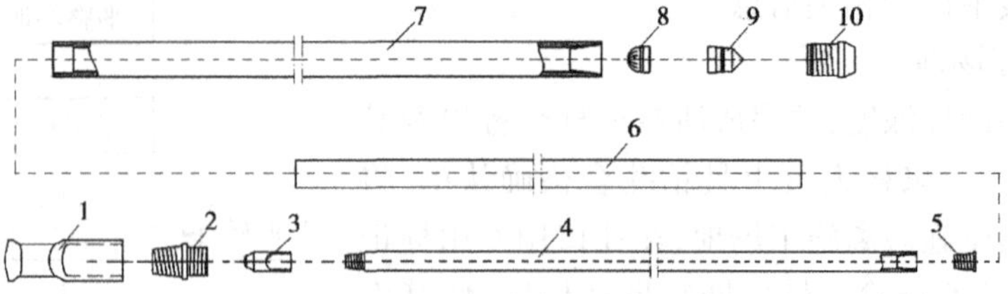

1—外管冲锤帽;2—岩心管接头;3—内杆冲锤帽;
4—内钻杆;5—内管塞;6—取心 PVC 管;7—岩心管;8—岩心爪;9—活塞式钻头;10—削靴

图 7-4 提钻取心钻具组合示意图

(2)钻具外管组合:DTR(或 MC5)削靴+2. 25 in 岩心管+2. 25 in 钻杆。

(3)钻具内管组合:活塞式钻头+岩心爪+取心管+内管塞+DTR(或 MC5)内钻杆。

(4)操作方法:开孔用 2. 25 in 十字形液动冲击钻头破除地表混凝土地面后,将组装好的钻具上端加外管冲锤帽后,与钻机液压锤的外管冲锤帽定位帽连接,开动钻机施以 100 kN 左右的静压力使钻具下行钻入土体,若钻具不能钻入土体,可启动液压锤以 32 Hz 的频率敲击钻具,使其钻入土体。当切割头底端达到取样预计上部深度时,停止下压和锤击,取出外管冲锤帽和顶杆,重新放入外管冲锤帽,并对好外管冲锤帽定位帽,再以静压或锤击的方式使钻具切入土体,达到取样下部深度时,停止下压和锤击,提出钻具取样,如此往复,直至完成一个钻孔的取样任务后移位至新钻孔。

(三)静压或锤击提钻临时取水钻进

(1)适用条件:此钻进方法用于原状土壤钻探临时性取水。临时取水钻具组合见图 7-5。

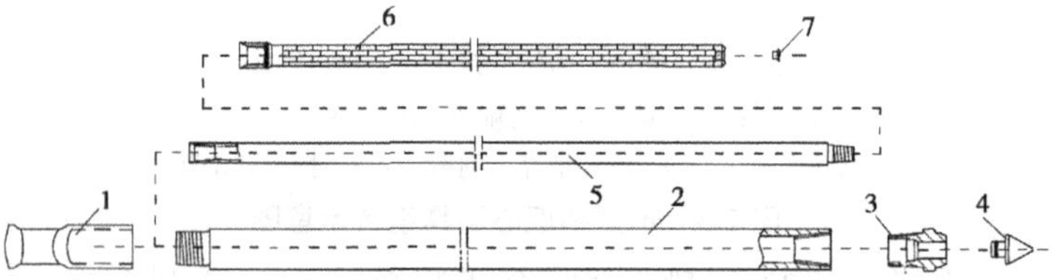

1—外管冲锤帽;2—外钻杆;3—钻头座;4—抛弃式钻头;5—轻质内钻杆;6—滤水管;7—滤管塞

图 7-5 临时取水钻具组合示意图

(2)钻具外管组合:2. 25 in 抛弃式钻头+抛弃头座+2. 25 in 外钻管+2. 25 in 钻杆。

(3)钻具内管组合:0. 65 in 过滤管+1. 25 in 内钻杆。

(4)操作方法:开孔用 2. 25 in 十字形液动冲击钻头破除地表混凝土地面后,将组装好的钻具上端加外管冲锤帽后,与钻机液压锤的外管冲锤帽定位帽连接,开动钻机施以 100 kN 左右的静压力使钻具下行钻入土体,若钻具不能钻入土体,可启动液压锤以 32 Hz 的频率敲击钻具,使其钻入土体。当抛弃头底端达到第一个取样预计深度时,停止下压和锤击,取出外管冲锤帽,上提外管,压下内管,使滤管从抛弃头架内伸出,下入连接好单向阀式取水器的检查管至滤管内,上下快速提动放下检查管,即可提出水样,盛入相应的容器内,第二个水样,重复上述工作,直至完成一个钻孔的取样任务后移位。

【习题】

一、判断题(下列判断正确的打"√",错误的打"×")

(　　)1. 静压或锤击不提钻取土法无水钻进适用于开孔至含水层以上或地下水承压力较小的连续取样地层。

(　　)2. 静压或锤击提钻临时取水钻进方法用于原状土壤钻探临时性取水。

(　　)3. 采样完成后,对不需要保留的钻孔,为节省精力,可以不必处理。

(　　)4. 静压或锤击提钻取土法无水钻进适用于施工区的各类取样地层。

(　　)5. 把取样钻机搬运到孔位标记点处,在钻机底盘处铺上木板,应使机架周正平稳,下放钻具使钻机中心与孔位标记点重合。

二、单项选择题(下列选项中,只有一个是正确的,请将其代号填在括号里)

1. 直推式钻机场地应(　　)并夯实。

A. 平整稳固　　B. 高低不平　　C. 虚软　　D. 凹凸

2. 存放土壤样品的场地,应铺上塑料布或苫布,以避免(　　)。

A. 丢失　　B. 雨淋　　C. 污染　　D. 风吹

3. 取样钻孔合格验收之后,需要恢复场地,不需要保留的钻孔需要(　　)。

A. 掩盖　　B. 掩埋　　C. 封孔　　D. 不需处理

4. 在取样钻进过程中,需根据取样深度要求(　　)取样,同时在记录表中记录相关信息。

A. 随意　　B. 大概　　C. 约莫　　D. 定点定位

5. 静压或锤击提钻临时取水钻进用于原状土壤钻探(　　)取水。

A. 连续　　B. 永久　　C. 往复　　D. 临时性

三、多项选择题(下列选项中,至少有两个是正确的,请将其代号填在括号里)

1. 直接推进钻机施工流程主要有(　　)及恢复场地。

A. 定位　　B. 场地平整　　C. 稳定钻机　　D. 钻进(取样、记录)

2. 取样钻探定位需使用经校对合格的 GPS 高精度掌机按设计要求的经纬度坐标确定(　　),要求精度(　　),并在确定的点位上用钢管锤下(　　),灌入(　　)做标记。

A. 孔位　　B. ≤1.00 m　　C. 20~30 cm　　D. 白灰粉

3. 采样钻孔达到设计深度,并完成所有取样任务以及其他相关工作后,由采样人员出具(　　),将钻机及其附属设施搬离(　　),在孔口用专用标记桩(　　),以备(　　)。

A. 钻孔合格确认单　　B. 施工场地　　C. 标记孔号　　D. 查验

4. 不提钻取心钻具内管组合包括(　　)、内杆等。

A. 分离式钻头　　B. 内衬管　　C. 内管头　　D. 减震器

5. 静压或锤击提钻取土法无水钻进,提钻取心钻具内管组合包括(　　)、内杆等。

A. 活塞式钻头　　B. 岩心爪　　C. 取心管　　D. 内管塞

【参考答案】

一、判断题

1. √　　2. √　　3. √　　4. √　　5. √

二、单项选择题

1. A　　2. C　　3. C　　4. D　　5. D

三、多项选择题

1. ABCD　　2. ABCD　　3. ABCD　　4. ABCD　　5. ABCD

第八章　工勘施工钻探

第一节　基础工程

一、浅基础

通常把埋置深度不大,只需经过挖槽、排水等普通施工程序就可以建造起来的基础称为浅基础。它可扩大建筑物与地基的接触面积,使上部荷载扩散。浅基础主要有独立基础、条形基础、筏形基础。

二、地基处理

(一)地基处理分类

(1)天然地基:选定适当的基础形式,不需改变地基的工程性质就可满足要求的地基;

(2)人工地基:对地基的土和岩石加固,以改善其工程性质的地基。

(二)地基处理的方法

(1)置换法。置换法是将建筑物基础地面以下一定范围内的软弱土层挖除,置换以良好的无侵蚀性低压缩性的散粒材料(土、砂、碎石)或与建筑物相同的材料,然后压实或夯实。

(2)强夯法。用几十吨重的夯锤,从几十米高处自由落下,进行强力夯实的地基处理方法。夯锤一般重10~40 t,落距6~40 m,处理深度可达10~20 m。强夯法和强夯置换法主要用来提高土的强度,减少压缩性,改善土体抵抗振动液化能力和消除土的湿陷性。

(3)砂石桩法。采用振动、冲击或水冲等方式在地基中成孔后,再将碎石、砂或砂石挤压入已成的孔中,形成砂石所构成的密实桩体,并和原桩间土组成复合地基的地基处理方法。

(4)振冲法。用振冲器加固地基的方法,即在砂土中加水振动使砂土密实。用振冲法造成的砂石桩或碎石桩,都称振冲桩。

(5)水泥土搅拌法。水泥土搅拌桩地基系利用水泥作为固化剂,通过深层搅拌机在地基深部,就地将软土和固化剂(浆体或粉体)强制拌和,利用固化剂和软土发生一系列物理、化学反应,使凝结成具有整体性、水稳性好和较高强度的水泥加固体,与天然地基形成复合地基。

(6)高压喷射注浆法。通过钻入土层中的灌浆管,用高压压入某种流体和水泥浆液,并从钻杆下端的特殊喷嘴以高速喷射出去的地基处理方法。在喷射的同时,钻杆以一定速度旋转,并逐渐提升;高压射流使四周一定范围内的土体结构遭受破坏,并被强制与浆液混合,凝固成具有特殊结构的圆柱体,也称旋喷桩。

(7)水泥粉煤灰碎石桩(CFG 桩)法。水泥粉煤灰碎石桩简称 CFG 桩,是由碎石、石屑、粉煤灰组成混合料,掺适量水泥进行拌和,采用各种成桩机械形成的桩体。基础和桩顶之间需设置一定厚度的褥垫层,保证桩、土共同承担荷载形成复合地基。

(8)灰土挤密桩法和土挤密桩法。适用于处理地下水位以上的湿陷性黄土、素填土和杂填土等地基,可处理的深度为 5~15 m。当用来消除地基土的湿陷性时,宜采用土挤密桩法;当用来提高地基土的承载力或增强其水稳定性时,宜采用灰土挤密桩法。

三、桩基分类

(一)按承载性状分类

(1)摩擦型桩。①摩擦桩:在承载能力极限状态下,桩顶竖向荷载由桩侧阻力承受,桩端阻力小到可忽略不计;②端承摩擦桩:在承载能力极限状态下,桩顶竖向荷载主要由桩侧阻力承受。

(2)端承型桩。①端承桩:在承载能力极限状态下,桩顶竖向荷载由桩端阻力承受,桩侧阻力小到可忽略不计;②摩擦端承桩:在承载能力极限状态下,桩顶竖向荷载主要由桩端阻力承受。

(二)按成桩工艺分类

(1)静压预制桩:桩身质量有保证,施工速度快,无噪声,适合在市区施工。

(2)打入式预制桩:主要有预制方桩和预应力管桩。打入式预制桩的桩身质量易控制,施工速度快,承载力高,但施工时振动大、噪声大,不适合在建筑密度较高的城区内施工。

(3)钻孔灌注桩:钻孔灌注桩施工机械简单,桩径容易调节,施工无振动、无噪声,适宜于城区采用,是工程设计人员较多选用的桩基形式之一。

(4)振动沉管灌注桩:成本较低,桩身成型质量较好,单桩承载力高;施工时对邻近建筑有影响且噪音大,当桩长超过 20 m 后,容易出现桩径成型不良或拔管困难等情况。

(5)夯扩桩:桩身成型质量较好,能够充分发挥硬土层的承载潜力,施工设备简单,施工速度快,常用于多层住宅基础。

(6)人工挖孔桩:桩径大,承载力高,施工设备简单,适合于地下水位较低,硬土层埋藏较浅的地质情况。

(7)旋喷桩:喷射注浆法又称旋喷法注浆,对处理淤泥、淤泥质土、黏性土、粉土、沙土、人工填土和碎石土等有良好的效果,主要用于地基处理。

(三)按桩径(设计直径 d)大小分类

小直径桩:$d \leqslant 250$ mm;中等直径桩: 250 mm$<d<$800 mm;大直径桩: $d \geqslant 800$ mm。

四、常见桩基类型

(1)灌注桩。灌注桩是指在工程现场通过机械钻孔、钢管挤土或人力挖掘等手段在地基土中形成桩孔,并在其内放置钢筋笼、灌注混凝土而做成的桩,依照成孔方法不同,灌注桩又可分为沉管灌注桩、钻孔灌注桩和挖孔灌注桩等几类。

灌注桩的特点是:施工设备简单,操作方便,适用于各种砂性土、黏性土,也适用于碎石、卵砾石类土层和基岩层。但对于淤泥及可能发生流沙或有承压水的地基,施工较困难。施工前应做试桩,以取得经验。

(2)预制管桩。管桩分为后张法预应力管桩和先张法预应力管桩。

管桩按混凝土强度等级和壁厚分为预应力混凝土管桩(PC 管桩)、预应力混凝土薄壁管桩(PTC 管桩)、高强度预应力混凝土管桩(PHC 管桩)。

PC 桩的混凝土强度不得低于 C50 混凝土,PTC 管桩强度等级不得低于 C60 混凝土,PHC 桩的混凝土强度等级不得低于 C80 混凝土。

【习题】

一、判断题(下列判断正确的打"√",错误的打"×")

(　　)1. 工勘施工钻探按照钻探的目的不同,可以分为工程地质钻探和工程施工钻探。

(　　)2. 端承桩在承载能力极限状态下,桩顶竖向荷载由桩侧阻力承受,桩端阻力可忽略不计。

(　　)3. 通常把埋置深度不大,只需经过挖槽、排水等普通施工程序就可以建造起来的基础称为浅基础。

(　　)4. 选定适当的基础形式,不需改变地基的工程性质就可满足要求的地基是天然地基。

(　　)5. 用振冲法造成的砂石桩或碎石桩,都称振冲桩。

(　　)6. 水泥粉煤灰碎石桩简称 CFG 桩,是由碎石、石屑、粉煤灰组成混合料,掺适量水泥进行拌和,采用各种成桩机械形成的桩体。

(　　)7. 打入式预制桩的桩身质量易控制,施工速度快,承载力高,但施工时振动大、噪声大,适合在建筑密度较高的城区内施工。

(　　)8. 钻孔灌注桩施工机械简单,桩径容易调节,施工无振动、无噪声,适宜于城区采用,是工程设计人员较多选用的桩基形式之一。

(　　)9. 人工挖孔桩:桩径大,承载力高,施工设备简单,适合于地下水位较低,硬土层埋藏较浅的地质情况。

(　　)10. 钢筋混凝土预制桩是在工厂或施工现场预制,用锤击打入、振动沉入等方法,使桩沉入地下。

二、单项选择题(下列选项中,只有一个是正确的,请将其代号填在括号内)

1. 下列(　　)选项不属于浅基础类型。

A. 独立基础　　B. 桩基础　　C. 条形基础　　D. 筏基础

2. 在极限承载力状态下，桩顶竖向荷载由桩端阻力承受，桩侧阻力小到可忽略不计（　　）。

A. 端承摩擦桩　B. 摩擦桩　C. 摩擦端承桩　D. 端承桩

3. 在极限承载力状态下，桩顶竖向荷载主要由桩侧阻力承受的桩是（　　）。

A. 端承摩擦桩　B. 摩擦桩　C. 摩擦端承桩　D. 端承桩

4. 在极限承载力状态下，桩顶竖向荷载主要由桩端阻力承受的桩是（　　）。

A. 端承摩擦桩　B. 摩擦桩　C. 摩擦端承桩　D. 端承桩

5. 下面属于小直径桩的是（　　）。

A. 直径 200 mm 桩　B. 直径 300 mm 桩　C. 直径 500 mm 桩　D. 直径 800 mm 桩

6. 下面属于预制桩的是（　　）。

A. 预制管桩　B. 人工挖孔灌注桩　C. 灰土挤密桩　D. 旋喷桩

7. 下面属于灌注桩的是（　　）。

A. 预制管桩　B. 钻孔灌注桩　C. 灰土挤密桩　D. 旋喷桩

8. 施工时无噪声、无振动，对周围环境干扰小，适合城市中施工的是（　　）。

A. 锤击沉桩　B. 振动沉管灌注桩　C. 振动水冲桩　D. 静压桩

9. 下列（　　）不属于常见的桩基类型。

A. 灌注桩　B. 预制桩　C. 旋喷桩　D. 振动水冲桩

10. 下面属于大直径桩的是（　　）。

A. 直径 200 mm 桩　B. 直径 300 mm 桩　C. 直径 500 mm 桩　D. 直径 1000 mm 桩

三、多项选择题（下列选项中，至少有两个是正确的，请将其代号填在括号里）

1. 混凝土灌注桩按其成孔方法不同，可分为（　　）。

A. 钻孔灌注桩　B. 沉管灌注桩　C. 人工挖孔灌注桩　D. 静压沉桩

2. 按桩径（设计直径 d）大小分类（　　）。

A. 小直径桩　B. 中等直径桩　C. 大直径桩　D. 灌注桩

3. 桩按承载性状分类可分为（　　）。

A. 端承摩擦桩　B. 摩擦桩　C. 摩擦端承桩　D. 端承桩

4. 桩基按照构造类型分为（　　）。

A. 灌注桩　B. 预制桩　C. 钢桩　D. 灰土桩

5. 下列属于浅基础类型的是（　　）。

A. 独立基础　B. 桩基础　C. 条形基础　D. 筏基础

6. 地基处理目的是（　　）。

A. 提高地基土的承载力　B. 降低地基土的压缩性

C. 改善地基的透水特性　D. 改善地基土的动力特性

7. 常用的地基处理方法有（　　）。

A. 置换法　B. 强夯法　C. 砂石桩法　D. 振冲法

8. 水泥粉煤灰碎石桩简称 CFG 桩，是由（　　）组成混合料，掺适量（　　）进行拌和，采用各种成桩机械形成的桩体。

A. 碎石　B. 石屑　C. 粉煤灰　D. 水泥

9. 砂石桩法是采用(　　)或水冲等方式在地基中成孔后,再将(　　)或砂石挤压入已成的孔中,形成砂石所构成的密实桩体,并和原桩间土组成复合地基的地基处理方法。

A. 振动　　B. 冲击碎石　　C. 砂石　　D 砂

10. 静压预制桩:桩身质量(　　),施工(　　),无(　　),适合在(　　)施工。

A. 有保证　　B. 速度快　　C. 噪声　　D. 市区

【参考答案】

一、判断题

1. √　2. ×　3. √　4. √　5. √　6. √　7. ×　8. √　9. √　10. √

二、单项选择题

1. B　2. D　3. A　4. C　5. A　6. A　7. B　8. D　9. D　10. D

三、多项选择题

1. ABCD　2. ABC　3. ABCD　4. ABCD　5. ACD　6. ABCD　7. ABCD　8. ABCD　9. ABCD　10. ABCD

第二节　工程材料

一、混凝土

混凝土,简称为“砼”,是指由胶凝材料将集料胶结成整体的工程复合材料的统称。

(一)特点

混凝土具有原料丰富、价格低廉、生产工艺简单的特点,因而使其用量越来越大。同时混凝土还具有抗压强度高、耐久性好、强度等级范围宽等特点。

(二)主要技术性能

混凝土的性能包括混凝土拌和物的和易性、混凝土强度、变形及耐久性等。

(1)和易性又称工作性,是指混凝土拌和物在一定的施工条件下,便于各种施工工序的操作,以保证获得均匀密实的混凝土的性能。和易性是一项综合技术指标,包括流动性(稠度)、黏聚性和保水性三个主要方面。

(2)混凝土按标准抗压强度(以边长为 150 mm 的立方体为标准试件,在标准养护条件下养护 28 d,按照标准试验方法测得的具有 95%保证率的立方体抗压强度)划分的强度等级,称为标号,常见标号为 C20、C25、C30、C35、C40。混凝土的抗拉强度仅为其抗压强度的 1/10~1/20。

(三)混凝土配比

(1)初凝时间不宜小于 3~4 h。桩身混凝土,视密度一般为 2 300~2 400 kg/m^3。混凝土坍落度一般为 16~22 cm。

(2)粗骨料宜采用卵石。如需使用碎石,则含砂率应增加,粗骨料最大粗径不宜大于导管内径的 1/6~1/8 和钢筋最小净距的 1/4,一般用 5~40 mm 为宜。细骨料宜采用质地坚硬的天然中粗砂。

(3)为使混凝土有较好的和易性,混凝土的含砂率宜采用 40%~50%;粗、细骨料比宜采用 1∶1，水灰比应小于 0.5。

(4)混凝土与水拌和，同水泥起化学作用的水达到水泥重量的 15%～20%即可，多余的水只起润滑作用，即拌成的混凝土具有和易性。混凝土灌注完毕后，多余水逐渐蒸发，在混凝土中留下了小气孔。气孔越多，强度越低，故要控制用水量。

(5)添加剂。为改善混凝土的工艺性能、加速施工进度和节约水泥等，可在混凝土中掺入添加剂。添加剂的种类、加入量等按设计要求。

二、水泥

(一)水泥按用途及性能分类

(1)通用水泥：一般土木建筑工程通常采用的水泥。通用水泥主要是常用六大类水泥，即硅酸盐水泥、普通硅酸盐水泥、矿渣硅酸盐水泥、火山灰质硅酸盐水泥、粉煤灰硅酸盐水泥和复合硅酸盐水泥。

(2)特种水泥：具有特殊性能或用途的水泥，如 G 级油井水泥、快硬硅酸盐水泥、道路硅酸盐水泥、铝酸盐水泥、硫铝酸盐水泥等。

(二)常用水泥类型的定义

(1)硅酸盐水泥：由硅酸盐水泥熟料、0%～5%石灰石或粒化高炉矿渣、适量石膏磨细制成的水硬性胶凝材料。

(2)普通硅酸盐水泥：由硅酸盐水泥熟料、6%～20%混合材料、适量石膏磨细制成的水硬性胶凝材料。代号：P.O。

(3)矿渣硅酸盐水泥：由硅酸盐水泥熟料、20%～70%粒化高炉矿渣和适量石膏磨细制成的水硬性胶凝材料。代号：P.S。

(4)粉煤灰硅酸盐水泥：由硅酸盐水泥熟料、20%～40%粉煤灰和适量石膏磨细制成的水硬性胶凝材料。代号：P.F。

(5)复合硅酸盐水泥：由硅酸盐水泥熟料、20%～50%两种或两种以上规定的混合材料和适量石膏磨细制成的水硬性胶凝材料。代号 P.C。

(三)水泥主要技术指标

(1)比重与容重：标准水泥比重为 3.1，容重通常采用 1 300 kg/m^3。

(2)细度：指水泥颗粒的粗细程度。颗粒越细，硬化得越快，早期强度也越高。

(3)凝结时间：水泥加水搅拌到开始凝结所需的时间称初凝时间。从加水搅拌到凝结完成所需的时间称终凝时间。硅酸盐水泥、普通硅酸盐水泥初凝时间不早于 45 min，终凝时间不迟于 6.5 h；火山灰水泥、粉煤灰水泥、复合硅酸盐水泥终凝时间不迟于 10 h。实际上初凝时间在 1～3 h，而终凝为 4～6 h。

(4)强度：水泥强度应符合国家标准。新标准实行以 MPa 表示的强度等级，如 32.5、32.5R、42.5、42.5R、52.5、52.5R 等，使强度等级的数值与水泥 28 d 抗压强度指标的最低值相同。

三、砂

碎屑颗粒根据颗粒直径大小进行了分类，如砾、砂、粉砂和黏土。建筑用砂子一般分为细砂、中砂、中粗砂、粗砂。一般混凝土、砂浆用中粗砂。

天然砂指由自然条件作用而形成的、公称粒径小于5.00 mm的岩石颗粒。按产源不同可分为河砂、海砂、山砂，其中河砂较洁净。人工砂指经人工开采、机械破碎、筛分而成的，公称粒径小于5.00 mm的岩石粒。混合砂是由天然砂与人工砂按一定比例组合而成的砂。根据砂的细度模数不同，砂可分为粗砂(3.7~3.1)、中砂(3.0~2.3)、细砂(2.2~1.6)、特细砂(1.5~0.7)。

四、碎石

由天然硬质岩石破碎、筛分而得的粒径大于5 mm的骨料。呈多角形，一般不含有机杂质，比卵石干净，常用于配制普通混凝土。其强度可用5 cm×5 cm×5 cm的立方体确定。由于表面粗糙，水泥用量较高，与水泥石的黏结性能比卵石好，在配合比相同的情况下，碎石混凝土的强度较卵石混凝土的强度高，但前者的流动性则较后者的低。其规格、级配、针片状颗粒含量、含泥量、有害物质含量、强度、坚固性等各项技术要求与卵石一样，均应符合有关质量标准的规定。

碎石可按粒径分为：①10~20 mm平时习惯叫法为1-2；②16~31.5 mm平时习惯叫法为1-3；③20~40 mm平时习惯叫法为2-4。

五、钢筋

钢筋是指钢筋混凝土用和预应力钢筋混凝土用钢材，其横截面为圆形，有时为带有圆角的方形。包括光圆钢筋、带肋钢筋、扭转钢筋，钢筋广泛用于各种建筑结构。

(一)钢筋分类

(1)按直径大小分。钢丝(直径3~5 mm)、细钢筋(直径6~10 mm)、粗钢筋(直径大于22 mm)。

(2)按力学性能分。Ⅰ级钢筋(300/420级)、Ⅱ级钢筋(335/455级)、Ⅲ级钢筋(400/540)和Ⅳ级钢筋(500/630)。

(3)按生产工艺分。热轧、冷轧、冷拉的钢筋，还有以Ⅳ级钢筋经热处理而成的热处理钢筋，强度比前者更高。

(二)钢筋的检验

钢筋的检验首先要检查钢筋的标牌号及质量证明书；其次要做外观检查，从每批钢筋中抽取5%，检查其表面不得有裂纹、创伤和叠层，钢筋表面的凸块不得超过横肋的高度，缺陷的深度和高度不得大于所在部位的允许和偏差，钢筋每一米弯曲度不应大于4 mm；接下来力学性能试验，每批若小于60 t则从中抽取2根，每根截取两段，分别做拉伸和冷弯试验。在截取试件时应除去钢筋两端100~500 mm，在截取试件大于60 t时还需再取相应的钢筋。

【习题】

一、判断题(下列判断正确的打“√”，错误的打“×”)

(　　)1. 钢筋混凝土结构的混凝土强度等级不应低于C15。

(　　)2. 为控制混凝土保护层的厚度，钢筋笼应设置垫块，则混凝土垫块的设计强度不低于混凝土强度。

(　　)3. 钢筋的接头最好设置在构件的最大弯矩处。

(　　)4. 质量检查三检制是指自检、互检、交接检。

(　　)5. 钢筋机械性能试验包括拉伸、弯曲和抗剪试验。

二、单项选择题(下列选项中,只有一个是正确的,请将其代号填在括号里)

1. 混凝土抗压强度采用的标准试块尺寸为(　　)。

A. 200 mm×200 mm×200 mm　　B. 150 mm×150 mm×150 mm

C. 100 mm×100 mm×100 mm　　D. 70. 7 mm×70. 7 mm×70. 7 mm

2. 设计混凝土配合比时,确定水灰比的原则是按满足(　　)要求而定。

A. 强度　　B. 耐久性　　C. 和易性　　D. A 和 B

3. 普通混凝土立方体抗压强度试件需进行标准养护,其养护天数为(　　)。

A. 7 d　　B. 15 d　　C. 21 d　　D. 28 d

4. 坍落度是表示塑性混凝土(　　)的指标。

A. 流动性　　B. 黏聚性　　C. 保水性　　D. 软化点

5. 普通混凝土的表观密度接近于一个恒定值,约为(　　)。

A. 1 900 kg/m^3　　B. 2 400 kg/m^3　　C. 2 600 kg/m^3　　D. 3 000 kg/m^3

三、多项选择题(下列选项中,至少有两个是正确的,请将其代号填在括号里)

1. 普通混凝土由(　　) 以及必要时掺入的接合料组成。

A. 水泥　　B. 骨料　　C. 水　　D. 外加剂

2. 混凝土用骨料按其粒径大小不同分为细骨料和粗骨料。粒径在(　　)之间的岩石颗粒称为(　　);粒径大于 4. 75 mm 的岩石颗粒称为(　　)。粗、细骨料的总体积占混凝土体积的(　　),因此骨料的性能对所配制的混凝土性能有很大影响。

A. 0. 15~4. 75 mm　　B. 细骨料　　C. 粗骨料　　D. 70%~80%

3. 混凝土的立方体抗压强度是以边长为(　　)的立方体试件,在温度为(　　),相对湿度为(　　)以上的潮湿条件下养护(　　),用标准试验方法测定的抗压极限强度。

A. 150 mm　　B. 20±2 ℃　　C. 95%　　D. 28 d

4. 通用水泥主要是常用六大类水泥,即(　　)、火山灰质硅酸盐水泥和粉煤灰硅酸盐水泥。

A. 硅酸盐水泥　　B. 普通硅酸盐水泥

C. 矿渣硅酸盐水泥　　D. 复合硅酸盐水泥

5. 建筑用砂子一般分为(　　)一般混凝土、砂浆用中粗砂。

A. 细砂　　B. 中砂　　C. 中粗砂　　D. 粗砂

【参考答案】

一、判断题

1. √　2. √　3. ×　4. √　5. √

二、单项选择题

1. B　2. D　3. D　4. A　5. B

三、多项选择题

1. ABCD　2. ABCD　3. ABCD　4. ABCD　5. ABCD

第三节 灌注桩施工

一、施工准备

灌注桩施工应具备下列资料：

(1)建筑场地岩土工程勘察报告；

(2)桩基工程施工图及图纸会审纪要；

(3)建筑场地和邻近区域内的地下管线、地下构筑物、危房、精密仪器车间等的调查资料；

(4)主要施工机械及其配套设备的技术性能资料；

(5)桩基工程的施工组织设计；

(6)水泥、砂、石、钢筋等原材料及其制品的质检报告；

(7)有关荷载、施工工艺的试验参考资料。

二、一般规定

(1)灌注桩成孔施工的允许偏差应满足表 8-1 的要求。

表 8-1 灌注桩成孔施工允许偏差

<table>
<tr><th colspan="2" rowspan="2">成孔方法</th><th rowspan="2">桩径偏差(mm)</th><th rowspan="2">垂直度允许偏差(%)</th><th colspan="2">桩位允许偏差(mm)</th></tr>
<tr><th>1~3 根桩、条形桩基沿垂直轴线方向和群桩基础中的边桩</th><th>条形桩基沿轴线方向和群桩基础的中间桩</th></tr>
<tr><td rowspan="2">泥浆护壁钻、挖、冲孔桩</td><td>d≤1 000 mm</td><td>≤-50</td><td rowspan="2">1</td><td>d/6 且不大于 100</td><td>d/4 且不大于 150</td></tr>
<tr><td>d>1 000 mm</td><td>-50</td><td>100+0. 01H</td><td>150+0. 01H</td></tr>
<tr><td colspan="2">螺旋钻、机动洛阳铲干作业成孔灌注桩</td><td>-20</td><td>1</td><td>70</td><td>150</td></tr>
</table>

(2)钢筋笼制作、安装的质量应符合下列要求：①钢筋笼的材质、尺寸应符合设计要求，制作允许偏差应符合表 8-2 的规定；②分段制作的钢筋笼，其接头宜采用焊接或机械式接头(钢筋直径大于 20 mm)，并应遵守国家现行标准《钢筋机械连接通用技术规程》(JGJ 107—2010)、《钢筋焊接及验收规程》(JGJ 18—2012)和《混凝土结构工程施工质量验收规范》(GB 50204—2015)的规定；③加劲箍宜设在主筋外侧，当因施工工艺有特殊要求时也可置于内侧；④导管接头处外径应比钢筋笼的内径小 100 mm 以上；⑤搬运和吊装钢筋笼时，应防止变形，安放应对准孔位，避免碰撞孔壁和自由落下，就位后应立即固定。

表 8-2 钢筋笼制作允许偏差

项目	允许偏差(mm)	项目	允许偏差(mm)
主筋间距	±10	钢筋笼直径	±10
箍筋间距	±20	钢筋笼长度	±100

(3)粗骨料可选用卵石或碎石,其骨料粒径不得大于钢筋间距最小净距的1/3。

(4)检查成孔质量合格后应尽快灌注混凝土。直径大于1 m或单桩混凝土量超过25 m^3 的桩,每根桩桩身混凝土应留有1组试件;直径不大于1 m的桩或单桩混凝土量不超过25 m^3 的桩,每个灌注台班不得少于1组;每组试件应留3件。

三、成孔及成桩程序

钻孔灌注桩成孔方法有正循环回转钻进法、反循环回转钻进法、全套管施工法、潜水钻机钻进法及冲击钻进法等。

(一)成孔

钻孔灌注桩按成孔工艺分为:护壁成孔灌注桩、干成孔灌注桩、爆扩灌注桩等。

(二)清孔

清孔的目的是抽、换孔内泥浆,清除钻渣和沉淀层,尽量减少孔底沉淀层厚度,防止桩底留存过厚沉淀砂土而降低桩的承载力。此外,清孔对于保证灌注混凝土的质量、避免发生断桩事故也是有利的。

终孔检查后,应立即清孔,不得隔时过久,以致泥浆、钻渣的沉淀增多,造成灌孔工作的困难甚至坍孔。清孔后应在最短的时间内灌注混凝土。清孔方法应根据设计要求、钻孔方法、机具设备条件和土质情况决定。目前常用的清孔方法有正循环清孔、泵吸反循环清孔、压风机清孔和掏渣清孔等。

在钻孔达到设计深度、灌注混凝土之前,孔底沉渣厚度指标应符合下列规定:对端承型桩,不应大于50 mm;对摩擦型桩,不应大于100 mm;对抗拔、抗水平力桩,不应大于200 mm。

(三)钢筋笼的制作及吊放

钢筋的种类、钢号及直径应符合设计要求。制作前应除锈、整直,用于螺旋筋和盘筋不须整直。主筋一般尽量用整根钢筋。焊接用的钢材,需做可焊性和焊接质量的实验。为了便于运输和下笼,当钢筋笼全长超过10 m时,宜分段制作。分段后的主筋接头应互相错开,保证同一截面内的接头数目不多于总根数的50%。两个接头的间距应大于50 cm。接头可采用搭接、绑条或坡口焊接,也可以采用绑扎加点焊。

下放钢筋笼应防止碰撞孔壁。下放过程中要观察孔内水位变化。如下放受阻,应查明原因,不得强行下插。一般采用正反旋转、慢起慢落的逐步下放法。

四、混凝土的灌注

干孔灌注一般可直接由孔口用漏斗注入,通过混凝土自重密实,必要时亦可利用捣振工具捣实。水下混凝土应连续浇筑,中途不得停顿。并应尽量缩短拆除导管的间断时间,每根桩的浇筑时间不应太长,宜在4 h内浇筑完成。

(一)灌注导管

灌注导管用钢管制作,导管直径有219和273系列,每节导管长度有100 mm、500 mm、1 000 mm、2 000 mm、4 000 mm、5 000 mm几种,分别适用不同位置。导管之间用法兰盘或丝扣连接,采用橡胶圈等密封。

(二)灌注程序

灌注前,对孔底沉渣厚度应再进行一次测定,如厚度超过规定,应再次进行清孔;当下导管时,导管下口与孔底的间距以能放出隔水栓和混凝土为原则,一般为30~40 cm。首批混凝土连续不断地灌注后,应随即探测孔内混凝土面高度,并计算导管埋置深度,一般宜控制在2~4 m,不得少于1 m或大于6 m。灌注开始后,应连续进行,严禁中途停灌。灌注过程中,应注意观察管内混凝土下降和孔内水位升降,及时测量孔内混凝土面高度,正确指挥导管的提升和拆除。

五、其他桩基

(一)高压旋喷桩

1. 原理

旋喷桩施工采用钻机先钻一直径为40~50 mm的导孔,当导孔钻至预定深度后,拆出钻具并将端部带有控制喷嘴的注浆管置入地基主层的预定深度后,以压力为20 MPa左右的高压喷射流强制切割,喷射冲击破坏土层,使之剥落下来。与此同时,使旋喷管边旋转边提升,使喷出的浆液与切割下来的土料搅拌混合,最后在喷射力的有效射程内经过凝结、同化形成一个圆柱状的固结体,即旋喷桩。

2. 优点

(1)固结形状可以控制在旋喷过程中,可调整旋转速度和提升速度;增减喷射压力或更换喷嘴孔径改变流量,使固结体成为设计所需的形状。

(2)固结体强度合适,根据采用不同的浆液种类和配方,可获得所需固结体的抗压强度为5~10 MPa。另外施工简便,只需在土层中钻一个50~108 mm的钻孔,可以喷射成直径为0.4~2.0 m的固结体。

(二)振冲法加固地基

1. 原理

振冲法是利用振冲运动在土中形成振冲孔,在振冲过程中于振冲孔内回填砂或碎石等材料,形成振冲桩以加固地基的方法。

2. 优点

机具简单,对配套机械要求低,水平方向振动力达100 kN,不需排水固结期和预压,可立即交付使用,节约钢材、木材和水泥。

【习题】

一、判断题(下列判断正确的打"√",错误的打"×")

(　　)1. 混凝土浇筑完毕,位于地面以下及桩顶以下的孔口护筒应在混凝土初凝前拔出。

(　　)2. 在钻孔桩施工时,可以采用加深钻孔深度方法代替清孔。

(　　)3. 灌注水下混凝土所用的导管使用前要进行必要的水密承压和接头抗压试验。

(　　)4. 钻孔机具及工艺的选择,应根据桩型、钻孔深度、土层情况、泥浆排放及处理条件综合确定。

(　　)5. 桩基施工钢筋笼吊装时，若现场控制到位，钢筋笼外侧可不设置控制钢筋保护层厚度用的垫块。

二、单项选择题(下列选项中，只有一个是正确的，请将其代号填在括号里)

1. 在泥浆护壁成孔灌注桩施工中，确保成桩质量的关键工序是(　　)。

A. 吊放钢筋笼B. 吊放导管

C. 泥浆护壁成孔D. 灌注水下混凝土

2. 钢筋笼直径允许偏差为(　　)。

A. ±5 mm　B. ±10 mm　C. ±15 mm　D. ±20 mm

3. 灌注水下混凝土前应进行孔底沉渣厚度检测，端承桩的沉渣厚度不大于(　　)。

A. 5 cm　B. 10 cm　C. 15 cm　D. 20 cm

4. 钻孔灌注桩属于(　　)。

A. 挤土桩　B. 部分挤土桩　C. 非挤土桩　D. 预制桩

5. 水下混凝土应连续浇筑，中途不得停顿。并应尽量缩短拆除导管的间断时间，每根桩的浇筑时间不应太长，宜在(　　)小时内浇筑完成。

A. 4　B. 6　C. 8　D. 10

三、多项选择题(下列选项中，至少有两个是正确的，请将其代号填在括号里)

1. 目前市场上存在的灌注桩类型有(　　)。

A. 钻孔灌注桩　B. 预压力管桩　C. 夯扩桩　D. 人工挖孔桩

2. 按成孔方法不同，混凝土灌注桩分为(　　)。

A. 钻孔灌注桩　B. 沉管灌注桩　C. 人工挖孔灌注桩　D. 静压桩

3. 灌注桩钢筋笼制作主筋间距允许偏差(　　)，箍筋间距允许偏差(　　)，外径允许偏差(　　)，钢筋笼长度偏差(　　)。

A. ±10 mm　B. ±20 mm　C. ±10 mm　D. ±100 mm

4. 清孔的目的是抽、换孔内(　　)，清除(　　)，尽量减少孔底(　　)厚度，防止(　　)留存过厚沉淀砂土而降低桩的承载力。

A. 泥浆　B. 钻渣和沉淀层　C. 沉淀层　D. 桩底

5. 泥浆护壁成孔灌注桩施工的工艺流程中，在“下钢筋笼”之前完成的工作有(　　)。

A. 测定桩位　B. 埋设护筒　C. 制备泥浆　D. 成孔

【参考答案】

一、判断题

1. √　2. ×　3. √　4. ×　5. ×

二、单项选择题

1. D　2. B　3. A　4. C　5. A

三、多项选择题

1. ABCD　2. ABC　3. ABCD　4. ABCD　5. ABCD

第四节 基坑施工

一、基坑分级

一级：开挖深度大于 10 m，与邻近建筑物、重要设施的距离在开挖深度以内的基坑，基坑范围内有历史文物、近代优秀建筑、重要管线等需要严加保护的基坑。

二级：介于一级、三级以外的基坑。

三级：开挖深度小于 7 m 且周围环境无特殊要求的基坑。

二、支护方式

(1)浅坑常见支护形式：①大放坡开挖；②土钉墙支护。

(2)深坑常见支护形式：①复合土钉墙；②钢板桩支护；③水泥土墙支护；④排桩内支撑支护；⑤排桩土层锚杆支护；⑥挡土灌注排桩或地下连续墙支护。

三、土钉墙施工与检测

(一)钢筋土钉成孔的要求

(1)土钉成孔范围内存在地下管线等设施时，应在查明其位置并避开后，再进行成孔作业；

(2)应根据土层的性状选择洛阳铲、螺旋钻、冲击钻、地质钻等成孔方法，采用的成孔方法应能保证孔壁的稳定性、减小对孔壁的扰动；

(3)当成孔遇不明障碍物时，应停止成孔作业，在查明障碍物的情况并采取针对性措施后方可继续成孔；

(4)对易塌孔的松散土层宜采用机械成孔工艺，成孔困难时，可采用注入水泥浆等方法进行护壁。

(二)钢筋土钉杆体的制作安装时的要求

(1)钢筋使用前，应调直并清除污锈；

(2)当钢筋需要连接时，宜采用搭接焊、帮条焊或采用双面焊，双面焊的搭接长度或帮条长度应不小于主筋直径的 5 倍，焊缝高度不应小于主筋直径的 0.3 倍；

(3)对中支架的断面尺寸应符合土钉杆体保护层厚度要求，对中支架可选用直径 6~8 mm 的钢筋焊制；

(4)土钉成孔后应及时插入土钉杆体，遇塌孔、缩径时，应在处理后再插入土钉杆体。

(三)钢筋土钉注浆时的要求

(1)注浆材料可选用水泥浆或水泥砂浆，水泥浆的水灰比宜取 0.5~0.55，水泥砂浆的水灰比宜取 0.40~0.45，同时灰砂比宜取 0.5~1.0，拌和用砂宜选用中粗砂，按重量计的含泥量不得大于 3%。

(2)水泥浆或水泥砂浆应拌和均匀，一次拌和的水泥浆或水泥砂浆应在初凝前使用。

(3)注浆前应将孔内残留的虚土清除干净。

(4)注浆时,宜采用将注浆管与土钉杆体绑扎、同时插入孔内并由孔底注浆的方式;注浆管端部至孔底的距离不宜大于 200 mm;注浆及拔管时,注浆管口应始终埋入注浆液面内,应在新鲜浆液从孔口溢出后停止注浆;注浆后,当浆液液面下降时,应进行补浆。

(四)喷射混凝土面层施工的要求

(1)细骨料宜选用中粗砂,含泥量应小于 3%;

(2)粗骨料宜选用粒径不大于 20 mm 的级配砾石;

(3)水泥与砂石的重量比宜取 1:4~1:4.5,砂率宜取 45%~55%,水灰比宜取 0.4~0.45;

(4)使用速凝剂等外掺剂时,应做外加剂与水泥的相容性试验及水泥净浆凝结试验,并应通过试验确定外掺剂掺量及掺入方法;

(5)喷射作业应分段依次进行,同一分段内喷射顺序应自下而上均匀喷射,一次喷射厚度宜为 30~80 mm;

(6)喷射混凝土时,喷头与土钉墙墙面应保持垂直,其距离宜为 0.6~1.0 m;

(7)喷射混凝土终凝 2 h 后应及时喷水养护;

(8)钢筋与坡面的间隙应大于 20 mm;

(9)钢筋网可采用绑扎固定,钢筋连接宜采用搭接焊,焊缝长度不应小于钢筋直径的 10 倍;

(10)采用双层钢筋网时,第二层钢筋网应在第一层钢筋网被喷射混凝土覆盖后铺设。

(五)土钉墙施工偏差的要求

(1)钢筋土钉的成孔深度应大于设计深度 0.1 m;

(2)土钉位置的允许偏差应为 100 mm;

(3)土钉倾角的允许偏差应为 3°;

(4)土钉杆体长度应大于设计长度;

(5)钢筋网间距的允许偏差应为±30 mm。

(六)土钉墙质量检测的要求

(1)应对土钉的抗拔承载力进行检测,抗拔试验可采用逐级加荷法;土钉的检测数量不宜少于土钉总数的 1%,且同一土层中的土钉检测数量不应少于 3 根;试验最大荷载不应小于土钉轴向拉力标准值的 1.1 倍;检测土钉应按随机抽样的原则选取,并应在土钉固结体强度达到设计强度的 70%后进行试验。

(2)土钉墙面层喷射混凝土应进行现场试块强度试验,每 500 m^2 喷射混凝土面积试验数量不应少于一组,每组试块不应少于 3 个。

(3) 应对土钉墙的喷射混凝土面层厚度进行检测,每 500 m^2 喷射混凝土面积检测数量不应少于一组,每组的检测点不应少于 3 个;全部检测点的面层厚度平均值不应小于厚度设计值,最小厚度不应小于厚度设计值的 80%。

【习题】

一、判断题(下列判断正确的打"√",错误的打"×")

(　　)1. 土钉是用来加固或同时锚固现场原位土体的细长杆件。

(　　)2. 建筑基坑指为进行建筑物地下基础或地下室的施工而开挖的地面以下的空间。

(　　)3. 基坑变形监测二级基坑不监测支护结构水平位移。

(　　)4. 喷射混凝土面板起到对坡面变形的约束作用,面板约束力与土钉表面与土的摩阻力无关。

(　　)5. 锚杆注浆宜采用二次压力注浆工艺。

二、单项选择题(下列选项中,只有一个是正确的,请将其代号填在括号里)

1. 基坑支护设计应规定其设计使用期限,基坑支护的设计使用期限不应超过(　　)。

A. 3 个月　　B. 6 个月　　C. 1 年　　D. 2 年

2. 锚杆锚固段的上覆土层厚度不宜小于(　　)。

A. 0.5 m　　B. 1 m　　C. 2 m　　D. 4 m

3. 基坑降水中,(　　)降水深度不限。

A. 管井　　B. 真空井点　　C. 喷射井点　　D. 明沟排水

4. 锚杆成孔直径宜取(　　)。

A. 80~100 mm　　B. 100~120 mm　　C. 100~150 mm　　D. 120~150 mm

5. 预应力锚杆张拉锁定时,锚杆固结体的强度应达到设计强度的(　　)且不小于 15 MPa 后,方可进行锚杆的张拉锁定。

A. 30%　　B. 50%　　C. 75%　　D. 100%

三、多项选择题(下列选项中,至少有两个是正确的,请将其代号填在括号里)

1. 支护结构的安全等级有(　　)。

A. 一级　　B. 二级　　C. 三级　　D. 四级

2. 基坑支护设计、施工与基坑开挖,应综合考虑(　　)等因素,因地制宜、合理选型、优化设计、精心施工、严格监控。

A. 地质条件　　B. 基坑周边环境要求

C. 主体地下结构要求　　D. 支护结构使用期

3. 支撑体系包括(　　)等。

A. 钢筋混凝土支撑　　B. 冠梁　　C. 腰梁　　D. 立柱

4. 深坑常见支护形式有(　　)。

A. 复合土钉墙　　B. 钢板桩支护

C. 水泥土墙支护　　D. 排桩内支撑支护

5. 建筑基坑工程设计阶段应由设计方根据工程现场及基坑设计的具体情况,提出基坑工程监测的技术要求,主要包括(　　)。

A. 监测项目　　B. 测点位置　　C. 监测频率　　D. 监测报警值

【参考答案】

一、判断题

1. √　　2. √　　3. ×　　4. ×　　5. √

二、单项选择题

1. C　　2. D　　3. A　　4. C　　5. C

三、多项选择题

1. ABC　　2. ABCD　　3. ABCD　　4. ABCD　　5. ABCD

第九章　钻探工程安全与安全文化建设（以固体矿产岩心钻探为例）

第一节　钻探工程安全概述

安全是人类生存和发展的基本前提，人类呼唤安全，人人渴望安全，世界需要安全，实现安全是人类最大的也是永恒的哲学命题。伴随着世界安全运动的兴起，安全重视程度之高、安全谈论之多、安全投入之大前所未有。但反过来思考，安全到底是什么？迄今为止，恐怕人们对安全的认识和理解不是那么形象、完备和科学。

一、安全和安全性的概念

（一）安全的概念

安全是具有特定功能或属性的事物，在内部因素和外部因素及其相互作用下，足以保持其正常的、完好的状态，而免遭非期望损害的现象。符合这个安全概念外延的子概念有人身安全、生产安全、发展安全、社会安全、国家安全、经济安全、信息安全、财产安全、资金安全、资源安全等。

（二）安全性的概念

安全性是指某事物在一定的条件下和一定的时间内，导致其他事物或其自身发生非期望损害的能力。满足此"安全性"概念外延的子概念有设备安全性、物料安全性、系统安全性、作业安全性、过程安全性、行为安全性、本质安全性，以及食品安全性、政策安全性、网络安全性等。在安全性评价、安全性检查、安全性工程（技术）等概念中的安全性也适用于本定义。

二、事故与事故隐患

（一）事故

1. 事故概念

事故是指人们在进行有目的的活动过程中，突然发生的违反人们意愿，并可能使有目的的活动发生暂时性或永久性中止,造成人员伤亡或(和)财产损失的意外事件。简单来说,凡是引起人身伤害、导致生产中断或财产损失的所有事件统称为事故。

2. 事故分类

(1)按事故伤害形式分类。根据《企业职工伤亡事故分类标准》(GB 6441—86),将事故分为:物体打击、车辆伤害、机械伤害、起重伤害、触电、灼烫、火灾、高处坠落、坍塌、冒顶片帮、透水、放炮、火药爆炸、瓦斯爆炸、锅炉爆炸、压力容器爆炸、其他爆炸、中毒、窒息、其他伤害共计20个大类。

(2)按伤害程度分类。根据《企业职工伤亡事故分类标准》(GB 6441—86),把受伤害者的伤害分成3类,即轻伤、重伤和死亡。

(3)按事故严重程度分类。根据《生产安全事故报告和调查处理条例》,生产安全事故一般分4个等级,即特别重大事故、重大事故、较大事故和一般事故。

(4)按事故经济损失程度分类。根据《企业职工伤亡事故经济损失统计标准》(GB 6721—1986)的规定,将事故分为4类,即一般损失事故、较大损失事故、重大损失事故和特大损失事故。

(二)事故隐患

1. 事故隐患的含义

2008年,根据国家安全生产监督管理总局第16号《安全生产事故隐患排查治理暂行规定》第一章第三条:安全生产事故隐患(简称事故隐患),是指生产经营单位违反安全生产法律、法规、规章、标准、规程和安全生产管理制度的规定,或者因其他因素在生产经营活动中存在可能导致事故发生的物的危险状态、人的不安全行为和管理上的缺陷。

2. 事故隐患的分类

事故隐患分为一般事故隐患和重大事故隐患。一般事故隐患是指危害和整改难度较小,发现后能够立即整改排除的隐患。重大事故隐患是指危害和整改难度较大,应当全部或者局部停产停业,并经过一定时间整改治理方能排除的隐患,或者因外部因素影响致使生产经营单位自身难以排除的隐患。

三、危险、危险源及重大危险源

(一)危险

1. 危险的概念

根据系统安全工程的观点,危险是指系统中存在导致发生不期望后果的可能性超过了人们的承受程度。从危险的概念可以看出,危险是人们对事物的具体认识,必须指明具体对象,如危险环境、危险条件、危险状态、危险物质、危险场所、危险人员、危险因素等。

2. 危险分类

依据《生产过程危险和有害因素分类与代码》(GB/T 13861—2009),将生产过程中的危险和有害因素分为4大类。

(1)人的因素。主要包括:心理、生理性危险和有害因素,行为性危险和有害因素。

(2)物的因素。主要包括:物理性危险和有害因素,化学性危险和有害因素,生物性危险和有害因素。

（3）环境因素。主要包括：室内作业场所环境不良，室外作业场所环境不良，地下（含水下）作业环境不良，其他作业环境不良。

（4）管理因素。主要包括：职业安全卫生组织机构不健全，职业安全卫生责任制未落实，职业安全卫生管理规章制度不完善，职业安全卫生投入不足，职业健康管理不完善，其他管理因素缺陷。

（二）危险源

1. 危险源的概念

危险源是客观存在着危险有害因素的实体或部位，并非危险有害因素本身。是能量、危险物质集中的核心，也是爆发事故的源头。

2. 危险源的分类

危险源的分类方法有多种，根据危险源在事故发生发展过程中的作用，按安全科学理论把危险源分为两大类。

（1）第一类危险源。生产过程中存在的、可能发生意外释放的能量（能源或能量载体）或危险物质称作第一类危险源。

（2）第二类危险源。导致能量或危险物质约束或限制措施破坏或失效的各种因素称作第二类危险源。主要包括物的故障、人的失误和环境因素（环境因素引起物的故障和人的失误）。

（三）重大危险源

根据《中华人民共和国安全生产法》第七章附则第一百一十二条本法下列用语的含义："重大危险源，是指长期地或者临时地生产、搬运、使用或者储存危险物品，且危险物品的数量等于或者超过临界量的单元（包括场所和设施）。"

四、风险

（一）风险的概念

1. 风险的由来

"风险"一词的由来有两种说法。一种是最为普遍的说法，在古时候以打鱼捕捞为生的渔民们，每次出海前都要祈祷，祈求神灵保佑自己能够平安归来，其中主要的祈祷内容就是让神灵保佑自己在出海时能够风平浪静、满载而归。他们在长期的捕捞实践中，深深地体会到"风"给他们带来的无法预测、无法确定的危险，他们认识到，在出海捕捞打鱼的生活中，"风"即意味着"险"，因此，有了"风险"一词。另一种说法是，古时候在海洋捕捞、海洋航运的过程中，风险被理解为客观的危险，体现为自然现象或航海遇到礁石、风暴等事件，并由此引申为与风险有关的事情。不论哪种说法，对于风险都需要未雨绸缪，加以防范。

2. 风险构成要素

风险由风险原因、风险事件和风险损失三个要素构成。

（1）风险原因。在人们有目的的活动过程中，由于存在或然性、不确定性，或因多种方案存在的差异性而导致活动结果的不确定性。因此，不确定性和各种方案的差异性是风险形成的原因。不确定性包括：物方面的不确定性，如设备故障；人方面的不确定性，如不安全行为。

(2)风险事件。风险事件是风险原因综合作用的结果,是产生损失的原因。根据损失产生的原因不同,企业所面临的风险事件分为:生产事故风险(技术风险)、自然灾害风险、企业社会风险、企业风险与法律、企业市场风险等。

(3)风险损失。风险损失是由风险事件所导致的、非故意的和非预期的收益减少。风险损失包括直接损伤(包括财产损失和生命损失)和间接损失。

3. 风险的定义

"风险"这个术语是ISO风险管理标准族的核心和基石,其定义的内涵和外延直接影响到风险管理工作的目标、内容和边界。在ISO Guide 73:2009中,是这样定义"风险"的:风险(Risk):"Effect of uncertainty on objectives",即"不确定性对目标的影响"。说明风险是一种"影响",这种影响是对目标的影响,这种目标是组织的目标或利益相关方的目标;对目标的影响因素多种多样,风险要研究的只是其中一种,即"不确定性"。为方便理解,我们用图描述"风险"的定义。图中的圆圈代表一个组织,五星中的"目标"是组织的一个目标,"不确定性"对目标的影响,通过事件来体现,事件充当风险的载体。

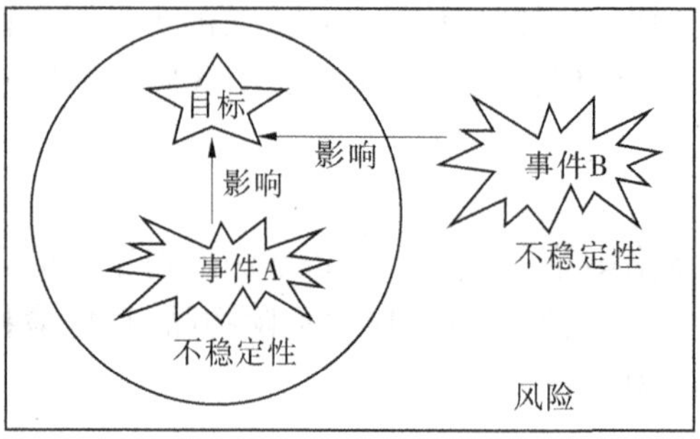

图 9-1　风险定义

相比以往的"风险"定义,该定义更具全面性和科学性(见图9-1)。过去关于"风险"的定义,往往来自具体的管理领域,如保险、安全生产等,它们只满足了某些特定领域的管理需要。ISO Guide 73:2009对风险的定义涵盖了上述各行各业对"风险"的定义。随着时间的推移和风险管理实践的发展,相信ISO Guide73:2009对风险的定义将逐步获得更广泛的认同。但是,《风险管理术语》(GB/T 23694—2009)对风险的定义还局限于旧版定义,风险为某一事件发生的概率及其后果的组合。

新的风险定义的另一个优点就是实用性强。它非常简洁、准确地指出了风险这个概念中最基本的三个要素,即目标、不确定性及二者之间的影响关系。我们可以用函数来表述风险:

$$R = f(O、U、E) \tag{9-1}$$

式中:R为风险;O为目标;U为不确定性;E为影响。

(二)风险的分类

风险的分类非常复杂,风险与风险载体、环境、行业、政府等有关。按照环境不同,风险可分为静态风险和动态风险两大类;按照风险性质不同,风险可以分为纯粹风险和投机风险两大类;按照风险形成的原因不同,风险可以分为自然风险、社会风险、经济风险和政治风险四类等。以下两种分类方法最为常见。

1. 按风险对象分类

按照风险对象的不同,风险可以分为财产风险、人身风险、责任风险和信用风险。

(1)财产风险。是指导致财产损毁、灭失或贬值的风险。例如,建筑物遭受地震、洪水、火灾的风险,飞机坠毁的风险,汽车碰撞的风险,船舶沉没的风险,财产价值由于经济因素而贬值的风险等。

(2)人身风险。是指导致人的死亡、残废、疾病、衰老及劳动能力丧失或降低等的风险。人会因生、老、病、死等生理规律和自然、政治、军事或社会等原因而早逝、伤残、工作能力丧失或年老无依靠等。人身风险通常又可分为生命风险、意外伤害风险和健康风险三类。

(3)责任风险。是指由于个人或团体的疏忽或过失行为，造成他人财产损失或人身伤亡，依照法律或契约应承担民事法律责任的风险。与财产风险和人身风险相比，责任风险是一种更为复杂而又比较难以控制的风险，尤以专业技术人员，如医师、律师、会计师和理发师等职业的责任风险为甚。

(4)信用风险。是指在经济交往中，权利人与义务人之间由于一方违约或违法致使对方遭受经济损失的风险。常见的信用风险有两类：一类是债务人不能或不愿意履行债务而给债权人造成损失的风险；另一类是交易一方不履行义务而给交易对方造成经济损失的风险。

2. 按承担风险的主体分类

按承担风险的经济主体不同，风险可以分为个人与家庭风险、团体风险和政府风险等。

(1)个人与家庭风险。是指以个人与家庭作为承担风险的主体的那一类风险。个人与家庭面临的风险主要有人身风险、财产风险、信用风险和责任风险。

(2)团体风险。是指企业或社会团体作为承担风险的主体的那一类风险。企业或社会团体面临的风险有企业或社会团体的员工人身风险、财产风险、信用风险和责任风险等。

(3)政府风险。是指以政府作为承担风险主体的风险。

【习题】

一、判断题(下列判断正确的打“√”，错误的打“×”)

(　　)1. 安全就是没有危险，不受威胁，不出事故。

(　　)2. 安全就是无事故。

(　　)3. 安全是判明的危险性不超过允许限度。

(　　)4. 安全是具有特定功能或属性的事物，在内部和外部因素及其相互作用下，足以保持其正常的、完好的状态，而免遭非期望损害的现象。

(　　)5. 本质安全并不是绝对安全。

(　　)6. 根据《企业职工伤亡事故分类标准》(GB 6441—86)规定，将事故分为 20 个大类。

(　　)7. 根据《企业职工伤亡事故经济损失统计标准》(GB 6721—1986)规定，将事故分为 4 类。

(　　)8. 事故隐患在国际上是个共用的术语。

(　　)9. 事故隐患就是可导致事故发生的物的危险状态、人的不安全行为。

(　　)10. 危险源就是客观存在着危险有害因素。

二、单项选择题(下列选项中，只有一个是正确的，请将其代号填在括号里)

1. 马斯洛的“需要层次论”认为，人类的最基本需要可以归纳为(　　)。

A. 5 类　　B. 7 类　　C. 3 类　　D. 9 类

2. 安全需要的主要内容有(　　)方面。

A. 5 个　　B. 7 个　　C. 3 个　　D. 9 个

3. 按承担风险的经济主体不同,风险可以分为(　　)。

A. 3 类　　B. 4 类　　C. 2 类　　D. 6 类

4. 下列属于风险形成原因分类是(　　)。

A. 静态风险　　B. 纯粹风险　　C. 自然风险　　D. 责任风险

5. 下列不属于 ISO Guide73:2009 对风险定义的要素是(　　)。

A. 目标　　B. 不确定性　　C. 影响　　D. 概率

三、多项选择题(下列选项中,至少有两个是正确的,请将其代号填在括号里)

1. 人的基本安全素质包括(　　)。

A. 安全知识　　B. 安全技能　　C. 安全意识　　D. 管理素质

2. 依据事故概念,下列(　　)属于一般事故。

A. 人受到伤害,物也遭到损失

B. 人受到伤害,而物没有损失

C. 人没有伤害,物遭到损失

D. 人没伤害,物没损失,只有时间和间接的经济损失

3. 依据事故概念,下列(　　)属于伤害事故。

A. 人受到伤害,物也遭到损失

B. 人受到伤害,而物没有损失

C. 人没有伤害,物遭到损失

D. 人没伤害,物没损失,只有时间和间接的经济损失

4. 下列(　　)属于第二类危险物质。

A. 人的失误　　B. 能量载体　　C. 环境因素　　D. 物的故障

5. 下列(　　)属于第一类危险物质。

A. 能量　　B. 能量载体　　C. 危险物质　　D. 物的障碍

【参考答案】

一、判断题

1. ×　2. ×　3. ×　4. √　5. √　6. √　7. √　8. ×　9. ×　10. ×

二、单项选择题

1. A　2. B　3. A　4. D　5. D

三、多项选择题

1. ABC　2. CD　3. AB　4. ACD　5. ABC

第二节　钻探工程作业过程安全(以固体矿产岩心钻探为例)

一、钻探场地现场踏勘及主要危险类别

(一)钻探场地(简称钻场)现场踏勘

钻探场地现场踏勘一般是指招标人组织投标人对钻探工程作业区的经济、地理、地

质、气候等客观条件和环境进行的现状调查与评价。

1. 查看施工现场是否达到有关规定的条件

实地核查钻探工程作业区范围、设计钻孔的具体位置；施工现场的地理位置和地形地物、地貌等；施工现场的地层、地质、地下水位、水文等情况；施工现场的气候条件，如气温、湿度、风力等；施工现场的环境，如交通、供水、供电、污水排放等；临时用地、临时设施搭建等，即工程施工过程中临时使用的工棚、堆放材料的库房以及这些设施所占地方等。施工现场的自然状况；施工现场的基础设施状况；项目实施对环境和生态的影响；对项目区现状进行局部拍照。

2. 查看施工现场是否具备开工条件

对钻探施工作业区的自然地理环境、设计钻孔的具体位置、进出工作区的道路、工作区内钻孔之间的便道、施工临时用水水源地、施工临时用电等情况进行现场详细调查，在调查的基础上进行评估、筹划方案等。

3. 查看水、电、路等情况

(1)弄清修筑便道、平地盘或修地基的难易程度；

(2)查明进出工作区的道路情况，要修多少便道和桥涵，对老路的补修工作量；

(3)查明水源情况，泵站建在哪里、管路的走向、水管的大致数量；

(4)查明动力情况，有无电源，如有，需接多少距离的高压线、变压器材的需要；如无电源，再考虑用柴油机或柴油发电；

(5)查明占地情况，预估占用面积，筹划排污（废浆液等）方案等。

（二）钻探场地现场踏勘主要危险类别

1. 现场踏勘的交通事故

钻探场地现场踏勘一般是驾车前往钻探场地，踏勘时要特别注意行车安全，驾驶员要认真选择路线，谨慎驾驶，杜绝冒险、冒进；在艰险地区更应注意野外行车安全，避免交通事故的发生。

2. 现场踏勘的人身伤害事故

勘查人员在攀爬、过沟、迈坎、坡路行进时认真辨识自然地理环境危险有害因素，以免造成人身伤害；在艰险地区更应注意野外踏勘安全，避免迷失、溺水等事故的发生。

二、钻前工程

（一）钻场基建内容及主要危险类别

1. 钻场基建的内容

钻场是钻探作业的活动场所，钻机、泥浆泵、动力设备（柴油机、变压器、电机）、钻塔等大型钻探设备都安装在此，钻进、取心、下套管、测孔、封孔等工艺均在钻场上进行。从安全作业的角度看，这些设备和工艺对钻场的方位、平整度、地基的形式及坚固程度和承载力都应满足一定的要求。钻场基建一般包括钻场土方施工和钻场基础处理。

2. 钻场基建的主要危险

钻场基建动用土工机械时，要防止机械伤害。在山坡上修筑钻场地基时，应防止山上滚石伤人、滑坡、坍塌等造成的事故；在悬崖下修筑地基时，应防止崖上活石坠落伤人；在山谷、河沟、地势低洼地带修筑地基时,应防止洪水、泥石流等造成的事故。

(二)钻探设备搬迁的主要危险

1. 自行搬迁的主要危险类别

(1)自行搬迁。主要是指车载钻探设备(主要的钻探设备组装在重型载重运输车或全地形履带式运输车上)利用自行动力的搬迁。在地面平坦、空中无障碍物的开阔地带可不放钻塔或保持着生产时的状态进行自行搬迁,否则要放倒钻塔进行自行搬迁。

(2)自行搬迁的主要危险。在自行搬迁的过程中可能造成交通事故或车辆伤害事故。自行搬迁不放钻塔时,在搬迁过程中应防止钻探倾覆事故;自行搬迁放倒钻塔,在放塔的过程中,有可能造成物体打击、坠落事故,以及因放钻塔操作不当所引起的摔、背钻塔等事故。

2. 放拖搬迁的主要危险类别

(1)放拖搬迁。是指空中有障碍,放倒钻塔后一整套钻探设备借助其他动力的整体搬迁。依据钻探设备的组装形式不同,放拖搬迁又可分为:轮式全挂便拖式钻机(一整套钻探设备安装在轮式全挂车上,一般利用全挂牵引车牵引)的搬迁和“雪橇”便拖式钻机(一整套钻探设备安装在雪橇式的底盘上,一般利用履带式拖拉机牵引)的搬迁。

(2)放拖搬迁的主要危险。①轮式全挂便拖式钻机搬迁的危险因素。一是轮式全挂在牵引时易产生偏摆,可能酿成倾翻事故;二是倒车时,如果牵引车与挂车的角度太小易引起侧滑,可能酿成倾翻事故;三是与自主搬迁的主要危险类同。②“雪橇”便拖式钻机搬迁的危险因素。一是因拖拉机配合不好、地面条件差等可造成钻塔倾倒或钻塔变形;二是因地下情况不明,如有油、气、水管线通过,可能造成拖断、压坏管线的事故;三是钻台上、雪橇上、拖拉机牵引架上不得有人,以免发生人身伤害事故;四是禁止在雨天、雾天、夜晚或能见度小于100 m以及风力在4级以上情况下进行搬迁;五是在放塔的过程中,有可能造成物体打击、坠落事故,以及因放钻塔操作不当所引起的摔、背钻塔等事故。

3. 拆散搬迁的主要危险类别

(1)拆散搬迁。也称大件搬迁,在结钻钻场,将钻塔放倒、抽出大绳、拆卸钻塔,然后将钻塔、钻机、泥浆泵等装于运输车辆上,拉到待钻钻场并进行重新安装以达到能生产状态的搬迁方式。

(2)拆散搬迁的主要危险:①容易发生挤碰甚至碾轧等车辆伤害事故;②吊装设备时易发生起重伤害事故;③运输过程中易发生各种交通事故等;④因车辆捆绑不标准、不牢固而发生摔掉、损坏设备的事故。

4. 拆零搬迁的主要危险类别

(1)拆零搬迁。也称零搬,主要是在结钻钻场将钻塔放倒、抽出大绳、拆卸钻塔,然后将钻机、泥浆泵等拆卸成零部件,利用人工或人力运送到待钻钻场,并在待钻钻场进行重新组装以达到能生产状态的搬迁方式。

(2)拆零搬迁的主要危险:拆零搬迁是一项(特、繁)重体力劳动,在搬迁过程中主要危害为人身伤害及非常规起重伤害。

(三)钻探设备安装的主要危险

钻探设备的安装是指将一整套钻探设备从某地或终结钻场搬迁至待钻钻场孔位后进

行安装、调试，使之达到开钻水平的一道工序。目前，由于钻机类型较多，所使用设备类型也不尽相同，导致安装工序、工艺有很大差异，安装过程的危险也不尽相同。

1. 车载或便拖式钻机安装的主要危险

（1）车载或便拖式钻机的安装：一是车载钻机或便拖式钻机的就位；二是车载钻机或便拖式钻机的调平与支撑；三是车载钻机或便拖式钻机钻塔的起升。

（2）车载钻机或便拖式钻机就位实际上就是在待钻钻场上将车载钻机或便拖式钻机停泊到待钻孔位上，使待钻钻孔中心点位于转盘或顶驱中心线上。就位时易造成侧滑和翻车事故，易"趴窝"造成车辆伤害事故；调平与支撑的过程中不得移动钻机，否则易造成车辆伤害事故；车载钻机或便拖式钻机大多使用桅杆式或 K 字型钻塔，钻塔的起升危险见 A 或 K 字型钻塔起升的危险。

2. 散（零）搬钻探设备安装的主要危险

（1）四脚钻塔及底盘的安装。固体矿产岩心钻探四脚钻塔的安装一般采用"双抱杆"自下而上的逐层安装。其安装工序为：钻塔底座的安装→钻塔主体安装→钻机及动力的安装→穿大绳→钻塔附件的安装。在安装的过程中，钻塔塔材大多是人力搬运，人工摆放、捆绑、拆尾绳等，由于配合不好或操作失误可能造成扭伤、塔材滑落伤、挤压伤、磕碰伤等；四脚钻塔主体安装时，主要是由绞车通过抱杆将钻塔构件吊至预定位置，然后由安装工用螺栓固定，因施工机具和操作上的失误可能引发起重伤害；四脚钻塔主体安装属登高架设作业，在登高架设作业的过程中可能引发坠落和物体打击等事故。钻机及其动力安装大多采用"滚上滚下"非常规起重法，配合不好易引发起重伤害事故。穿大绳属登高作业，在登高作业的过程中可能引发坠落和物体打击事故。在天车台倒绳头的作业人员与地面人员配合不好可能导致挤压伤；引绳与大绳连接不牢或引绳有问题，易造成断绳致使大绳坠落伤人。电气设备安装人员不按操作规程安装易引发电气事故。

（2）A 或 K 字型钻塔的安装。其安装工序为：钻塔底座的安装→钻机及动力的安装→钻塔主体的地面组装→穿大绳→起塔。A 或 K 字型钻塔安装过程中，A 或 K 字型钻塔的塔材多为人力搬运和摆放，由于配合不好或操作失误可能造成扭伤、滑落伤、磕碰伤等；在穿底座各部分连接螺栓时，要用锥型撬棍作引导，严禁操作人员将手指伸入螺孔作引导，以免发生挤压伤；在对接钻塔构件、安装天车和一些较大的附件时，要注意安装人员之间的配合，要用锥型撬棍作引导，严禁操作人员将手指伸入销（螺）孔作引导，以免发生挤压伤；在连接销子时，工作人员要互相照应，防止大锤或销子飞出伤人；在起塔的过程中，因配合不好或操作失误，易发生起重、物体打击，以及钻塔倾覆、背塔等事故。

三、钻进过程中的主要危险

钻进工程是岩心钻探的重要组成部分，主要包括首开、二开、多开钻进，根据钻进工艺的不同又可分为冲击钻进、回转钻进、冲击回转钻进等。为下表层套管或孔口管准备孔眼而进行的钻进称首开钻进；为首次下技术套管准备孔眼而进行的钻进称二开钻进；为二次及以上下技术套管或为封孔准备孔眼而进行的钻进称多开钻进。无论是首开、二开、多开钻进在现有钻探技术条件下都要遵循一般的钻进工序，即下钻→钻进→上钻。

（1）下钻的主要危险。下钻是指将钻具与钻杆，钻杆与钻杆在孔口按一定顺序连接起来组成钻杆柱并将其下入孔底或孔内预定位置的过程称之为下钻。下钻是钻进作业过程中一项经常性工作，随着钻孔的不断加深，劳动强度越来越大，在下钻作业中如果配合不好易造成跑钻事故；如遇孔内复杂情况，操作者判断失误易造成卡钻事故；如果下钻速度过快会产生很大的激动压力，造成冲洗液漏失或钻孔垮塌事故等。下钻多为立体交叉作业，在下钻作业中，若卷扬机刹车失灵或过卷扬装置失效，提引器顶撞天车，吊钩、游车、大绳绳卡易剐蹭钻塔或活动(二层)工作平台等造成物体打击事故；在活动(二层)工作台上的作业人员可能造成坠落事故等。

(2)钻进的主要危险。钻进就是按照选定的工艺参数和轨迹使钻头在孔底连续不断地破碎岩石钻孔深度不断延伸的过程。钻进受不变因素(客观存在无法改变的因素，如地质构造、岩石的性质、完整程度、埋深及岩层倾角、地层压力及地下流体性质等)和可变因素(人为选择可改变的因素，如钻头、钻压、钻速、冲洗液的性能及水力特性等)的影响，钻进工艺参数的选择一方面利用不变因素的有利方面，并调节可变因素适应之；另一方面对可变因素进行优化组合，克服不变因素的不利影响，进而达到钻进效率最大化。加之，钻进是地下隐蔽工程，钻进过程中大多是由不变因素和可变因素复合而引发的孔内事故或由孔内事故引发的二次事故。

(3)上钻的主要危险。上钻也称起钻，是根据钻塔高度从孔内起出一定长度的钻杆(单根或立根)到孔外，将起出的钻杆在孔口进行拆卸，再将拆卸后的钻杆摆放到钻杆存放处，并按一定顺序摆放的过程。是下钻的逆操作。起钻会遇到诸多孔内复杂情况，其中最严重的当属各种原因引起的起钻遇卡及处理不当诱发的其他事故；起钻速度快或钻头包泥，会产生很大的抽吸力(拔活塞)，易诱发塌孔及埋钻事故，涌水及涌水失控事故；如果钻机操作人员操作失误或孔口工作人员配合不当，易引发砸孔口、顶天车等事故或物体打击事故；在活动(二层)工作台工作时，易发生高处坠落事故。

(4)首开钻进的主要危险。首开钻进时设备运行状态是否正常，各电、气、液路及控制系统是否存在漏气、漏液、漏电或接错的现象等，都会对人身、设备安全构成影响。另外，首开钻进使用的钻头、钻具、套管、工具等的体积和重量都比较大，工人在操作过程中劳动强度大，如配合不好，容易发生人身伤害事故。首开钻进时，钻台下的孔口无保护措施，孔内钻具提出频繁，容易造成孔口工具掉入孔内。下表层套管时，容易造成碰、撞、砸伤事故。下表层套管所用夹具及表层套管升降也是比较危险的作业。

(5)下套管的主要危险。套管是钻探施工中维护孔壁、隔离止水等方面不可缺少的技术方法之一。下套管一般是利用钻机卷扬机和钻塔将套管在孔口连接逐次下放的(如同下钻)，是一项紧张而又需要多工种相互协作配合的复杂作业，持续时间长，工作人员多，劳动强度大，在下套管过程中，可能遇到的孔内复杂情况、危险因素较多。

四、钻后工程

(1)封孔。其目的是隔离钻孔所钻穿过的含水层及地表水以钻孔为通道流向深部，防止地下含水层的串通、地表水流向采区、淹没矿井，防止对地下水的利用、矿床保护、水利工程渗漏等方面可能带来的不利影响。封孔是岩心钻探钻后工程必不可少的一道工序，在岩心钻探中常采用水泥砂浆泵送压力封孔。封孔是一项多工种、多设备、多工序和立体交叉的高压作业，施工复杂、时间性强，且存在着众多的危险因素：①在透孔、钻孔冲洗和架桥时，易发孔内事故。②替换冲洗液、冲洗钻孔时，作业人员要站到安全位置，不得在高压胶管附近，以免被高压胶管缠绕、高压胶管摆动或高压胶管憋爆伤人。③封孔前要对高压管汇试压，若有异常现象，应立即停泵检查。④泄压阀出口不能朝向操作人员、钻台、设备，以免伤人。⑤注浆过程中，操作人员要不断地活动套管，以免套管被固结。⑥注浆过中，操作人员注意力要集中，要细心观察，以免浆液凝结堵塞管道。⑦注浆后要对注浆设备及管路进行充分地冲洗，以免注浆液残留造成管路堵塞或固结设备的运动部件造成设备的损坏。⑧冬季封孔防止泄压阀冻结失灵；防止管路结冰、浆液结块；防止憋泵造成的不安全因素等。

（2）拔套管。起拔套管的方法很多，如用起重机起拔，用液压千斤顶顶拔，通常使用钻机的主卷扬和钻塔来起拔套管，是下套管的反向操作，由于是非常规起重机械起拔套管，加之套管在孔内的阻力加大，因此起拔套管要比下套管更为危险，严重时易造成塔毁人亡的事故。

（3）拆卸搬迁。拆卸是安装的逆操作，搬迁前面已述，在此就不再赘述。

【习题】

一、判断题（下列判断正确的打"√"，错误的打"×"）

（　　）1. 原建立在地质勘探队伍由行政管理基础上的安全生产规章制度已经不适应社会主义市场经济的要求。

（　　）2.《地质勘探安全规程》为地质勘探项目安全评审提供了技术标准依据。

（　　）3.《地质勘探安全规程》实用范围内的钻探工程项目必须进行安全评审。

（　　）4. 钻探工程的上下钻属于常规起重作业。

（　　）5. 钻探工程不存在受限空间作业。

（　　）6. 钻探工程不存在登高作业。

（　　）7. 钻探施工用电应遵守《建设工程施工现场供用电安全技术规范》（GB 50194—2014）。

（　　）8. 钻探机场的所有临时用电线路都应使用电缆作为输电线路。

（　　）9. 封孔前要对高压管汇试压，若有异常现象，应立即停泵检查。

（　　）10. 通常使用钻机的主卷扬和钻塔来起拔套管。

二、单项选择题（下列选项中，只有一个是正确的，请将其代号填在括号里）

1. 下列（　　）钻探工程属于《地质勘探安全规程》适用的范围。

　A. 固体矿产岩心钻探　　B. 石油天然气钻探
　C. 页岩气钻探　　D. 机械钻孔桩工程

2.《高处作业分级》（GB/T 3608—2008）登高作业共分为（　　）级。

　A. 3　　B. 4　　C. 6　　D. 11

3. G22 四脚钻塔，钻杆立根 12 m，乘活动工作台即罐笼（500 mm×800 mm）上下钻作业时，属登高作业的（　　）一级。

　A. Ⅰ　　B. Ⅱ　　C. Ⅲ　　D. Ⅳ

4. 葛某在钻机正常钻进时跨越转盘传动轴身亡，此案例属于（　　）伤害。

A. 物体打击　　B. 机械　　C. 触电　　D. 其他

5. 四脚钻塔立轴式岩心钻机下钻作业是一个多人配合的立体交叉作业。至少需要(　　)人配合。

A. 1　　B. 3　　C. 5　　D. 7

三、多项选择题(下列选项中,至少有两个是正确的,请将其代号填在括号里)

1. 下列(　　)钻探工程不属于《地质勘探安全规程》适用的范围。

A. 固体矿产岩心钻探　　B. 石油天然气钻探

C. 页岩气钻探　　D. 机械钻孔桩工程

2. 钻塔安装避雷针应符合下列要求:接闪器应高出塔顶(　　)m;引下线与钻塔绷绳间距大于(　　)m;接地电阻应小于(　　)Ω。

A. 1.5　　B. 1　　C. 3　　D. 15

3. 钻探机场"三防"是指(　　)。

A. 防风　　B. 防火　　C. 防潮　　D. 防寒

4. 固体矿产岩心钻探常用的搬迁方式(　　)。

A. 整拖搬迁　　B. 自行搬迁　　C. 拆散搬迁　　D. 拆零搬迁

5. 放拖搬迁的主要事故类别(　　)。

A. 交通事故　　B. 车辆伤害事故　　C. 人身伤害事故　　D. 设备损坏事故

【参考答案】

一、判断题

1. √　2. √　3. √　4. ×　5. ×　6. ×　7√　8. √　9. √　10. √

二、单项选择题

1. A　2. B　3. C　4. B　5. C

三、多项选择题

1. BCD　2. ABD　3. ABD　4. BCD　5. ABCD

第三节　安全生产管理

一、安全生产方针与法律法规

(一)安全生产

安全生产是为了使生产过程在符合物质条件和工作秩序下进行的,防止发生人身伤亡、财产损失和环境破坏等生产事故,消除或控制危险、有害因素,保障人身安全与健康、设备和设施免受损坏、环境免遭破坏的总称。

(二)安全生产方针

从1949年至今,我国安全生产方针的演变大体可以归纳为:1949~1983年,"生产必须安全、安全为了生产"的方针;1984~2004年,"安全第一、预防为主"的方针;2005年至今,"安全第一、预防为主、综合治理"的方针。

（三）我国安全生产法律法规体系

我国安全生产法律法规体系是指我国全部现行的不同的安全生产法律规范形成的有机联系的统一整体。按法律地位及效力等同原则，安全生产法律法规体系分为以下结构层次。

1. 国家根本法——《中华人民共和国宪法》

《中华人民共和国宪法》由全国人民代表大会制定与修改，全国人民代表大会常务委员会有权解释。《中华人民共和国宪法》中“加强劳动保护，改善劳动条件”是有关安全生产方面最高法律效力的规定。

2. 基本法律

它由全国人民代表大会制定和修改，包括刑事、民事、国家机构和其他的基本法律。如《中华人民共和国刑法》《中华人民共和国民法通则》等。

3. 安全生产方面的法律

安全生产方面的法律大多都是普通法律（由全国人民代表大会常务委员会制定和修改的法律）主要包括以下三个方面：

（1）基础法律——《中华人民共和国安全生产法》。《中华人民共和国安全生产法》是为了加强安全生产工作，防止和减少生产安全事故，保障人民群众生命和财产安全，促进经济社会持续健康发展，制定本法。

（2）专门法律。专门安全生产法律是规范某一专业领域安全生产法律制度的法律。我国在专业领域的法律有《中华人民共和国职业病防治法》《中华人民共和国消防法》《中华人民共和国道路交通安全法》等。

（3）相关法律。与安全生产有关的法律是指安全生产专门法律以外的其他法律中涵盖有安全生产内容的法律，如《中华人民共和国劳动法》《中华人民共和国突发事件应对法》等。

4. 安全生产法规

（1）行政法规。指最高国家行政机关即国务院制定的规范性文件。由总理签署国务院令公布。报全国人民代表大会常务委员会备案。行政法规的名称通常为条例、规定、办法、决定等。如《工伤保险条例》《安全生产许可证条例》《关于进一步加强安全生产的决定》《关于特大安全事故行政责任追究的规定》《生产安全事故报告和调查处理条例》《生产安全事故应急条例》等。

（2）地方性法规。根据现行《中华人民共和国宪法》《中华人民共和国地方组织法》和《中华人民共和国立法法》的规定：省、自治区、直辖市和较大的市（省和自治区政府所在地的市、经济特区所在地的市和经国务院批准的较大的市）的人民代表大会及其常务委员会依照法定职权和法定程序制定和颁布的、施行于本行政区域的规范性文件。是对国家安全生产法律、法规的补充和完善，以解决本地区某一特定的安全生产问题为目标，具有较强的针对性。

5. 安全生产规章

（1）行政规章。是指国务院的部、委员会和直属机构依照法律、行政法规或国务院授权制定的在全国范围内实施行政管理的规范性文件。如《注册安全工程师职业资格制度暂行规定》《安全生产违法行为行政处罚办法》《金属与非金属矿产资源地质勘探暂行规定》《非煤矿山生产经营单位安全生产许可证实施办法》等。部门安全生产规章作为安全生产法律法规的重要补充，在我国安全生产监督管理工作中起着十分重要的作用。

(2)地方政府规章。是指有地方性法规制定权的人民政府依照法律、行政法规、地方性法规或者本级人民代表大会或其常务委员会授权制定的在本行政区实施行政管理的规范性文件。

6. 安全生产标准

安全生产标准是安全生产法规体系中的一个重要组成部分，也是安全生产管理的基础和监督执法工作的重要技术依据。安全生产标准依据标准的等级可分为：国家标准、行业标准和企业标准。

(四)新《中华人民共和国安全生产法》(简称新安法)解读

1. 新安法的十大亮点

(1)坚持以人为本，推进安全发展。

(2)建立完善安全生产方针和工作机制。

(3)落实“三个必须”，明确安全监管部门执法地位。

(4)明确乡镇人民政府以及街道办事处、开发区管理机构安全生产职责。

(5)进一步强化生产经营单位的安全生产主体责任。

(6)建立事故预防和应急救援的制度。

(7)建立安全生产标准化制度。

(8)推行注册安全工程师制度。

(9)推进安全生产责任保险制度。

(10)加大对安全生产违法行为的责任追究力度。

2. 新安法确立安全生产工作机制的内涵及构建思路

坚持“十二字方针”，总结实践经验，新安法明确要求建立生产经营单位负责、职工参与、政府监管、行业自律、社会监督的机制，进一步明确各方安全生产职责。其中，生产经营单位负责是根本，职工参与是基础，政府监管是关键，行业自律是发展方向，社会监督是实现预防和减少生产安全事故的重要推动力量。

二、安全生产管理

(一)安全生产管理的概念

安全生产管理是管理的重要组成部分，是安全科学的一个分支。所谓安全生产管理，就是针对人们生产过程的安全问题，运用有效的资源，发挥人们的智慧，通过人们的努力，进行有关决策、计划、组织和控制等活动，实现生产过程中人与机器设备、物料、环境的和谐，达到安全生产的目标。

(二)企业安全生产管理

1. 企业安全生产管理的概念

企业安全生产管理，是指以国家的法律、规定和技术标准为依据，采取各种手段，对企业生产的安全状况实施有效控制的一切活动。

2. 企业安全生产管理的内容

企业安全生产管理的内容主要包括：安全生产管理机构和安全生产管理人员、安全生产责任制、安全生产管理规章制度、安全生产策划、安全培训教育、安全生产档案等。企业安全生产管理是履行安全生产责任制的核心。

三、企业安全管理模式与体系

（一）企业安全生产标准化管理模式

1. 对象化的安全管理模式

（1）以“人为中心”的企业安全管理模式。作为企业，研究科学、合理、有效的安全生产管理模式是安全管理的基础。以人为中心的管理模式，其基本内涵是把管理的核心对象集中于生产作业人员。即安全管理应该建立在研究人的心理、生理素质基础上；以纠正人的不安全行为、控制人的误操作作为安全管理的目标。

（2）以“管理为中心”的企业安全管理模式。一切事故皆缘于管理缺陷，因此现今的管理模式既要吸收经典安全管理的精华，又要总结本企业安全生产的经验，更要能够运用现代化安全管理的理论。

2. 程序化的安全管理模式

（1）事后型的安全管理模式。是一种被动的管理模式，即在事故或灾难发生后进行亡羊补牢，以避免同类事故再发生的一种管理方式。这种模式遵循如下技术步骤：事故或灾难发生—调查原因—分析主要原因—提出整改对策—实施对策—进行评价—新的对策，如图 9-2 所示。

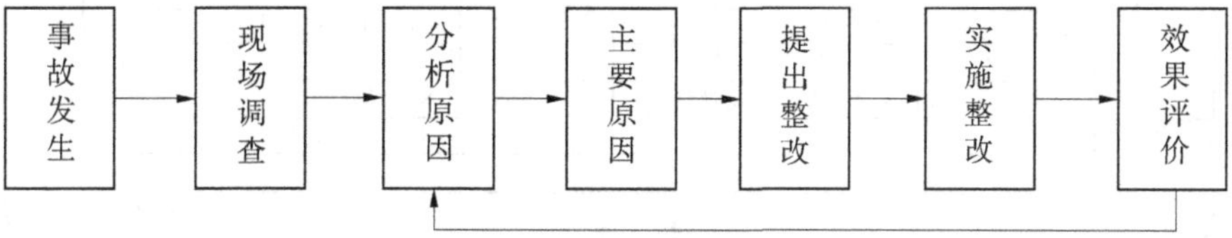

图 9-2 事后型安全管理模式

（2）预防型的安全管理模式。是一种主动、积极地预防事故或灾难发生的对策。显然是现代安全管理和减灾对策的重要方法和模式。其基本的技术步骤是：提出安全目标—分析存在的问题—找出主要问题—制订实施方案—落实方案—评价—新的目标，如图 9-3 所示。

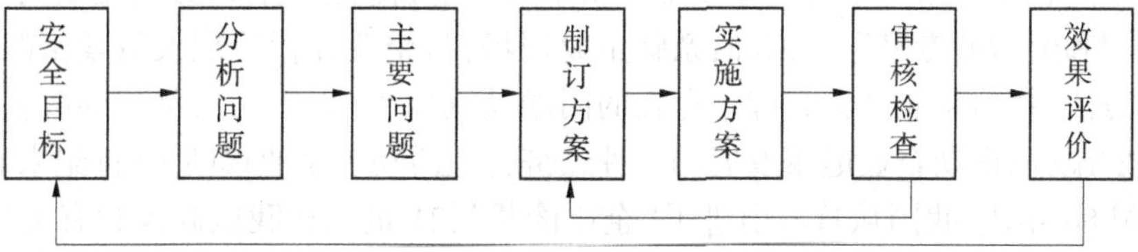

图 9-3 预防型安全管理模式

(二)企业安全生产标准化管理体系

(1)简介。新《中华人民共和国安全生产法》已将“推进企业安全生产标准化建设”写入法律条文,成为企业的法定职责。企业通过落实企业安全生产主体责任,通过全员全过程参与,建立并保持安全生产管理体系,全面管控生产经营单位活动各环节的安全生产与职业卫生工作,实现安全健康管理系统化、岗位操作行为规范化、设备实施本质安全化、作业环境器具定制化,并持续改进。新版《企业安全生产标准化基本规范》(GB/T 33000—2016,简称《基本规范》)作为企业安全生产管理体系的重要依据,以国家标准发布实施。《基本规范》规定了企业安全生产标准化管理体系建立、保持与评定的原则和一般要求,以及目标职责、制度化管理、教育培训、现场管理、安全风险管控及隐患排查治理、应急管理、事故管理和持续改进 8 个体系的核心技术要求。

(2)框架。企业安全生产标准化管理体系框架如图 9-4 所示。

一级要素	二级要素	一级要素	二级要素
5.1 目标职责	5.1.1 目标	5.4 现场管理	5.4.3 职业健康
	5.1.2 机构和职责		5.4.4 警示标志
	5.1.3 全员参与	5.5 安全风险管控及隐患排查治理	5.5.1 安全风险管理
	5.1.4 安全生产投入		5.5.2 重大危险源辨识和管理
	5.1.5 安全文化建设		5.5.3 隐患排查治理
	5.1.6 安全生产信息化建设		5.5.4 预测预警
5.2 制度化管理	5.2.1 法规标准识别	5.6 应急管理	5.6.1 应急准备
	5.2.2 规章制度		5.6.2 应急处置
	5.2.3 操作规程		5.6.3 应急评估
	5.2.4 文档管理	5.7 事故查处	5.7.1 报告
5.3 教育培训	5.3.1 教育培训管理		5.7.2 调查和处理
	5.3.2 人员教育培训		5.7.3 管理
5.4 现场管理	5.4.1 设备设施管理	5.8 持续改进	5.8.1 绩效评定
	5.4.2 作业安全		5.8.2 持续改进

图 9-4 企业安全生产标准化管理体系框架

(3)运行模式。企业安全生产标准化管理体系运行模式如图 9-5 所示。

四、企业安全生产管理诊断

安全生产管理诊断是由管理诊断延伸出来的一个新概念。管理诊断是指具有丰富企业管理知识和经验的专家和咨询师,亲临企业现场,与企业经营管理人员紧密配合,运用各种科学方法,找出企业经营管理中存在的问题及其原因,提出切实可行的改善方案,并帮助指导实施,以推动企业健康发展的一种经济管理活动。企业诊断 19 世纪末起源于美国,20 世纪 80 年代,我国从日本引进了“企业诊断”,21 世纪初我国高校和有关高危行业开展了企业安全管理诊断理论和诊断技术的研究,开发了符合中国特色的企业安全管理诊断理论和诊断技术。

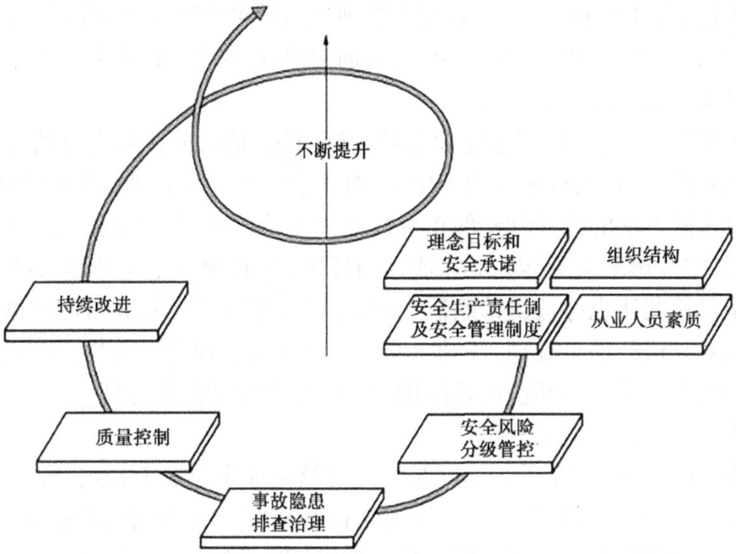

图 9-5　企业安全生产标准化管理体系运行模式

（一）企业安全管理诊断的内涵

1. 企业安全管理诊断

安全管理诊断是以提高企业的安全管理水平为目的，由安全管理专家深入到企业现场，和企业管理人员密切配合，运用各种科学方法，找出安全管理上存在的主要问题，进行定量或确有论据的定性分析，查明产生问题的原因，提出切实可行的改善方案，进而指导实施改善方案的活动。企业安全管理诊断活动的本质，在实践活动中表现为认清事实、做出判断、协助改进。

2. 企业安全管理诊断的任务

（1）发现被诊企业安全管理活动中的问题，进而确诊产生问题的原因并制定出符合被诊企业实际情况的优化方案以及实现优化方案的措施、日程。

（2）指导被诊企业各级管理人员，提高安全管理者素质，增强自我安全管理能力。

（3）围绕安全管理诊断结论，调动员工在安全生产上的积极性和创造力。

3. 企业安全管理诊断的作用

（1）为企业排忧解难，协助其改进，提高安全管理水平，减少损失。

（2）把先进的安全管理理论与方法应用于企业，转化为现实的生产力。

（3）配合国家有关安全生产的各项方针、政策，发挥客观上作为对企业进行间接指导的作用，促进有关企业的各种政策措施的完善。

4. 企业安全管理诊断的特征

企业安全管理与其他方面的管理相比有其自身的特殊性。企业安全管理诊断也有自身的特征，这些特征表现在以下方面：

（1）企业安全管理涉及人的生命安全，安全管理诊断准确性要求较高、责任重大。

（2）企业安全管理方法多种多样，诊断师对诊断的理论和方法应灵活运用，诊断难度较大。

(3)由于事故发生具有偶然性,对安全管理诊断效果的评价周期较长,难度较大。

(4)安全管理涉及人、技术、工作环境各方面的内容,安全管理诊断应采用系统的方法。

5. 企业安全管理诊断技术方法

(1)诊断方法。①定性诊断法也称非数量诊断法,是借助诊断人员的专业知识、实践经验和分析判断能力,在调查研究的基础上,对被诊企业安全管理健康状况做出判断的诊断方法。这种诊断方法的诊断结论的正确性取决于诊断人员的知识、经验和分析判断能力。一般来说,定性诊断法不能独立完成诊断任务,它必须与定量诊断方法相互补充,取长补短。②定量诊断法也称数量诊断法,是根据已经掌握的比较完备的数据资料,运用一定的量化方法对其进行加工处理,并结合安全管理客观规律进行分析,从而发现企业经营管理中存在的问题。定量诊断法比较准确、客观,是主要的诊断方法。但定量诊断方法比较难以实现。

(2)诊断技术。企业安全管理诊断技术是能够完成企业安全管理"弊病"诊断的一套系统工具,采用这套工具能够定量或定性地认识企业安全管理的现状和存在的问题。企业安全管理诊断技术的内容包括诊断工具、诊断标准、诊断方法以及诊断分析方法。

(二)企业安全管理诊断体系框架及内容结构

(1)企业安全管理诊断层次结构体系如表9-1所示。

表9-1 企业安全管理诊断层次结构体系

一级诊断项目	二级诊断项目	三级诊断项目	诊断项目属性
D_1 基础管理	D_{11} 机构设置	D_{111} 安全生产管理机构设置	查阅确认型
		D_{112} 安全生产组织结构	查阅确认型
	D_{12} 机构设置	D_{121} 专职安全生产管理人员配备率	统计分析型
		D_{122} 注册安全工程师配备率	统计分析型
		D_{123} 专职安全生产管理人员学历与职称状况	统计分析型
		D_{124} 专职安全生产管理人员安全岗位工龄	统计分析型
	D_{13} 安全投入	D_{131} 安全费用提取	查阅确认型
		D_{132} 安全费用使用管理	查阅确认型
	D_{14} 安全规划	D_{141} 安全规划制定	查阅确认型
		D_{142} 安全规划执行	访谈了解型
	D_{15} 法规标准	D_{151} 法律法规收集与跟进	查阅确认型
		D_{152} 法律法规的学习	访谈了解型
	D_{16} 规章制度	D_{161} 安全生产管理制度制定	查阅确认型
		D_{162} 安全生产操作规程制定	查阅确认型
		D_{163} 安全生产责任制度制定	查阅确认型
		D_{164} 安全生产规章制度的落实	问卷调查型

续表 9-1

一级诊断项目	二级诊断项目	三级诊断项目	诊断项目属性
D_2 科学管理	D_{21} 管理体系	D_{211} 体系建设	查阅确认型
		D_{212} 体系运行与内审	查阅确认型
		D_{213} 体系外审与认证	查阅确认型
	D_{22} 教育培训	D_{221} 单位主要负责人的安全教育培训	查阅确认型
		D_{222} 安全生产管理人员的安全教育培训	查阅确认型
		D_{223} 特种作业人员的安全教育培训	查阅确认型
		D_{224} 其他从业人员的安全教育培训	查阅确认型
	D_{23} 风险管理	D_{231} 重大危险管理	查阅确认型
		D_{232} 非重大危险管理	查阅确认型
		D_{233} 职业危害管理	查阅确认型
	D_{24} 现场管理	D_{241} 现场人员的安全管理	查阅确认型
		D_{242} 设备、设施的安全管理	查阅确认型
		D_{243} 作业环境的安全管理	查阅确认型
	D_{25} 绩效管理	D_{251} 安全绩效考核制度及办法	查阅确认型
		D_{252} 安全考核制度的实施	问卷调查型
	D_{26} 激励机制	D_{261} 激励措施的制定	查阅确认型
		D_{262} 激励措施的实施	问卷调查型
	D_{27} 应急管理	D_{271} 应急预案制定	查阅确认型
		D_{272} 应急资源配备	查阅确认型
		D_{273} 应急演练	访谈了解型
	D_{28} 事故管理	D_{281} 事故报告与调查处理	问卷调查型
		D_{282} 事故档案及资料	查阅确认型
		D_{283} 事故原因分析与经验吸取	查阅确认型
	D_{29} 未遂事件管理	D_{291} 未遂事件报告与调查处理	问卷调查型
		D_{292} 未遂事件档案及资料	查阅确认型
		D_{293} 未遂事件原因分析与经验吸取	查阅确认型
D_3 文化管理	D_{31} 组织文化	D_{311} 组织安全理念	问卷调查型
		D_{312} 学习型组织的建设	问卷调查型
		D_{313} 警觉型组织的建设	问卷调查型
		D_{314} 安全文化环境建设	问卷调查型
	D_{32} 员工文化	D_{321} 员工安全意识及态度	问卷调查型
		D_{322} 员工安全行为	问卷调查型

(2)企业安全管理诊断结构内容如图 9-6 所示。

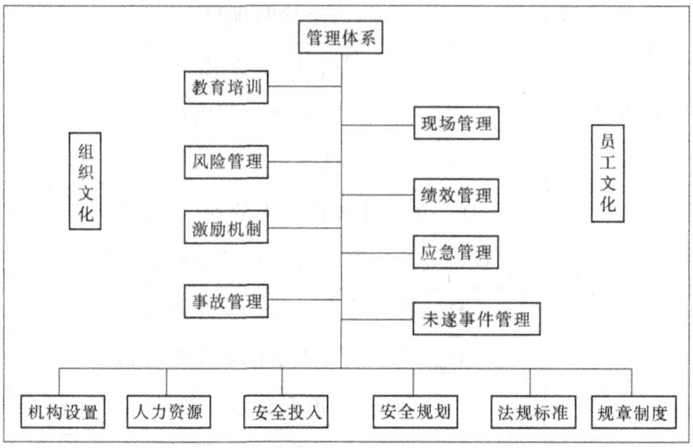

图 9-6 企业安全管理诊断结构内容

(3)企业安全管理诊断程序如图 9-7 所示。

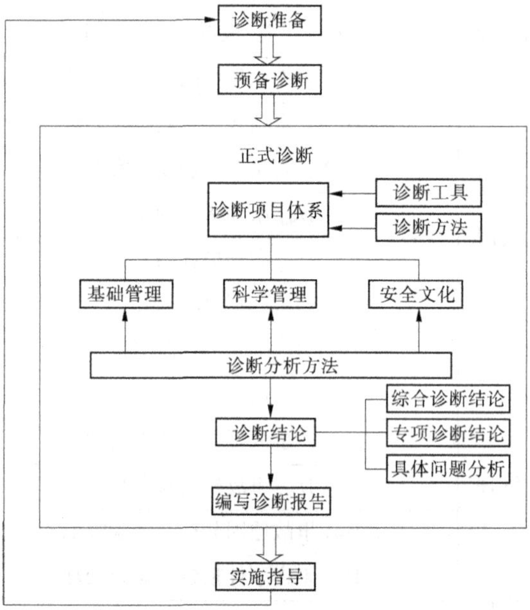

图 9-7 企业安全管理诊断程序

【习题】

一、判断题(下列判断正确的打“√”,错误的打“×”)

( )1. 集约型一体化管理体系是企业为充分发挥自身整体效能,满足相关的法律法规、国家标准和相关方以及其他要求,履行应尽的经济责任、社会责任和政治责任,实现组织的目标,借鉴“多标”整合成一体化的思路,以企业为整体,将组织所有资源和活动按照过程方法重新整合成一体的一种管理体系模式。

( )2. 系统的本质化安全包括人的本质安全化、物的本质安全化、环境的本质安全化、管理的本质安全化等。

(　　)3. 系统的本质安全具有如下特征：一是人的安全可靠性，二是物的安全可靠性，三是系统的安全可靠性，四是管理规范和持续改进。

(　　)4. 传统的(狭义的)本质安全化一般是指机器、设备本身所具有的安全性能。

(　　)5. 系统的(广义的)本质安全化是指包括人-机-环-管理这一系统表现出的安全性能。

(　　)6. “两化(工业化+信息化)融合管理体系”是“二合一”管理体系。

(　　)7. QHSE 管理体系是“三合一”的一体化管理体系。

(　　)8. 人的不安全行为对事故发生往往起着决定性作用。

(　　)9. 人的不安全行为包括决策、管理及操作等各个方面。

(　　)10. 目视化管理中对人员安全帽粘贴作业资质目视化的前提是安全帽必须专人专用。

二、单项选择题(下列选项中，只有一个是正确的，请将其代号填在括号里)

1. 安全生产法规具有如下(　　)特性。

A. 强制性　　B. 建议性　　C. 随意性

2. 安全生产法规的立法的最基本依据是(　　)。

A. 劳动法　　B. 宪法　　C. 刑法

3. 新《中华人民共和国安全生产法》中从业人员的安全生产权利义务有(　　)。

A. 8 条　　B. 10 条　　C. 6 条

4. 新《中华人民共和国安全生产法》中生产经营单位的安全生产保障(　　)。

A. 16 条　　B. 32 条　　C. 20 条

5. 安全管理体系是国际安全管理规则的(　　)。

A. 重要内容　　B. 核心内容　　C. 主要内容　　D. 关键内容

三、多项选择题(下列选项中，至少有两个是正确的，请将其代号填在括号里)

1. 安全工作的方针是(　　)。

A. 生产必须安全，安全为了生产　　B. 安全第一，预防为主

C. 安全第一，预防为主，综合治理

2. 现场安全管理是一种(　　)的安全管理活动。

A. 最基层的　　B. 具有终结性

C. 各级领导参加的　　D. 不具有终结性

3. 安全管理的内容包括(　　)。

A. 对企业的管理　　B. 对人的管理

C. 对组织与技术的管理　　D. 对财务的管理

4. QHSE 管理体系是一个“多标”整合的一体化管理体系，主要包括下列(　　)体系。

A. 质量管理体系 ISO9000　　B. 环境管理体系 ISO14001

C. 职业健康和安全管理体系 ISO45001　　D. 信息安全管理体系 BS7799/ISO27001

5. 提升人的安全素质最直接、最有效办法是从下列(　　)最核心的三个层面不断提高。

A. 人的安全意识　　B. 人的安全知识　　C. 人的安全技能　　D. 人的心理素质

【参考答案】

一、判断题

1. √ 2. √ 3. √ 4. √ 5. √ 6. √ 7. √ 8. √ 9. √ 10. √

二、单项选择题

1. A 2. B 3. B 4. B 5. B

三、多项选择题

1. ABC 2. AB 3. ABC 4. ABC 5. ABC

第四节 安全生产文化建设

20世纪80年代,安全卫生法规及监管体系在西方发达国家以及苏联等都已经基本形成,在预防事故、减少伤亡方面发挥着重要的作用。然而,1986年苏联的切尔诺贝利核电站事故,引起了人们对安全管理更加深刻的思考。切尔诺贝利核电站的事故,不仅造成了该电站劳动者的伤亡,还给周边的居民带来了危害,造成了严重的环境污染,是核工业史上最严重的一起事故。为什么法规及管理制度健全、控制设备先进的核电站会发生如此重大的事故呢?国际原子能机构(IAEA)在对该事故进行了彻底调查之后,发表了《切尔诺贝利事故讨论会议报告》(INSAG-1)。该报告认为,切尔诺贝利事故的根本原因在于人为因素(简称为“人因”),而从本质上它是由“安全文化”缺失所造成的。这是“安全文化”这一理念的首次提出。之后,这一理念以及由此形成的安全文化体系逐渐地普及开来,现在已有许多国家开始在国家层面上积极推进安全文化的建设,以进一步提高国家整体的安全生产水平。

一、企业安全文化建设

我国在20世纪90年代初就认识到安全文化建设的必要性并展开了广泛的讨论。1995年,在北京召开了全国首届安全文化高级研讨会;在成都举办了事故隐患评估治理与安全文化研讨班,发出了“中国安全文化发展战略建议书”。这两次会议的召开对在全社会推动安全文化起到了很大的作用。1995年,全国第五次“安全生产宣传周”活动,把“倡导安全文化,提高全民安全意识”列为三大主要内容之一。

国家安全生产监督管理局成立后,大力推进安全文化建设。2001年,在青岛市组织召开了国家安全生产监督管理局第一届全国安全文化研讨会。2003年,在北京举办了安全文化与小康社会国际研讨会。2004年,国务院颁发了《国务院关于进一步加强安全生产工作的决定》,明确要求推进安全生产理论、安全科技、安全文化等方面的创新,不断增强安全生产工作的针对性和实效性。2006年,国务院办公厅印发了《安全生产“十一五”规划》,将安全文化建设列为主要任务和重点工程;国家安全监管总局组织制定并印发了《“十一五”安全文化建设纲要》。为了进一步加强和指导企业安全文化建设,2008年,国家安全监管总局颁布了《企业安全文化建设导则》(AQ/T 9004)和《企业安全文化建设评价准则》(AQ/T 9005)。2010年,国家安全监管总局制定印发了《国家安全监管总局关于开展安全文化建设示范企业创建活动的指导意见》,标志着我国企业安全文化建设进入了一个新阶段。

二、企业安全文化的定义和内涵

（一）企业安全文化的定义

企业安全文化是指企业（或行业）为了安全生产所形成的，或有意识塑造的企业文化，是安全价值观和安全行为准则的总和。

《企业安全文化建设导则》（AQ/T 9004—2008）给出了企业安全文化的定义：被企业组织的员工群体所共享的安全价值观、态度、道德和行为规范的统一体。

（二）企业安全文化的内涵

企业安全文化包括保护职工在从事生产经营活动中的身心安全与健康。企业安全文化是多层次的复合体，由安全物质文化、安全制度文化、安全精神文化、安全价值和行为规范文化组成。企业安全文化是以人为本，提倡“爱”与“护”，以“灵性管理”为中心，以提高职工安全文化素质为目标所形成的群体或企业的安全价值观（即生产与人价值在安全取向上的统一）和安全行为规范。

三、企业安全文化的特征

（1）实践性。企业安全文化是企业员工在长期的生产经营活动中，经过总结、归纳、提炼所形成的宝贵精神财富。它来源于实践，又反过来指导实践，具有很强的实践性。

（2）系统性。安全是一项系统工程，涉及企业生产经营管理的方方面面。企业安全文化作为企业现代安全管理高层次阶段，具有很强的系统特征。

（3）人本性。企业安全文化的核心是以人为本，其目的是为了实现人的安全价值，其本质在于追求企业对安全价值的认同。爱护生命、保护职工的安全与健康，是企业追求与发展的需要。

（4）全面性。企业安全文化在培育安全意识、落实安全责任、解决安全问题时，强调全员、全方位、全时空、全过程的参与和控制。

（5）目标性。企业安全文化具有安全价值取向和目标取向。它把企业的经济效益、社会效益等有机地结合起来，借助于企业员工和组织，以共同的价值观念为指导，以统一的行为规范为准则，实现企业安全目标。

四、企业安全文化的功能

（1）导向功能。企业安全文化集中反映了企业员工共同的价值观念、安全理念和安全追求。它具有强大的感召力，并引导企业和员工按照既定的目标开展工作。

（2）凝聚功能。企业安全文化因其对生命的参悟和价值的感知，能使企业全体员工在安全上的观念、目标及行为准则等方面保持一致，形成心理认同的整体力量，从而表现出强大的凝聚力和向心力。

（3）培育功能。推行企业安全文化的过程，就是培育员工安全意识、安全知识、安全技能的过程。通过企业安全文化建设，能有效地提高员工的安全文化素质。

（4）激励功能。企业安全文化把以人为本作为主要价值观念，以人的安全行为为准则作为自我激励标尺,激发企业员工的安全生产积极性和主动性,规范和约束不安全行为,使安全生产成为员工自觉、自愿的行动。

(5)规范功能。企业安全文化建设通过规范企业安全管理制度、安全管理机制和管理手段,使企业员工形成安全价值共识和安全目标认同并实现自我控制,形成有形的、无形的、强制的、非强制的规范作用。

(6)辐射功能。企业根据各阶段安全生产需要,结合企业员工的需求和特点,通过各种媒体、宣传工具和活动,开展宣传教育,使企业安全价值、安全追求等传播到每个企业员工心中。

五、企业安全文化建设模式与评价

(一)企业安全文化建设模式

根据《企业安全文化建设导则》(AQ/T 9004—2008)企业安全文化建设分4个层次8个基本要素(见图9-8)。

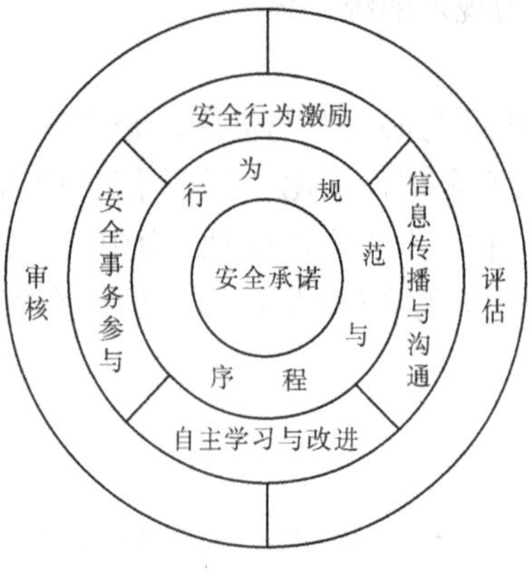

图9-8 企业安全文化建设模式

(1)企业安全承诺。是在安全生产过程中,为实现追求的安全绩效由企业及其全体员工共同做出的公开承诺。安全承诺是企业安全文化建设的首个要素,也是前提要素,体现着企业及员工的安全价值观。

(2)安全行为规范与程序。行为规范和行为程序是全体员工做出安全承诺后具体体现,是企业安全文化建设的基础要素。

(3)安全行为激励。无论是在安全管理方面还是在安全文化建设方面,安全行为的激励都是重要一环,它是实现安全绩效的有利手段。

(4)安全事务参与。企业安全文化建设主体之一就是安全行为参与,在安全文化建设过程中,只有全体员工共同用实际行动参与到企业的各项安全事务中,才可能达到预期目标,安全性未参与是企业安全文化建设的实质内容。

(5)安全信息传播与沟通。其在企业安全文化建设中起着核心要素的作用,是上下沟通、左右协调、共同交流、相互促进、整体提高的主要手段。

(6)安全自主学习与改进。如果说安全信息传播与沟通是将文化建设“外化于行”的话,那么安全自主学习与改进则更要强调“内化于心”。自主学习是积极接受外界信息的主要表现,使企业员工主动进取的手段和方法,是提升员工素质的内在动力,是促进企业安全文化建设的推动力。

(7)企业安全文化建设状态评估。对企业进行安全文化建设现状评估,确定企业安全文化处于何种状态,剖析企业存在的主要问题或瓶颈问题,然后有针对性地制订企业安全文化建设具体方案。

(8)企业安全文化建设体系审核。科学严谨的审核可以全面评判企业安全文化建设方案与运行模式是否有效,可以判断企业安全文化建设体系的总体运行状况,并针对审核结果提出改进方案,使企业安全文化建设持续有效发展。

（二）企业安全文化建设评价

根据《企业安全文化建设评价准则》（AQ/T 9005—2008），企业文化建设评价的主要内容包括以下几点。

（1）评价指标。①基础特征：企业状态特征、企业文化特征、企业形象特征、企业员工特征、企业技术特征、监管环境、经营环境、文化环境。②安全承诺：安全承诺内容、安全承诺表述、安全承诺传播、安全承诺认同。③安全管理：安全权责、管理机构、制度执行、管理效果。④安全环境：安全指引、安全防护、环境感受。⑤安全培训与学习：重要性体现、充分性体现、有效性体现。⑥安全信息传播：信息资源、信息系统、效能体现。⑦安全行为激励：激励机制、激励方式、激励效果。⑧安全事务参与：安全会议与活动、安全报告、安全建议、沟通交流。⑨决策层行为：公开承诺、责任履行、自我完善。⑩管理层行为：责任履行、指导下属、自我完善。⑪员工层行为：安全态度、知识技能、行为习惯、团队合作。

（2）减分指标。①死亡事故。②重伤事故。③违章记录。

（3）评价程序。①建立评价组织机构与评价实施机构。②制订评价工作实施方案。③下达《评价通知》。④调研、收集与核实基础资料。⑤数据统计分析。对调研结构和基础数据核实无误后，可借助 Excel、SPSS、SAS 等统计软件进行数据统计，然后根据本标准建立的数学模型和实际选用的调研分析方法，对统计数据进行分析。⑥撰写评价报告。统计分析完成后，评价工作组应该按照规范的格式撰写《企业安全文化建设评价报告》，报告评价结果。⑦反馈企业征求意见。评价报告提出后，应反馈企业征求意见并做必要修改。⑧提交评价报告。评价工作组修改完成评价报告后，经评价项目负责人签字，报送评价组织机构审核确认。⑨进行评价工作总结。

【习题】

一、判断题（下列判断正确的打“√”，错误的打“×”）

（　　）1. 安全文化是靠“潜移默化”修炼而成。

（　　）2. 安全文化是指“最优先重视安全的价值观，它体现为组织和个人所具有的行为特征和态度的总和”。

（　　）3. 企业安全文化建设的最终目标是防止事故、抵御灾害、维护健康，它代表了最广大人民群众的根本利益。

（　　）4. 构建安全文化的核心是要建立和完善安全管理体系。

（　　）5. 安全文化建设是一个包括物质的、意识的、巨大的系统工程。

（　　）6. 安全文化的本质是通过内化思想，外化行为，不断提高广大员工的安全意识和安全责任，把安全第一变为每个员工的自觉行为；以文化的形式统一员工的安全意识、理念和思维方式，约束员工行为，提高员工安全素质，从而形成企业巨大的凝聚力和向心力。

（　　）7. 安全文化有精神感化力量，能影响人的工作和生活，让人们自觉遵守安全规则，能调适人与人、人与社会、人与自然之间的关系的功能。

（　　）8. 安全文化包括安全目标、安全责任、安全素养、安全操作、安全科技、设施、监管、各种安全规章制度等。

（　　）9. 安全文化的理念包括：爱企业、爱他人、爱自己、爱家庭、爱社会、相互关爱、尊重生命、不伤害他人、不伤害自己、不被别人伤害。

(　　)10. 安全文化包括：对安全生存的认知、意识、思想、精神、观念、作风、制度、规范、行为、效果等。

二、单项选择题(下列选项中，只有一个是正确的，请将其代号填在括号里)

1. 企业安全文化建设的基本要素有(　　)个。

A. 4　　B. 6　　C. 3　　D. 8

2. 企业安全文化建设的基本要素分(　　)个层次。

A. 4　　B. 6　　C. 3　　D. 8

3. 下列属于安全文化“内化”文化素质的是(　　)。

A. 安全意识　　B. 安全制度　　C. 安全标准　　D. 安全标识

4. 下列属于安全文化“外化”文化表象和载体的是(　　)。

A. 安全意识　　B. 安全理念　　C. 安全标准　　D. 安全价值观

5. 安全文化的层次分为直观的表层文化、企业安全管理体制的中层文化和(　　)。

A. 客观的浅层文化　　B. 安全体系形成的高层文化

C. 安全意识形态的深层次文化

三、多项选择题(下列选项中，至少有两个是正确的，请将其代号填在括号里)

1. 从文化的形态来说，安全文化的范畴包含(　　)。

A. 安全观念文化　　B. 安全行为文化　　C. 安全管理文化　　D. 安全物态文化

2. 下列(　　)是我们需要发展的安全行为文化。

A. 科学的安全思维　　B. 严格的安全规范

C. 科学的领导和指挥　　D. 合理的安全操作

3. 下列(　　)属于现代安全文化建设手段。

A. 系统科学管理　　B. 责任制　　C. 无隐患管理　　D. 三同时

4. 下列(　　)属于安全文化意识。

A. 责任意识　　B. 风险意识

C. 安全就是最大的福利的认识　　D. 安全也是生产力的意识

5. 下列(　　)是我们需要建立的安全观念文化。

A. 预防为主的观念　　B. 安全就是效益的观点

C. 安全管理科学化的观点　　D. 风险最小的观念

【参考答案】

一、判断题

1. ×　2. √　3. √　4. √　5. √　6. √　7. √　8. √　9. √　10. √

二、单项选择题

1. D　2. A　3. A　4. C　5. C

三、多项选择题

1. ABCD　2. ABCD　3. ABCD　4. ABCD　5. ABCD

第五节　绿色勘查

一、绿色勘查的探索与实践

2012 年 11 月党的十八大在北京召开，党的十八大将生态文明建设纳入中国特色社会主义“五位一体”总体布局；2015 年 10 月，党的十八届五中全会在北京举行，全会强调，实现“十三五”时期发展目标，破解发展难题，厚植发展优势，必须牢固树立并切实贯彻创新、协调、绿色、开放、共享的发展理念——新发展理念；2017 年 2 月，中办国办《关于划定并严守生态保护红线的若干意见》，2017 年 10 月 1 日实施的《中华人民共和国民法总则》首次将绿色原则确立为民事活动的基本原则。即“基本规定（第九条）：民事主体从事民事活动，应当有利于节约资源、保护生态环境。”党十八大以来，生态文明已经成为党的主张、国家的意志、民事行为准则。

近年来，全国国土资源系统和地勘单位，以绿色勘查为抓手，以生态文明建设为目标，在既要找到金山银山，更要保护好绿水青山的过程中，探索出了一条保护生态前提下的地质勘查新路子。2016 年 5 月 10 日召开的中国地质矿产经济学会 2016 年地勘局长座谈会上，《绿色勘查行动宣言》正式诞生。宣言要求，地勘行业要坚持生态保护优先，努力做先进理念的领跑者；要坚持推行绿色勘查，努力做建设美丽中国的践行者；要坚持依靠创新驱动，努力做生态保护和保障资源的双赢者；要坚持像保护眼睛一样保护生态环境，努力做大自然的呵护者。

随着《绿色勘查行动宣言》的发布，全国地勘行业开始启动绿色勘查工作。2016 年 5 月 31 日，国土资源部关于完善地质找矿运行机制实现重大突破的若干意见中再次明确指出，坚决贯彻落实生态文明建设新要求，按照“生态优先、保护优先”的原则，调整优化勘查开发总体布局。调整对生态环境影响较大的勘查技术方法，大力推进绿色勘查。《绿色勘查行动宣言》的发布像一个播种机，在长城内外、黄河上下、长江两岸撒下了一颗颗绿色勘查的种子，青海、四川、贵州等省（区）先行先试，一个个绿色勘查的示范随之应运而生。

（1）建立 1+5 绿色勘查制度体系，探索形成一套绿色勘查工作方法。

（2）以绿色勘查理念建立健全管理制度体系——《绿色勘查项目管理暂行管理办法》《绿色勘查钻探施工机场管理办法》《绿色勘查钻探施工现场运营管理制度》《绿色勘查钻探施工现场质量管理体系》《绿色勘查野外作业质量管理体系》等。

（3）以绿色勘查理念率先制定实施企业绿色勘查标准——《固体矿产绿色勘查技术标准》《固体矿产绿色勘查项目预算标准》等。

（4）以绿色勘查理念推广使用新型勘查装备——低能耗变频电动顶驱钻机，减少临建道路与机场修筑的便携式钻机、钻探设备架空装置等；以减少污染环境的泥浆不落地的固化集中处理设备，油污防渗土工布等。

近年来，为在勘查工作中贯彻落实生态文明建设要求，绿色勘查工作已陆续启动，并涌现出一大批先进典型，部分企业和地勘单位通过先行先试，取得了一定的进展，积累了重要经验。为推进我国绿色勘查工作大力发展，指导企业践行绿色理念，由中国矿业联合会牵头编制了《绿色勘查指南》(T/CMAS 0001—2018),这是我国第一个绿色勘查团体标准,标志着我国的绿色勘查工作已开始进入制度化、规范化的新阶段。

二、《绿色勘查指南》简介

《绿色勘查指南》(T/CMAS 0001—2018)规定了勘查工作中开展实践绿色勘查的基本原则和基本要求、施工作业管理、勘查工作中的生态环境保护和环境恢复治理、和谐勘查,以及绿色勘查的其他有关规范内容。

《绿色勘查指南》(T/CMAS 0001—2018)主要适用于矿产勘查工作中的绿色勘查活动。

2018年8月1日,《绿色勘查指南》(T/CMAS 0001—2018)正式实施。

(一)绿色勘查的定义

绿色勘查(Green Exploration)以绿色发展理念为引领,以科学管理和先进技术为手段,通过运用先进的勘查手段、方法、设备和工艺,实施勘查全过程环境影响最小化控制,最大限度地减少对生态环境的扰动,并对受扰动生态环境进行修复的勘查方式。

(二)绿色勘查基本原则

(1)绿色发展,牢固树立绿色发展理念,将绿色发展理念贯穿于勘查活动的全过程,将保护生态环境作为勘查活动中应尽的义务和责任。

(2)创新驱动,依靠科技和管理创新,采用新手段、新方法、新工艺、新设备,最大限度地避免或减轻勘查活动对生态环境的扰动、污染和破坏。

(3)和谐共赢,尊重自然,因地制宜开展工作;尊重勘查活动所在地民俗,构建和谐勘查氛围;统筹兼顾勘查效益、生态环境效益和勘查活动所在地社会效益。

(4)管理规范,制定有关勘查生态环境保护、土地复绿等规章制度和保障措施,将绿色勘查管理内容融入日常工作,责任明确、管理措施和投入到位。

(三)绿色勘查基本要求

1.勘查设计

(1)勘查设计应将绿色勘查要求编入其中,包括节能减排、环境保护和恢复治理、和谐勘查等相关方面的要求;

(2)勘查设计前,应对施工区环境影响因素、危险源等进行调查识别,应对勘查活动可能造成的生态环境影响及程度有预判和分析;

(3)勘查设计中,要对勘查活动各环节的绿色勘查工作做出明确的业务技术安排,并制定有效的技术及管理措施;

(4)将绿色勘查工作的组织管理、预防控制和恢复治理的技术措施方案进行分解和落实。

2.勘查实施

(1)采取有效的技术及管理措施,做好安全文明施工、生态环境保护等各项管理工作。

(2)提倡采用先进的技术、方法、工艺、设备和新材料,积极开展勘查科技与管理创新。

(3)勘查工作中,定期或不定期地对绿色勘查工作进行检查评价以及生产安全事故隐患的排查治理工作,对出现的动态问题及安全隐患,及时采取有效的技术措施及管理方法预防、控制及处理,消除安全隐患,预防事故发生。

（4）项目勘查工作结束或阶段工作结束，应针对勘查活动造成的环境影响，根据国家法律法规、强制性标准和恢复治理设计要求，结合地方社会经济发展需求，及时开展环境恢复治理，消除勘查活动对生态环境造成的负面影响。

（5）勘查工作中，保持与当地政府及社区居民的联系沟通，力争当地政府及社区居民的理解、支持和帮助，处理好当地关系和各方利益，避免产生矛盾，及时化解纠纷。

【习题】

一、判断题（下列判断正确的打“√”，错误的打“×”）

（　　）1. 党十八大以来，生态文明已经成为党的主张、国家的意志、民事行为准则。

（　　）2. 绿色勘查的基本原则是绿色发展、驱动创新、和谐共赢、管理规范。

（　　）3. 绿色勘查的基本要求是节能减排、环境保护和恢复治理、和谐勘查等相关方面的要求。

（　　）4.“绿水青山”是生态文明的要求，美丽中国的基本要素，人民群众的基本诉求。

（　　）5.“金山银山”就是确保国家能源资源安全，保障国家经济社会可持续发展的物质基础。

（　　）6. 绿色勘查的核心是用对生态环境最小的扰动来保证地勘工作的保质保量完成，通过少修或者不修路、少挖或者不挖槽探、最少的机台面积，来最终实现既要保护好“绿水青山”，又要找到“金山银山”。

（　　）7.《绿色勘查指南》（T/CMAS 0001—2018）主要适用于矿产勘查工作中的绿色勘查活动。

（　　）8. 绿色勘查是一项技术含量高、质量要求严的综合性系统工程，既需要先进的理念来引导，又需要科学的规范和标准来约束，更需要先进的技术手段来保障。

（　　）9. 和谐双赢是绿色勘查的保障。

（　　）10.《绿色勘查指南》（T/CMAS 0001—2018）勘查技术规范的基本要求有 8 条。

二、单项选择题（下列选项中，只有一个是正确的，请将其代号填在括号里）

1. 绿色勘查项目示范工作内容主要参照《绿色勘查指南》（T/CMAS 0001—2018），具体要求有（　　）点。

A. 3　　B. 4　　C. 9　　D. 6

2. 绿色勘查项目示范实施的目的主要有（　　）点。

A. 3　　B. 4　　C. 9　　D. 6

3. 绿色勘查的目的是（　　）。

A. 理念创新　　B. 和谐双赢　　C. 技术创新　　D. 坚持不懈

4. 绿色勘查的关键是（　　）。

A. 理念创新　　B. 和谐双赢　　C. 技术创新　　D. 坚持不懈

5. 绿色勘查的根本是（　　）。

A. 理念创新　　B. 和谐双赢　　C. 技术创新　　D. 坚持不懈

三、多项选择题（下列选项中，至少有两个是正确的，请将其代号填在括号里）

1. 绿色勘查项目示范实施的目的主要有（　　）。

A. 落实习近平生态文明思想，矿产资源勘查开发与生态环境保护协调统一

B. 加强矿产勘查，提高能源资源保障能力

C. 创新地质勘查工作管理制度和技术方法，加快建立新时代绿色勘查管理制度和标准规范体系

D. 保障经济社会高速发展

2. 绿色勘查项目示范的主要内容包括(　　)。

A. 探索勘查新模式 B. 健全管理制度 C. 坚持技术创新 D. 完善标准体系

3.《绿色勘查指南》(T/CMAS 0001—2018)有害物质管理主要包括(　　)。

A. 噪声管理　　B. 粉尘管理

C. 废气管理　　D. 固体废弃物管理

4. 绿色勘查监管主要包括(　　)。

A. 勘查责任主体应建立绿色勘查监管制度，由绿色勘查监督管理机构或责任部门，对涉及本标准内容的设计、施工和成果进行审查、检查监督及验收评价

B. 勘查过程中，责任主体应及时对绿色勘查工作进行动态监管，督促勘查施工单位认真执行绿色勘查设计要求及规范标准

C. 绿色勘查工作中，施工单位应及时做好相关施工技术及管理工作资料的记录、收集、整理及编制归档工作，并做到真实、齐全、规范

D. 对阶段性工作及竣工成果，应按照规定做出检验评价

5.《绿色勘查指南》(T/CMAS 0001—2018)规定：员工进入作业现场，应经过(　　)培训。

A. 职业健康与安全培训　　B. 作业技术培训

C. 对新员工进行规定的培训　　D. 对出现不规范行为的人员进行再培训

【参考答案】

一、判断题

1. √　2. √　3. √　4. √　5. √　6. √　7. √　8. √　9. ×　10. √

二、单项选择题

1. C　2. A　3. B　4. A　5. C

三、多项选择题

1. ABC　2. ABCD　3. ABCD　4. ABCD　5. ABCD